1986 1988 1990 1992 1994 1996 1998 2000 2002 2004 2006 2008 2010

[23. November 2011: Tag der Weltmaschine (in Deutschland).]
nuar 2011: CERN beschließt den nahezu durchgängigen Betrieb des LHC von Februar 2011 bis Ende 2012 (vor einer großen Umbauphase 2013).
6. Dezember 2010: Ende des Schwerionenlaufs am LHC.
26. November 2010: Bekanntgabe der Beobachtung von Jet Quenching.
8. November 2010: Beginn der Schwerionenbeschleunigung (mit Blei) am LHC.
4. November 2010: Ende der ersten Proton-Proton-Laufzeit am LHC.
14. Oktober 2010: Die für 2010 beabsichtigte Strahlintensität wird erreicht.
28. August 2010: Erster Artikel von LHCb mit Beschleunigerdaten zur Veröffentlichung eingereicht.
mer 2010: Zum ersten Mal werden physikalische Ergebnisse vom LHC bei internationalen Konferenzen vorgestellt (Physics at LHC und ICHEP).
30. März 2010: Mit den ersten Kollisionen bei 7 TeV (3,5 TeV pro Strahl) nimmt der LHC seinen Physikbetrieb auf.
27. März 2010: Erster Artikel von ATLAS mit LHC-Beschleunigerdaten zur Veröffentlichung eingereicht.
19. März 2010: Zwei Strahlen kreisen im LHC bei 3,5 TeV pro Strahl (ohne Kollisionen).
27. Februar 2010: Ende der Weihnachtspause: Der LHC läuft wieder.
4. Februar 2010: Erster Artikel von CMS mit Daten aus echten Kollisionen zur Veröffentlichung eingereicht.
Februar 2010: Entscheidung beim Chamonix-Treffen, den LHC bei 7 TeV laufen zu lassen.
12. Dezember 2009: Erste Proton-Proton-Kollisionen mit Rekordenergien (2,36 TeV).
6. Dezember 2009: Die Experimente sehen die ersten Proton-Proton-Kollisionen bei 450 GeV pro Protonstrahl (0,9 TeV).
28. November 2009: Erster Artikel von ALICE mit echten LHC-Daten zur Veröffentlichung eingereicht.
lovember 2009: Die Strahlenergie am LHC-Beschleuniger übertrifft die Energie am Tevatron und erreicht damit einen neuen Weltrekord.
23. November 2009: Am LHC kreisen wieder Strahlen.
[15. Oktober 2008: Eröffnung der Ausstellung „Weltmaschine" in Berlin.]
gen löst eine Kette von Ereignissen aus, die am LHC einen beachtlichen Schaden anrichten. Umfangreiche Reparaturarbeiten beginnen.
10. September 2008: Erste LHC-Strahlen kreisen durch den gesamten Ring.
August 2008: Abkühlung des gesamten LHC-Beschleunigers auf Betriebstemperatur.
Juli 2008: Das angestrebte Vakuum im LHC-Strahlrohr wird erreicht (und ist besser als das auf der Mondoberfläche).
Juni 2008: Das LHC-Strahlrohr ist vollständig.
Februar 2008: ATLAS ist fertig zusammengebaut.
Dezember 2007: Einbau des Siliziumdetektors in CMS.
Oktober 2007: Einbau des VELO-Detektors in LHCb.
Mai 2007: Letzter LHC-Dipolmagnet im Tunnel.
November 2006: Die ersten „Scheiben" des CMS werden in die unterirdischen Hallen gebracht.
November 2006: Fertigung der LHC-Magnete abgeschlossen.
November 2006: Der erste vollständige Sektor des LHC (von insgesamt acht) ist zusammengesetzt.
Oktober 2006: Die gesamte Kühlanlage am LHC ist betriebsbereit.
September 2006: Der CMS-Solenoid wird bei vollem Magnetfeld getestet.
August 2006: Das LHCf-Experiment wird genehmigt.
August 2005: Der ATLAS-Toroidmagnet ist fertig zusammengebaut.
Mai 2005: Erste Verbindung von zwei Nachbarmagneten im LHC-Tunnel.
März 2005: Einbau des ersten LHC-Dipolmagneten im Tunnel.
[29. September 2004: 50-Jahr-Feier des CERN.]
November 2003: Beginn der Zusammensetzung des ATLAS-Detektors in seiner endgültigen Position.
Januar 2003: Aufbau des LHCb-Experiments.
Februar 2002: Abbau der letzten Bauteile des LEP-Beschleunigers.
Dezember 2001: Die Fertigung der LHC-Dipolmagnete wird kommerziellen Firmen übertragen.
September 2001: Der zentrale Solenoidmagnet für ATLAS trifft am CERN ein.
August 2001: Abschluss der ersten von vier großen Aushebungen für die LHC-Experimente.
Dezember 2000: Beginn der Demontage des LEP-Beschleunigers.
ber 2000: Erste größere Teile des CMS-Detektors werden am CERN zusammengesetzt.
November 2000: Erste LHC-Dipolmagnete werden ans CERN geliefert.
e Abschaltung des LEP-Beschleunigers (der sich im heutigen LHC-Tunnel befand).
t 1999: Erste Detektorbauteile für ATLAS und CMS erreichen das CERN.
September 1998: Das LHCb-Experiment wird genehmigt.
eginn der Aushubarbeiten für die Halle des CMS-Experiments.
ests der LHC-Magnete bei vollem Magnetfeld (8,3 Tesla).
n für die unterirdische Halle des ATLAS-Experiments.
n italienischen Labor INFN ans CERN geliefert.
Februar 1997: ALICE wird genehmigt.
Experimente werden genehmigt.
Design Report für den LHC.
nigt den Bau des LHC.
rd gestrichen.]

1986 1988 1990 1992 1994 1996 1998 2000 2002 2004 2006 2008 2010

85 1987 1989 1991 1993 1995 1997 1999 2001 2003 2005 2007 2009 2011

Die Weltmaschine

Don Lincoln

Die Weltmaschine

Der LHC und der Beginn einer neuen Physik

Mit einem Geleitwort zur deutschen Ausgabe von Rolf-Dieter Heuer (CERN)

Aus dem Englischen übersetzt von Thomas Filk

Spektrum
AKADEMISCHER VERLAG

Titel der Originalausgabe: The Quantum Frontier – The Large Hadron Collider
Die amerikanische Originalausgabe ist erschienen bei The Johns Hopkins University Press

Aus dem Englischen übersetzt von Thomas Filk

Bibliografische Information der Deutschen Nationalbibliothek
Die Deutsche Nationalbibliothek verzeichnet diese Publikation in der Deutschen Nationalbibliografie; detaillierte bibliografische Daten sind im Internet über http://dnb.d-nb.de abrufbar.

Springer ist ein Unternehmen von Springer Science+Business Media
springer.de

Spektrum Akademischer Verlag ist ein Imprint von Springer

11 12 13 14 15 5 4 3 2 1

Planung und Lektorat: Frank Wigger, Dr. Meike Barth
Redaktion: Dr. Anna Schleitzer
Herstellung und Satz: Crest Premedia Solutions (P) Ltd, Pune, Maharashtra, India
Umschlaggestaltung: wsp design Werbeagentur GmbH, Heidelberg
Titelfotografie: CMS-Detektor © CERN; Michael Hoch

ISBN 978-3-8274-2463-1

Für die Riesen, auf deren Schultern ich stand

Inhalt

Geleitwort zur deutschen Ausgabe XI

Vorwort zur amerikanischen Ausgabe XV

Danksagung XXI

Einleitung XXV

1 Was wir wissen – Das Standardmodell 1

Quarks 7
Leptonen 16
Kräfte 22
Antimaterie 26

2 Was wir vermuten – Theorien, die wir überprüfen wollen 31

Ein Schotte kommt zu Hilfe 37
Supersymmetrie 52
Kleiner als klein 65
Wie steht es mit der Antimaterie? 80
Schwere Ionen 87
Weitere Fragen 95
Kosmische Strahlung 97

3 **Wie wir es machen – Der Large Hadron Collider** 103

Die Beschleunigung 105
Good Vibrations 108
Immer im Kreis herum 113
Elektromagnete. 115
Viel kälter geht es nicht 118
Teilchenstrahlen 121
Fokussierung auf das Problem 123
Eine kurze Geschichte des CERN 127
Einige technische Details 135
Auch noch Bleistrahlen. 144

4 **Wie wir etwas sehen – Die gigantischen Detektoren**. . 147

Magnetische Ablenkung. 151
Ionisation 154
Teilchenschauer 156
Ein schwaches blaues Leuchten 158
Übergangsstrahlung 161
Ionisationsdetektoren. 166
Der Aufbau eines Schauerdetektors 168
Die „Oide“: Solenoide und Toroide. 170
Die Detektoren am LHC 172
CMS (Compact Muon Solenoid) 172
ATLAS. 180
Trigger 186
Geräte für besondere Aufgaben 189
LHCb. 190
ALICE 198

5 **Wie es anfing – Aller Anfang ist schwer** 205

Überschwängliche Begeisterung 208
Der Zwischenfall 212
Die Reaktion 219
Ruhe vor dem Sturm. 222
In Erwartung 225

6 Wohin der Weg führt – Ein Blick aufs Ganze, das Universum und die Zukunft 227

Die dunkle Seite 228
MACHOs. 234
Nicht MACHO, sondern WIMP 238
Nicht nur Materie kann dunkel sein 241
Andere Beschleuniger. 251
Was ist aus dem Ding in Texas geworden? 255
Der LHC: Die Zukunft 258
Der „International Linear Collider" 260

Nachwort. 271

Weiterführende Literatur 273

Index 281

Geleitwort zur deutschen Ausgabe

Herzlich willkommen in einer neuen Welt: der Welt der Teilchen, Kräfte und der Physiker. Sie werden in diesem Buch nicht nur riesige Maschinen und kleinste Teilchen kennenlernen, sondern auch eine Vorstellung von den Menschen bekommen, die jeden Tag voller Begeisterung jene Teilchen und Kräfte erforschen. Und eins müssen Sie gleich zu Anfang über uns Physiker wissen: Unser Alltag besteht nicht nur aus der Suche nach Antworten, sondern auch aus der Suche nach neuen, tiefer gehenden Fragen.

Aber keine Sorge: Don Lincoln, ein waschechter Physiker, der sogar an der Entdeckung eines neuen Teilchens beteiligt war, stellt keineswegs nur Fragen, er gibt auch viele Antworten. Die deutsche Ausgabe seines Buches könnte kaum zu einem besseren Zeitpunkt erscheinen: Die „Weltmaschine" Large Hadron Collider läuft seit gut einem Jahr sehr erfolgreich, und Physiker aus der ganzen Welt sind derzeit kräftig dabei, Daten zu sammeln; deren Auswertung wird uns hoffentlich Antworten auf einige der Fragen und ungelösten Rätsel bescheren, die Don hier vorstellt. Wenn Sie also schon immer wissen wollten, was dieser Large Hadron Collider (wir nennen ihn kurz „LHC") eigentlich ist, wie er funktioniert und warum es ihn überhaupt gibt, wird sein Buch Ihnen ein großes Stück weiterhelfen. Und wenn Sie dann in ein paar Jahren von der Entdeckung des Higgs-Teilchens am CERN lesen oder das Wort „Supersymmetrie" in den Medien die Runde macht, wissen Sie mehr über das Abenteuer, das zu diesen Entdeckungen und damit zu einer „neuen Physik" geführt hat. Und Sie wissen auch, dass mit jeder Entdeckung wieder ganz neue Fragen kommen und neue Abenteuer beginnen!

Ich war begeistert, als ich den Titel der deutsche Übersetzung sah, denn „Weltmaschine" hieß auch eine große Ausstellung im Jahr 2008 im Berliner U-Bahnhof Reichstag, die sich ebenfalls mit den großen Fragen und der faszinierenden Technik des LHC auseinandersetzte (und die als Wanderausstellung immer noch unterwegs ist). Diese Ausstellung stellte zwei wichtige Aspekte in den Mittelpunkt: die Begeisterung der Forscher und die bedeutsame Rolle, die unsere deutschen, österreichischen und schweizer Kollegen im größten Abenteuer der Teilchenphysik spielen. Die supraleitenden Magnete der unterirdischen „Weltmaschine" wurden zum Beispiel teilweise von deutschen Firmen gebaut, viel Hightech für die komplizierten Detektoren kommt aus deutschsprachigen Ländern, und natürlich schicken Universitäten und Forschungsinstitute Studenten, Nachwuchsforscher und Professoren an die Experimente am CERN, damit sie dort mitforschen und -entscheiden und anschließend ihre Expertise und Erfahrungen an ihren Heimatinstituten weitergeben können. Am LHC forschen rund 8000 Wissenschaftler aus der ganzen Welt, und mehr als 1000 davon kommen aus Deutschland, Österreich oder der Schweiz.

Mit so vielen Forschern wie noch nie zuvor in der Teilchenphysik – und sie stammen aus so verschiedenen Ländern wie Finnland, Portugal, Bulgarien oder Brasilien, Marokko, Australien, Japan oder den USA, um nur einige zu nennen – ist der LHC nicht nur ein wissenschaftliches Großexperiment, sondern auch ein soziologisches. Die gemeinsame Suche nach den Antworten auf die großen Fragen (und danach nach den neuen Fragen) vereint alle LHC-Wissenschaftler aus 85 Nationen und von über 580 Instituten, und Konflikte von „zu Hause" spielen in dieser neuen Welt keine Rolle mehr. Physiker sind Teamplayer, kreative Multitalente und im Herzen wissbegierige Kinder, die all diese Eigenschaften und Erfahrungen ein Leben lang mit sich tragen, auch wenn sie nach ihrer Doktorarbeit vielleicht keine Forscher oder Professoren werden, sondern bei einer Bank, einer Versicherung oder einer großen Technologiefirma Karriere machen. Insofern ist der LHC nicht nur eine Entdeckungsmaschine, sondern auch eine Fabrik für schlaue Köpfe.

Das Entdeckungspotenzial des LHC wird sich hoffentlich in den nächsten Jahren zeigen. Nicht jeder Teilchenbeschleuniger ist automatisch eine Entdeckungsmaschine, denn nicht alle beschleunigen und kollidieren die gleichen Teilchen. Im LHC treffen Protonen auf Protonen, und wie Don Ihnen noch erklären wird, sind Protonen zwar winzig klein, aber im Vergleich zu Elektronen etwa sind sie riesig groß und bestehen noch aus anderen Teilchen, den Quarks und Gluonen. Es gibt auch Teilchenbeschleuniger, in denen Elektronen auf ihre Antiteilchen, die Positronen, treffen und mit denen es möglich ist, Teilchen und ihre Wechselwirkungen mit sehr hoher Präzision zu betrachten. Die Maschine, die vor dem LHC in dem 27 Kilometer langen Tunnel eingebaut war, war solch ein Beschleuniger, und die nächste Maschine, die die Entdeckungen des LHC genauer ausleuchten wird, könnte auch von dieser Art sein. Und bisher hat noch jede dieser Maschinen Dinge hervorgebracht, die man bei der Planung nicht vorhergesehen hat. So werden heute zum Beispiel Teilchenbeschleuniger und Technologie aus Teilchendetektoren an Krankenhäusern eingesetzt, um Krebszellen aufzuspüren und sogar zu bekämpfen. Und dass das am CERN erfundene World Wide Web die Welt gehörig verändert hat, brauche ich sicher nicht näher auszuführen.

Neben dem Drang, permanent Fragen zu stellen, haben wir Physiker noch eine andere Angewohnheit: Wir reisen mithilfe der Teilchenkollisionen nicht nur in die Vergangenheit, um die Zeit nach dem Urknall besser zu verstehen, sondern blicken oft auch weit in die Zukunft und planen heute schon die Aufgaben von übermorgen. Da wir allerdings nicht nur an den Grenzen der möglichen Technologien arbeiten, sondern diese Technologien meistens sogar über die bekannten Grenzen hinaus vorantreiben, müssen wir früh anfangen, damit wir, wenn der LHC uns die mit Spannung erwarteten Entdeckungen präsentiert, bereit sind. Und wenn Sie wissen wollen, wie die Zukunft aussehen könnte, lesen Sie einfach das letzte Kapitel.

Sie sehen: Auch wenn der LHC uns viele Antworten bringt, wird er uns auch viele neue interessante Fragen bescheren. Ich persönlich freue mich schon darauf und wünsche Ihnen viel Spaß auf Ihrer nun anstehenden Entdeckungstour in die neue Welt der Teilchen und Kräfte.

Rolf-Dieter Heuer, CERN-Generaldirektor

Vorwort zur amerikanischen Ausgabe

Der Large Hadron Collider, kurz LHC, ist ein neues naturwissenschaftliches Gerät. Ohne die Erfindung von Instrumenten zur Beobachtung und Messung ist wissenschaftlicher Fortschritt undenkbar. Wie leidenschaftlich auch immer diskutiert wird, ob die Grundlagenforschung wertvoller ist als die angewandte Forschung oder umgekehrt – Apparaturen und Geräte sind für beide Bereiche gleichermaßen von Bedeutung. Zudem helfen sie, Gegensätze zu überbrücken. Um die Wende vom 19. zum 20. Jahrhundert förderte ein rasanter Aufschwung in Grundlagen- und Anwendungsforschung die Entwicklung immer leistungsfähigerer Geräte. Viele davon dienten zwar in erster Linie der Bequemlichkeit und der Unterhaltung, in ihrer Summe wiesen sie aber auch den Weg zu einem besseren Naturverständnis. Das ist doch wirklich nett: Forschung schafft neues Wissen, mit dem wir neue Instrumente entwickeln können, um wieder Wissen anzuhäufen.

Betrachten wir ein Beispiel: Galilei hatte aus Holland von der Erfindung eines neuen optischen Geräts gehört. Daraufhin baute er selbst mehrere solche Teleskope. An einem ereignisreichen Wochenende richtete er eins davon gen Himmel und entdeckte vier Jupitermonde – die er als Beweis dafür nahm, dass es tatsächlich die Erde ist, die sich bewegt, wie Kopernikus vermutet hatte. Letzten Endes war es die Weiterentwicklung der Teleskope, die es der Menschheit ermöglichte, die riesigen Ausmaße unseres Universums zu erkennen mit seinen Milliarden von Galaxien, jede aus Milliarden von Sonnen bestehend. Je weiter die Wissenschaft fortschritt, umso ausgefeilter wurden die Teleskope.

Ein weiteres Beispiel ist für dieses Buch über den LHC von besonderer Bedeutung: Struktur und Eigenschaften von Elektronen gehören zum Grundsätzlichsten und Tiefsten, was man im Bemühen um das Verständnis der Welt betrachten kann. Viele ihrer Eigenschaften machen Elektronen wiederum zu einem wichtigen Element in unzähligen Instrumenten: Mit Elektronen lässt sich Röntgenstrahlung erzeugen, die zur medizinischen Diagnostik und zur Untersuchung biologischer Moleküle verwendet wird. Mit Elektronenstrahlen arbeiten Oszillographen, Fernsehbildröhren (die schon veralten), Hunderte von Geräten in Laboratorien, Krankenhäusern und Haushalten.

Eine beeindruckende Technologie ermöglicht die Steuerung von Elektronenstrahlen in Teilchenbeschleunigern. Sie wurde Anfang der 1930er-Jahre erfunden, und ihr verdanken wir Informationen über Größe, Form und Struktur von Atomen. Die Untersuchung von Atomkernen verlangte höhere Energien; daraufhin wurde das physikalische Arsenal um Protonenbeschleuniger erweitert.

Die Tabelle vermittelt eine ungefähre Vorstellung von den Entwicklungsschritten der Beschleunigertechnologie. Wichtig sind hier noch die Energieeinheiten: eV bedeutet ein Elektronvolt; ein Kiloelektronvolt (keV) ist also gleich 1000 (10^3) eV, ein Megaelektronvolt (MeV) eine Million (10^6) eV, ein Gigaelektronvolt (GeV) eine Milliarde (10^9) eV und ein Teraelektronvolt (TeV) eine Billion (10^{12}) Elektronvolt. Der Tabelle entnehmen Sie, dass man umso kleinere räumliche Dimensionen untersuchen kann, je höher die Energie der beschleunigten Teilchen ist. Um das wirklich Kleine zu untersuchen, braucht man also immer leistungsfähigere, also größere, teurere und kompliziertere Beschleuniger. Im Prinzip leistet ein Beschleuniger Ähnliches wie ein aufwendiges Mikroskop, wobei wir auch Bereiche untersuchen können, bei denen uns das Licht nicht mehr hilft.

Jahr	Energie	untersuchte räumliche Dimension
1930	~ 100 keV	10^{-11} m
1950	~ 100 MeV	10^{-14} m
1970	100 GeV	10^{-17} m
1990	1 TeV	10^{-18} m
2010	10 TeV	10^{-19} m
2020	?	?

In den vergangenen 80 Jahren wurden weltweit Hunderte von Beschleunigern gebaut, die vor allem in Labors der Teilchenphysiker stehen. Es gibt aber auch andere Anwendungen von Beschleunigern: in der medizinischen Diagnostik und Therapie, als Quellen intensiver Röntgenstrahlen, in der Industrie und sogar in der Erkundung von Ölfeldern. Die Komplexität und die Kosten der modernen Anlagen sind ohne eine intensive internationale Zusammenarbeit kaum beherrschbar. Der LHC ist der erste Beschleuniger, dessen Bau tatsächlich von vielen Staaten (Europa, Russland, Japan, China, USA) gemeinsam finanziert wurde.

Ähnlich hoch sind auch die Ansprüche an die Konstruktion der Detektoren (siehe Kapitel 4), die als eine Art „Supermikroskope" auf die Beschleuniger abgestimmt sein müssen. Tausende von Wissenschaftlern und Studenten arbeiten gemeinsam daran. Die offizielle Sprache dieser sogenannten „Kollaborationen" ist natürlich gebrochenes Englisch.

An dieser Stelle sollten wir anmerken, dass die Hochenergiephysik Ende der 1940er-Jahre aus der Kernphysik und der Physik der kosmischen Strahlung hervorgegangen ist. Heute beobachten wir erneut eine Verschmelzung dieser beiden Gebiete: der Hochenergie-Teilchenphysik, deren Instrumente die Beschleuniger sind, und der Astrophysik, die ihre experimentellen Daten mithilfe von Teleskopen gewinnt. Dass es eine enge Beziehung zwischen der Physik des Winzigen (Teilchen) und der Physik des Riesengroßen

(Kosmos) gibt, ist schon seit längerer Zeit klar. Neue Hinweise dafür sind erstaunliche Entdeckungen in der Gravitationsphysik (Dunkle Materie und Dunkle Energie) und die immer noch offenen Fragen zur Symmetriebrechung in der Teilchenphysik. An der Nahtstelle zwischen Mikro- und Makrophysik wuchs die Erkenntnis, dass unser Universum kurz nach seiner Entstehung aus Elementarteilchen bestand, aus denen sich allmählich Sterne, Galaxien, Planeten und intelligentes Leben entwickelten.

Das altehrwürdige Tevatron, ein Beschleuniger am Fermilab in Illinois in den Vereinigten Staaten, geboren aus den wissenschaftlichen Träumen von 1985, arbeitet in diesem ersten Jahrzehnt des 21. Jahrhunderts mit voller Kraft. Die Hoffnung seiner Mannschaft ist, der beeindruckenden Liste von Entdeckungen noch möglichst viele Positionen hinzufügen zu können, bevor der LHC am CERN (bei Genf in der Schweiz) zu Beginn des neuen Jahrzehnts seinen Betrieb vollständig aufgenommen haben wird.

Der LHC steht unter einem hohen Erwartungsdruck. Man erwartet sehr viele Entdeckungen, und die Liste der brennenden offenen Fragen ist heute länger und tiefergehend als die Liste, mit der wir uns im Jahre 1985 herumschlugen. (Einige dieser Fragen finden Sie in Kapitel 6.)

Nicht alle Fragen auf der Liste wird der LHC beantworten können, ganz abgesehen davon, dass jede Menge neue Fragen hinzukommen wird. In den Köpfen der Wissenschaftler aus den Forschungs- und Entwicklungsabteilungen reift bereits eine neue Generation von Beschleunigern, mit der eine neue Generation von Beschleunigerphysikern und ihren Studenten an den Start gehen wird.

Welch eine fantastische Zeit!

Bis es soweit ist, erzählt uns dieses Buch von Don Lincoln von den gespannten Erwartungen, die die Physiker mit der Inbetriebnahme des LHC verbinden. Der Leser kann nachfühlen, weshalb der LHC für die Physiker so wichtig ist. Wir leben in einer hochinteressanten Zeit.

Leon Lederman, Physik-Nobelpreis 1988

Und hier noch einige Zitate – gewissermaßen als Sahnehäubchen zu dem Genuss, der Sie auf der Reise mit Don Lincoln erwartet:

Es gehört zu den ewigen Hoffnungen der Menschheit, einige wenige einfache und allgemeine Gesetze zu finden, mit denen wir erklären können, weshalb die Natur mit all ihrer scheinbaren Komplexität und Vielfalt genau so ist, wie sie ist.

Wir brauchen den LHC, um die Einzelheiten der Symmetriebrechung besser zu verstehen, die den Elementarteilchen ihre Masse verleiht.

Steven Weinberg, Nobelpreisträger für Physik 1979

Höchste Aufgabe der Physiker ist also das Aufsuchen jener allgemeinen elementaren Gesetze, aus denen durch reine Deduktion das Weltbild zu gewinnen ist.

Albert Einstein

Als Anton van Leeuwenhoek im 17. Jahrhundert zum ersten Mal in einem Wassertropfen seine „Animalcula" sah, erweiterte er die Fähigkeit des Menschen zu sehen auf eine Welt, die dem bloßen Auge nicht zugänglich ist.

Die Anzahl der Dimensionen ist die Anzahl der Größen, die notwendig sind, um einen Punkt im Raum eindeutig festzulegen.

Die Supersymmetrie ist eine Erweiterung der bekannten Konzepte der Teilchenphysik, und es ist durchaus wahrscheinlich, dass wir sie bald in Experimenten überprüfen können. Die Stringtheorie ist etwas ganz anderes.

Lisa Randall, Professorin für Physik,
Harvard University

Die sich ausdehnende Wolke aus Milliarden von Galaxien, die wir als Produkt des Urknalls begreifen, ist vielleicht nur ein winziger Teil eines viel größeren Universums, in dem ständig Urknall-Ereignisse stattfinden, jedes mit anderen Zahlenwerten der Naturkonstanten.

Andrei Linde, Professor für Physik,
Stanford University

Täglich bringen Wissenschaftler an einer Hand voll über die Welt verstreuter Teilchenbeschleuniger Protonen oder Elektronen auf enorme Energien und lassen sie dann zusammenstoßen. In diesen Kollisionen kann man für einen kurzen Augenblick Bedingungen schaffen, wie sie in unserem Universum seit 14 Milliarden Jahren nicht mehr geherrscht haben.

Edward „Rocky" Kolb, Professor für Astrophysik,
University of Chicago

Der Gelehrte studiert die Natur nicht, weil das etwas Nützliches ist; er studiert sie, weil er daran Freude hat, und er hat Freude daran, weil sie so schön ist. Wenn die Natur nicht so schön wäre, so wäre es nicht der Mühe wert, sie kennen zu lernen, und das Leben wäre nicht wert, gelebt zu werden.

Weil die Einfachheit, weil die Größe schön ist, darum suchen wir mit Vorliebe nach einfachen Tatsachen und nach großen Tatsachen.

Henri Poincaré,
Mathematiker und Physiker

Danksagung

Vor allem möchte ich den Physikern, Ingenieuren, Computerwissenschaftlern, Technikern und all jenen danken, deren Vision und Durchsetzungskraft den Large Hadron Collider und die damit verbundenen Detektoren Realität werden ließen. Der LHC ist eines der komplexesten wissenschaftlichen Vorhaben, die jemals in die Tat umgesetzt wurden, und ich habe den größten Respekt vor den Menschen, die dies in Gang gebracht haben. Nun, da die ersten wissenschaftlichen Resultate vorliegen und bestimmte Personen zur „Stimme des LHC" werden, sollten wir nicht diejenigen vergessen, die die Geräte entworfen und gebaut haben. Ohne sie könnte man diese Stimmen nicht hören.

Danken möchte ich Dan Claes, der mehrere Handzeichnungen zu diesem Text beigetragen hat. Er hat mir sehr geholfen – wenn ich meine eigenen Zeichnungen in das Buch aufgenommen hätte … nun, es wäre eben nicht so schön geworden. Ebenso danke ich Barry Panas und Jeffery Mitchell für einige mit dem Computer erstellte Zeichnungen.

Ich möchte Leon Lederman für seinen großzügigen Beitrag zum Vorwort danken. Leon ist einer der größten Teilchenphysiker überhaupt, und mehrere seiner unzähligen Entdeckungen hätten ihn in den Club der Nobelpreisträger bringen können. Er gehört zu den Unermüdlichen, die immer wieder die Grundlagenforschung vorantreiben, und seit er in den Ruhestand getreten ist, durchquert er das Land, hält Vorträge und spricht mit Politikern mehr als viele andere auf der Höhe ihrer Laufbahn.

Ein besonderer Dank gebührt auch den Testlesern, ohne die der Text unleserlich geblieben wäre. Von Linda Allewalt, Drew Alton, Lee Blakley, Rebecca Messer, Frank Norton, Chuck Osborne, Mandy Rominsky und Michael Walsh kamen wertvolle Verbesserungsvorschläge – in Bezug auf sowohl die Sprache als auch den Umfang und die Genauigkeit der Details.

Ich habe viele Kollegen gebeten, die Zahlen zu überprüfen, die sich auf die Geräte beziehen. Man kann da sehr leicht Fehler machen, denn die tatsächlichen Konstruktionen sind bei einem so komplexen Projekt wie dem LHC und den zugehörigen Detektoren nicht immer so, wie sie ursprünglich einmal geplant waren. Marzio Nessi überprüfte den Abschnitt über ATLAS, und David Barney tat dies für CMS. Die Abschnitte zu ALICE und LHCb wurden von Yves Schutz bzw. Roger Forty kontrolliert, während Michael Koratzinos den Beschleunigerbereich überprüfte. Außerdem möchte ich James Gillies danken, der mich mit diesen Experten zusammenbrachte. Jeder von ihnen hat eine Ader für Öffentlichkeitsarbeit, und sie alle waren für mich mehr als hilfreich.

Ich möchte auch Tim Tait danken, der die theoretischen Aussagen in diesem und einem anderen Buch überprüfte. Wie immer war seine Liebe zum Detail außerordentlich hilfreich um sicherzustellen, dass die wichtigsten Aspekte der verschiedenen Theorien, die ich anspreche, auch erwähnt werden. Ich bin tief in seiner Schuld.

Natürlich verbleiben in einem solchen Text immer einige Fehler, unabhängig von der Sorgfalt, mit denen man nach ihnen gesucht hat. Alle diese noch verbliebenen Fehler gehen ausschließlich auf das Konto von Fred Titcomb, der mich mit seinen bösartigen, unwiderstehlichen mentalen Strahlen gezwungen hat, einige Schnitzer in dem Buch zu belassen. Um ehrlich zu sein, Fred weiß gar nichts davon, dass ich dieses Buch schreibe, doch ich kenne ihn seit über 35 Jahren, und er war im Kindergarten für mich immer ein willkommener Sündenbock. Da ich schon bei meinem letzten Buch die Verantwortung für alle Fehler auf ihn geschoben habe, wäre es mehr als unhöflich, mit dieser Tradition zu brechen und ihn nicht auch diesmal dafür verantwortlich zu machen. Entschuldige, Fred!

Zu Dank verpflichtet bin ich auch Bruce Schumm für einige wichtige Einführungen.

Außerdem muss ich den Angestellten der Johns Hopkins University Press danken, angefangen bei dem Lektor, Trevor Lipscombe. Auf meinen Wunsch hin trieb er das Manuskript vermutlich in einer Rekordzeit durch den Begutachtungsprozess, damit das Buch zeitgleich mit der Inbetriebnahme des LHC herauskommen konnte. In diesem Zusammenhang möchte ich auch dem anonymen Gutachter danken, der innerhalb weniger Tage den Buchvorschlag zurückschickte. Michele Callaghan hat das ursprüngliche Manuskript hervorragend redigiert und die vielen rauen Ecken auspoliert. Ich danke auch allen, die am Layout des Buches beteiligt waren, sowie Glen Burris für die Gestaltung des Umschlags der amerikanischen Ausgabe, der sehr gute Kritiken bekommen hat. Außerdem möchte ich noch meiner Publicity-Managerin Kathy Alexander danken, die dazu beigetragen hat, dass dieses Buch auf den Schreibtischen der richtigen Leute landete.

Schließlich muss ich noch meiner Familie danken, die sich während des gesamten Prozesses meiner Abwesenheit gefallen lassen musste, insbesondere meiner Frau, die auch den allerersten Entwurf gelesen hat und von der viele wichtige, den Ton des gesamten Manuskripts deutlich formende Verbesserungen stammen. Durch ihren Beitrag wurde das Buch wesentlich klarer.

Einleitung

Tief unter der Grenze zwischen Frankreich und der Schweiz, zwischen dem urzeitlichen Gebirge des Jura im Norden und den vergleichsweise jungen Alpen im Süden, beginnt sich ein Koloss zu regen. Es heißt, wenn dieser Riese endgültig erwacht ist, wird er der Menschheit Geheimnisse offenbaren, die seit prähistorischen Zeiten verschollen sind. Schon früher hat die Erde Riesen aus der Vergangenheit preisgegeben. Die nahegelegenen Berge des Jura verdanken ihren Namen einer Epoche, in der unser Planet noch von gewaltigen Wesen bewohnt war, die lange Zeit in Vergessenheit geraten waren: *Brachiosaurus*, *Stegosaurus* und *Allosaurus*. Ihre Tritte erschütterten den Boden vor 150–200 Mio. Jahren. Der jetzt erwachende Riese verspricht, uns von einer viel früheren Zeit zu erzählen, einer Zeit vor ungefähr 14 Mrd. Jahren. Er wird uns vom Augenblick der Schöpfung selbst berichten. Der Koloss unter der Schweizer Landschaft ist kein Monster aus der Mythologie, sondern ein wissenschaftliches Wunder, eines der Wunder der modernen Welt. Dieses Buch erzählt seine Geschichte.

Das CERN (*Centre Européen pour la Recherche Nucleaire* oder Europäische Organisation für Kernforschung) gehört zu den herausragenden Forschungsinstitutionen der Welt. Es liegt in der Schweiz, etwas außerhalb von Genf, doch es arbeiten dort Physiker aus der ganzen Welt an einem großen gemeinsamen Ziel – der Entschlüsselung der Geheimnisse des Universums. Das Kernstück der Forschung am CERN ist derzeit der größte und energiereichste Teilchenbeschleuniger der Welt. Er wurde entworfen, um Protonen auf nahezu Lichtgeschwindigkeit zu beschleunigen und sie dann auf kontrollierte Weise zusammenstoßen zu lassen. In Betrieb genommen wurde er im Jahre 2009, mit seinem wissenschaftlichen Programm begann er 2010. Für die kommenden Jahre ist geplant, die Energie nach und nach weiter hochzufahren.

Der Beschleuniger hat einen Namen: „Large Hadron Collider“ oder LHC. Rund 20 Jahre sind seit den frühen Planungsphasen vergangen. Nun soll der LHC einige der Geheimnisse lüften, die diejenigen plagen, die über die Grundlagen des Universums und seinen Ursprung nachdenken: Weshalb ist das Universum so, wie es ist? Wie ist es dazu gekommen? Welche Naturgesetze sind für Masse und Energie im Universum verantwortlich? Solche und ähnliche Fragen treiben Physiker wie mich dazu, unser Leben der Suche nach Erkenntnis zu widmen. Diese Fragen müssen Antworten haben, doch wir können sie nur finden, wenn wir sie in der richtigen Weise untersuchen.

In diesem Buch möchte ich in sechs Kapiteln auf diese und einige andere Fragen eingehen. Das erste Kapitel ist eine kurze Einführung in unser heutiges Bild vom Universum und den Teilchen, aus denen es besteht. Unser Wissen mag zwar beeindruckend sein, hinsichtlich sowohl des Umfangs als auch der Tiefe, aber es ist bei weitem nicht vollständig. Das zweite Kapitel beschreibt einige der wichtigsten Fragen, die wir hoffen, mit dem LHC beantworten zu können, und insbesondere auch, *weshalb* diese Fragen als so wichtig erachtet werden. Das dritte und vierte Kapitel werden hoffentlich diejenigen Leser zufrieden stellen, die Genaueres darüber wissen möchten, wie wir dieses wunderbare Instrument zur Lüftung der Geheimnisse einsetzen wollen. Das dritte Kapitel konzentriert sich dabei auf den Beschleuniger selbst und das vierte auf die vier großen Teilchendetektoren, die für diese Aufgabe konzipiert wurden. Im fünften Kapitel komme ich auf den menschlichen Aspekt dieser Geschichte zu sprechen

– die Höhen und Tiefen im Zusammenhang mit der Erweckung dieses außergewöhnlichen Instruments. Es erinnert uns daran, dass ein Projekt dieser Größe neben den aufregenden Erfolgen auch immer Rückschlägen ausgesetzt sein kann. Das sechste Kapitel schließlich wirft einen allgemeineren Blick auf die Grenzen der Physik. Auch wenn der LHC für die nächsten 15–20 Jahre sicherlich das wichtigste Instrument seiner Art auf der Welt sein wird, denken meine Kollegen und ich schon über die Zukunft nach. In diesem letzten Kapitel möchte ich beschreiben, was noch zu tun übrig bleibt, wenn der LHC uns gesagt hat, was er uns sagen kann.

Bevor ich mich diesen Fragen zuwende, möchte ich auf ein Missverständnis eingehen, das immer wieder durch das Internet und die Medien geistert. Einige Leute befürchten, der LHC könnte, wenn er in Betrieb geht, die Erde in Gefahr bringen. Dieses Risiko ist jedoch exakt gleich null.

Es wird befürchtet, der LHC könne winzige schwarze Löcher erzeugen, kleine Verwandte der riesigen schwarzen Löcher, die aus dem Todeskampf schwerer Sterne hervorgehen. Das Gravitationsfeld solcher stellaren schwarzen Löcher ist derart stark, dass sämtliche Materie in der näheren Umgebung aufgesaugt wird und noch nicht einmal Licht ihnen entkommen kann. Wenn die hohen Energien des LHC tatsächlich winzige schwarze Löcher erzeugen sollten und wenn diese sich so ähnlich verhalten wie ihre großen Brüder, dann, so war zu hören, könnten sie Materie aus der Umgebung aufsaugen, dabei größer werden und schließlich die ganze Erde verschlingen. Das wäre, wie mein kleiner Sohn es treffend ausdrückte, „*so* nicht gut“.

Es wurden noch weitere Bedenken vorgebracht. Beispielsweise wurde befürchtet, der LHC könne eine neue Art von Materie schmieden, sogenannte Strangelets, durch deren Einfluss die Materie der Erde vollkommen verändert würde. Wieder andere zogen die Möglichkeit in Betracht, es könnte eine Vakuumblase erzeugt werden. Sie befürchteten, das Universum sei insgesamt instabil, und der LHC könne einen Prozess auslösen, bei dem der gesamte Kosmos in einen stabileren Zustand zerfallen würde, in dem die Naturgesetze völlig anders und Lebensformen, wie wir sie kennen, nicht möglich wären. Gelegentlich wurde auch behauptet, der LHC könne magnetische Monopole erzeugen, und nach einigen Theorien würden solche Monopole die Atomkerne instabil machen, die Erde und alles Leben würde verdampfen. Sehr viele solche erschreckenden Szenarien wurden an die Wand gemalt, und es gibt angeblich nur eine Möglichkeit, uns zu retten, nämlich den LHC gar nicht erst in Gang zu setzen. Lieber vorsichtig als tot, lautet die Devise. All diesen Bedenken ist jedoch eines gemeinsam: Sie sind absolut unbegründet.

Es ist vollkommen *unmöglich*, dass irgendetwas von dem wahr werden könnte. Wir können sogar sicher sein, dass vom LHC auch keinerlei andere Gefahr oder Zerstörungskraft ausgehen wird, von der wir vielleicht nichts wissen. Dieser Punkt ist sehr wichtig. Ich könnte nun die Gründe erläutern, weshalb schwarze Löcher kein Problem sind, und Dinge wie die Hawking-Strahlung erwähnen und so weiter. Doch selbst wenn Sie diese Erklärung überzeugen sollte, es könnte ja immer noch eine Gefahr von Strangelets, Monopolen oder linkshändigen Wolpertingern ausgehen. Um überzeugend darlegen zu können, dass der LHC wirklich ungefährlich ist, bedarf es eines Arguments *ganz gleich welche potenzielle Gefahr es geben könnte.* Zum Glück gibt es ein derart überzeugendes Argument. Wir wissen, dass keine Gefahr besteht, weil Sie dieses Buch lesen. Auf diesen wichtigen Punkt möchte ich kurz eingehen.

Das Argument beruht auf zwei wichtigen Tatsachen. Am LHC werden tatsächlich Teilchen mit bisher noch nie erreichten Energien und Intensitäten aufeinandergeschossen, doch auch wenn die Wissenschaftler von Protonenstrahlen sprechen, finden die Kollisionen am LHC immer zwischen genau *zwei* Protonen statt, einem aus jedem Strahl. Auch wenn aufgrund der hohen Stahlintensitäten die Wahrscheinlichkeit, dass in einer Sekunde zwei hochenergetische Protonen zusammenstoßen, groß ist, können wir vollkommen ausschließen, dass bei irgendeinem dieser Zusammenstöße einmal mehr als zwei Protonen zusammenkommen.

Die zweite wichtige Tatsache ist, dass die Erde seit ihrer Entstehung vor ungefähr vier und einer halben Milliarde Jahren unablässig von der kosmischen Strahlung aus dem Weltraum bombardiert wird. Die kosmische Strahlung besteht zu einem Großteil aus Protonen, die durch Mechanismen, die im Augenblick keine Rolle spielen, auf sehr hohe Energien beschleunigt wurden. Dabei müssen wir uns vor Augen halten, dass die Energie dieser kosmischen Protonen *noch wesentlich höher* sein kann als die Energie der Protonen am LHC. Wenn die kosmischen Strahlen auf die äußere Atmosphäre der Erde treffen, treten dabei genau dieselben Wechselwirkungen auf wie am LHC: Ein Proton in der Atmosphäre wird von einem sehr energiereichen Proton aus dem Weltraum getroffen.

In den Jahrmilliarden seit ihrer Entstehung war die Erde permanent der kosmischen Strahlung ausgesetzt, und dabei gab es mehr Kollisionen, als am LHC in 100 000 Jahren stattfinden würden. Darüber hinaus trifft die kosmische Strahlung nicht nur die Erde. Stellte man die gleiche Frage in Bezug auf die Sonne, würde diese Zahl auf mehrere *Milliarden* Jahre anwachsen. Im gesamten Universum finden in jeder Sekunde zehn Billionen Mal mehr hochenergetische Protonenkollisionen statt, als am LHC in den kommenden zehn Jahren. Und trotzdem gibt es uns noch. Wenn von Reaktionen dieser Art irgendeine Gefahr ausginge, wären wir nicht mehr hier. Was auch immer am LHC passieren wird, ob tatsächlich schwarze Löcher erzeugt werden oder Strangelets, oder ob sich irgendein anderes gefährlich klingendes Phänomen ereignet, Mutter Natur hat dieses Experiment schon unzählige Male durchgeführt. Es gibt keinen Grund für schlaflose Nächte, und Sie können sich mit mir auf die vielen wichtigen Entdeckungen freuen, die uns der LHC mit Sicherheit bescheren wird.

Doch nun beginnen wir unsere Reise an die vorderste Front unseres Wissens über die Quantenwelt.

1

Was wir wissen

Das Standardmodell

Wissenschaft ist eher eine Denkweise als gesammeltes Wissen.
Carl Sagan

Wir wissen ziemlich viel über die Welt, in der wir leben. Nach Erkenntnis suchte die Menschheit schon lange, bevor sie die Schrift erfunden hatte, um ihre Fortschritte zu dokumentieren – und das ist kein Wunder: Die Überlebenschancen des frühen Menschen hingen entscheidend davon ab, wie gut er über Jahreszeiten und Pflanzenwelt Bescheid wusste und mit Werkzeugen oder Feuer umgehen konnte. Dass der Mensch seine Umwelt genau beobachtete, war deshalb schon aus rein praktischen Gründen erforderlich. Sicherlich gab es auch damals Grübler, die sich über die tieferen Geheimnisse der Welt Gedanken machten und nach dem Was, Wie und Weshalb fragten. Wir werden vermutlich nie erfahren, wie weit die frühen Naturforscher diese Gedanken getrieben haben. Sicher sind wir dagegen, dass schon vor rund 2500 Jahren sehr tiefsinnige und modern klingende Fragen gestellt wurden.

Auf ihrer zerklüfteten Halbinsel im Ägäischen Meer stritten die Philosophen der griechischen Antike lange und leidenschaftlich darüber, ob der natürliche Zustand der Materie Ruhe oder Bewegung sei und ob es ein kleinstes Teilchen der Stoffe gebe oder nicht. Indem sie ihre Gedanken aufschrieben, gaben sie anderen Menschen, die in Raum und Zeit von ihnen getrennt waren, die Chance, ihre Ideen und Debatten nachzuvollziehen und auf ihnen aufzubauen. Damit können sie als die eigentlichen Begründer der Grundlagenwissenschaften gelten.

Über all diese längst verblichenen Denker wurde viel geschrieben, aber sie sind nicht Gegenstand dieses Buches. Schließlich waren ihre Vorstellungen zwar allgemein nicht verkehrt, aber in vielen Einzelheiten schlicht falsch. Worum es uns aber durchaus gehen soll, ist ihr intellektuelles Vermächtnis.

Auch wenn wir den alten Griechen den Start dieser Reise verdanken, wurde der Weg erst im Laufe der Jahrhunderte klar, die inzwischen vergangen sind. In vielen Bereichen haben wir gelernt, die Natur zu beherrschen; wir können tödliche Krankheiten heilen, haben das Fliegen gelernt und die ersten Schritte getan, die alles vernichtende Hitze zu erzeugen, die die Sonne leuchten lässt.

Im Jahre 1803 schrieb der englische Dichter William Blake das Gedicht „The Auguries of Innocence“ (Vorzeichen der Unschuld). Die ersten Zeilen lauten[1]:

Eine Welt zu sehn in einem Körnchen Sand,
einen Himmel in wilder Blume:
Halt' Unendlichkeit in der off'nen Hand
Und die Ewigkeit einer Stunde.

Die Welt als Sandkorn zu sehen, ist eine Metapher, die einen Funken Wahrheit enthält: Wenn wir ein einzelnes Körnchen betrachten und versuchen, all seine Bestandteile zu verstehen, erfahren wir eine Menge über die Gesetze, die unser Universum bestimmen. Unter einem Mikroskop erscheint ein Sandkorn wie ein kleiner Felsbrocken. Gibt es ein kleinstes Sandkorn? Zweifellos können wir ein solches Bröckchen zerteilen. Könnten wir diese Teilung aber unendlich weit fortsetzen, und würden wir dabei eine endlose Kette immer kleinerer Sandkörner erhalten?

---

[1] Übersetzung: Walter A. Aue.
http://myweb.dal.ca/waue/Trans/Blake-Flower.html.

Indem sich die Wissenschaftler diese Frage immer wieder, in Bezug auf die verschiedensten Stoffe unserer Welt – Stein, Wasser, Luft, Nahrungsmittel und so weiter – stellten, fanden sie heraus, dass sich sämtliche Materie des Universums aus etwas mehr als hundert elementaren Substanzen aufbauen lässt. Die Vielfalt äußert sich lediglich durch unterschiedliche Kombinationen und Mischungsverhältnisse. Wir bezeichnen diese ursprünglichen Substanzen heute als *chemische Elemente*. Einige davon kennen Sie sicherlich aus dem Chemieunterricht, etwa Wasserstoff, Sauerstoff, Kohlenstoff. Aus Wasserstoff und Sauerstoff bildet sich Wasser. Natrium und Chlor verbinden sich zu Kochsalz. Fügt man die richtigen Elemente im richtigen Verhältnis zusammen, kann man alle beliebigen Stoffe herstellen.

Nun können wir uns fragen, ob man diese Elemente in unteilbare Bausteine zerlegen kann. Anders ausgedrückt: Gibt es eine kleinste Einheit Sauerstoff? Tatsächlich hat jedes chemische Element ein kleinstes Teilchen; wir nennen es *Atom*. Wie sich herausstellte, hat jedes Element seine eigene Art von Atomen. Denken Sie etwa an einen altmodischen Spielzeugladen, der sich auf Murmeln spezialisiert hat. In der einen Schachtel finden wir nur gelbe Murmeln, in einer anderen nur große rote, in einer dritten kleine grüne. Jede Schachtel enthält Murmeln einer bestimmten Größe und Farbe. Alle Murmeln in einer Schachtel sehen identisch aus, und es gibt keine zwei Schachteln, in denen sich die gleichen Murmeln befinden.

Genauso ist es mit Elementen und Atomen: Alle Atome eines bestimmten Elements sind gleich, und die Atome verschiedener Elemente sind unterschiedlich. Jede einzelne Substanz auf der Erde zeichnet sich durch eine charakteristische Anordnung von Atomen in geeigneten Mengen aus. Auch wenn diese Kombinationen im Detail kompliziert und möglicherweise schwierig zu erzeugen sind, kann man aus dem einfachen Murmelbild viel über Chemie lernen. Abbildung 1.1 enthält alle Elemente, die wir heute kennen. Man bezeichnet diese Tabelle als das Perioden-

H																	He
Li	Be											B	C	N	O	F	Ne
Na	Mg											Al	Si	P	S	Cl	Ar
K	Ca	Sc	Ti	V	Cr	Mn	Fe	Co	Ni	Cu	Zn	Ga	Ge	As	Se	Br	Kr
Rb	Sr	Y	Zr	Nb	Mo	Tc	Ru	Rh	Pd	Ag	Cd	In	Sn	Sb	Te	I	Xe
Cs	Ba		Hf	Ta	W	Re	Os	Ir	Pt	Au	Hg	Tl	Pb	Bi	Po	At	Rn
Fr	Ra		Rf	Db	Sg	Bh	Hs	Mt	Ds	Rg	Uub						
			La	Ce	Pr	Nd	Pm	Sm	Eu	Gd	Tb	Dy	Ho	Er	Tm	Yb	Lu
			Ac	Th	Pa	U	Np	Pu	Am	Cm	Bk	Cf	Es	Fm	Md	No	Lr

Abb. 1.1 Das Periodensystem umfasst die bisher bekannten chemischen Elemente. Jede bis heute im Universum aufgefundene Substanz lässt sich aus diesen rund hundert Elementen zusammensetzen.

system (der Elemente). Jeder Kasten entspricht einem Element; Elemente, die in ähnlicher Weise reagieren, stehen spaltenweise untereinander.

Was ich Ihnen bisher über Atome erzählt habe, ist im Wesentlichen richtig. Allerdings erkannte man um 1900, dass die Atome keineswegs unteilbar sind. 1932 wussten die Physiker, dass sich sämtliche Atome aus drei Sorten noch kleinerer Teilchen zusammensetzen, die sie *Protonen*, *Neutronen* und *Elektronen* nannten. Alle Protonen sind identisch, ebenso alle Neutronen und auch alle Elektronen. Auf den ersten Blick war dies ein gewaltiger Fortschritt auf der Suche nach Einfachheit. Schon die Entdeckung, dass man mit ungefähr hundert verschiedenen Atomsorten jede nur denkbare Substanz aufbauen kann, war eine verblüffende Vereinfachung. Nun aber wusste man zudem, dass sich alle Atome ihrerseits aus den richtigen Kombinationen dreier einfacher Bestandteile zusammensetzen lassen. So besteht ein Wasserstoffatom aus einem Proton und einem Elektron, ein Heliumatom aus zwei Protonen, zwei Neutronen und zwei Elektronen. Es dauerte nicht lange, bis man die Atomstruktur aller Elemente aufgeklärt hatte.

Nachdem sich herausgestellt hatte, dass Atome aus kleineren Bestandteilen aufgebaut sind, lag die Frage nahe, wie diese Teilchen innerhalb eines Atoms angeordnet sind. Waren Protonen, Neutronen und Elektronen zu einer breiartigen Masse vermischt? Oder waren sie wie Perlen auf eine Schnur gezogen? Logik half hier nicht weiter; zur Entscheidung dieser Fragen brauchte man Experimente.

Zu Beginn des 20. Jahrhunderts entschlüsselte Ernest Rutherford die wichtigsten Strukturmerkmale der Atome. Offenbar sah ein Atom aus wie ein winziges Sonnensystem mit ebenso vielen Elektronen wie Protonen. Die Protonen befinden sich zusammen mit den Neutronen in einem winzigen Klumpen, dem Atomkern, den die Elektronen in einem vergleichsweise großen Abstand umschwirren; also entspricht der Atomkern der „Sonne", die Elektronen übernehmen die Rolle der „Planeten". Die Protonen tragen eine positive elektrische Ladung, die Elektronen eine exakt genauso große, aber negative elektrische Ladung. Bis heute ist noch nicht wirklich klar, weshalb das so ist. Die Neutronen sind elektrisch neutral. Während die Anzahl der Protonen und Elektronen in einem Atom gleich ist, folgt die Anzahl der Neutronen einem etwas komplizierteren Gesetz, doch wenn man vom Wasserstoffatom einmal absieht, gibt es in einem Atomkern ähnlich viele Neutronen wie Protonen, häufig eher etwas mehr.

Nachdem der Grundaufbau des Atoms verstanden war, fanden die Wissenschaftler weitere Einzelheiten über seine Bestandteile heraus. Obwohl Protonen und Elektronen dieselbe elektrische Ladungsmenge tragen (allerdings mit entgegengesetztem Vorzeichen), sind ihre Massen vollkommen verschieden. Ein Proton ist ungefähr 2000-mal schwerer als ein Elektron, und die Masse eines Neutrons ist geringfügig größer als die eines Protons. Diese Massenunterschiede zwischen den atomaren Bestandteilen bedeuten, dass rund 99,95 % der Masse eines Atoms in seinem Kern konzentriert ist.

Protonen und Neutronen bewohnen also den Atomkern, und die Elektronen fliegen in relativ großem Abstand um diesen Kern herum. Damit haben wir jedoch noch keine genaue Vorstellung von der Größe eines Atoms. Atome sind wirklich sehr, sehr klein. Könnten Sie Atome nebeneinander aufreihen, könnten Sie in einem einzigen Millimeter ungefähr 10 Mio. davon unterbringen. Doch selbst nachdem man sich die Winzigkeit eines Atoms vor Augen geführt hat, ist das Bild noch nicht vollständig. Ein Atom besteht zum größten Teil aus leerem Raum. Der Durchmesser des Atomkerns ist ungefähr 10 000-mal kleiner als das Atom selbst.

Eine Analogie kann uns vielleicht dabei helfen, diese unvorstellbare Leere zu erfassen. Betrachten wir ein Kohlenstoffatom, eines der Grundbausteine lebender Organismen. Ein Kohlenstoffatom besteht aus sechs Protonen und sechs Neutronen, die sich im Atomkern befinden, sowie sechs Elektronen, die den Kern in großem Abstand umgeben. Nun stellen wir uns vor, wir könnten jedes Proton oder Neutron zu einer Kugel aufblasen, die so groß ist wie ein gedrucktes „o" auf dieser Seite. Der Atomkern besteht aus zwölf solcher Kugeln, sechs Protonen und sechs Neutronen, die wir uns auf einem Haufen zusammenliegend denken. Diesen Atomkern platzieren wir nun in die Mitte eines Fußballstadions. Der Rest des Atoms bestünde aus sechs Elektronen, die noch viel kleiner als ein Punkt auf dieser Seite wären. Sie würden wie ein aufgeregter Bienenschwarm auf einer Kugelfläche von der Dimension des gesamten Fußballstadions umherschwirren. Das Atom besteht fast nur aus nichts (Abb. 1.2), und trotzdem sind diese winzigen, leeren Atome der rund hundert verschiedene Elemente, von denen jedes einzelne nichts weiter als Protonen, Neutronen und Elektronen enthält, die Bausteine des Universums in all seiner Vielfalt.

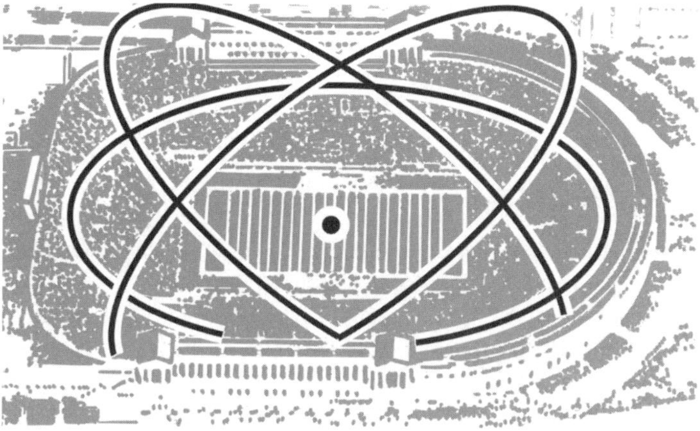

Abb. 1.2 Wenn Protonen und Neutronen auf die Größe des Buchstaben „o" auf dieser Seite aufgeblasen werden könnten, würde ein einzelnes Atom ein ganzes Fußballstadion ausfüllen, und doch wäre der größte Teil des Raums leer. Das Größenverhältnis von Kern und Atom in dieser Zeichnung ist nicht maßstäblich. (Dan Claes)

Quarks

Man könnte meinen, die Physiker hätten ihre Erkenntnis, dass sich mit drei winzigen Teilchen das gesamte Universum erklären lässt, ausgiebig gefeiert – und es dabei belassen. Doch Physiker sind neugierig, und die damaligen Forscher konnten das Grübeln nicht lassen. In den 1940er- und 1950er-Jahren untersuchten sie die Ergebnisse, die sie an neuen „Spielzeugen" wie den „Atomzertrümmerern" gewonnen und bei der Untersuchung der kosmischen Strahlung, die als Schauer aus dem Weltraum auf die Erde trifft, gesammelt hatten. Dabei fanden sie neue Teilchen, die nicht in das einfache Schema „Proton, Neutron, Elektron oder Atom" passten. Nach und nach kamen sie nahezu hundert verschiedenen Teilchen auf die Spur, von denen manche gewisse Ähnlichkeiten mit den altgewohnten Protonen, Neutronen und Elektronen aufwiesen. Sie nannten sie Pionen, Kaonen, Lambdas, V-Teilchen … und waren ratlos.

Diese Ratlosigkeit hielt einige Jahre an, bis man im Jahre 1964 eine sehr elegante Idee hatte. Vielleicht waren Protonen und Neutronen doch nicht so fundamental, wie man dachte; vielleicht bestanden sie selbst wieder aus noch kleineren Bausteinen. Diese Bausteine nannte man später Quarks, nach einer belanglosen Zeile aus dem Buch *Finnegan's Wake* von James Joyce („Three quarks for Muster Mark!"). Während Begriffe wie „Atom" und „Proton" aus dem Griechischen stammen (*atomos* ist das „Unteilbare", *protos* das „Erste"), hat die Bezeichnung „Quark" keine derart tiefsinnige Bedeutung; sie erwuchs eher aus der Neigung der modernen Physik zu skurrilen Wörtern.

Ursprünglich glaubte man, es gebe nur drei verschiedene Quarks, doch heute kennen wir sechs. Ihre Namen (Up, Down, Charm, Strange, Top und Bottom) bedeuten eigentlich nichts. Zwei Quarks sind besonders wichtig, das Up- und das Down-Quark. Aus diesen beiden setzt sich sowohl das Proton zusammen (es besteht aus zwei Up-Quarks und einem Down-Quark) als auch das Neutron (ein Up und zwei Downs). Die anderen Quarks benötigt man zur Erklärung des riesigen Teilchenzoos, der schrittweise in den Teilchenbeschleunigern entdeckt wurde (Pionen, Kaonen, Lambdas, Vs und so weiter). In Abbildung 1.3 finden Sie eine Liste der sechs Quarks und sehen, wie sich aus ihnen das Proton bzw. das Neutron zusammensetzt.

Die drei Quarks, die es nach dem ursprünglichen Modell geben sollte, waren das Up-, das Down- und das Strange-Quark. Die Bezeichnungen „Up" und „Down" stammten aus einer älteren Theorie des Atomkerns, bei der Protonen und Neutronen im Wesentlichen als identische Teilchen angesehen wurden, wobei „Up" und „Down" eine technische Bedeutung hatten (als Analogie kann man an die beiden Seiten einer Münze denken).

Up $+2/3$	Charm $+2/3$	Top $+2/3$
Down $-1/3$	Strange $-1/3$	Bottom $-1/3$

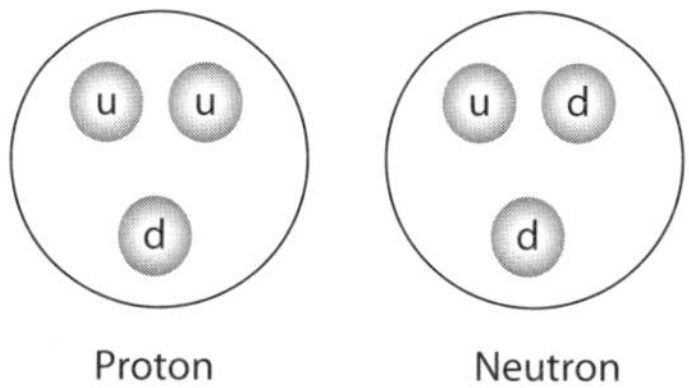

Abb. 1.3 Die sechs Quarks (oben) und ihre phantasievollen Namen. Der Bruch gibt die Ladung des jeweiligen Quarks an, wobei +1 die Ladung des Protons ist. Protonen und Neutronen (unten) bestehen aus geeigneten Kombinationen der Up- und Down-Quarks.

Die Sprache dieser älteren Theorie wurde auf die Quarks übertragen. Auch die Bezeichnung „Strange" – seltsam – hat einen historischen Hintergrund. Einige der Teilchen, die man bei den frühen Experimenten mit Beschleunigern und der kosmischen Strahlung entdeckt hatte, verhielten sich sehr eigenartig, und die Leute sagten: „Oh, wie seltsam." Später zeigte sich, dass dieses ungewöhnliche Verhalten mit einem Strange-Quark zusammenhing. Die Bezeichnung „seltsames Teilchen" wurde dann für das Quark übernommen.

Wann Up-, Down- und Strange-Quark entdeckt wurden, kann man gar nicht so genau sagen. Im Grunde genommen hatten die Wissenschaftler ihre Spuren schon sechzig Jahre lang beobachtet, bevor sie sie 1964 als das erkannten, was sie tatsächlich sind. Die elektrische Ladung des Up-Quarks beträgt zwei Drittel der Ladung eines Protons ($+2/3$), wohingegen das Down-Quark und das Strange-Quark nur ein Drittel der Protonladung tragen, beide mit negativem Vorzeichen ($-1/3$). Es erschien zwar zunächst merkwürdig, dass zwei Quarks die Ladung $-1/3$ und ein Quark die Ladung $+2/3$ tragen sollten, aber weiter ging die ursprüngliche Theorie eben nicht.

Das Charm-Quark erhielt angeblich seinen Namen, nachdem irgendjemand sagte: „Wäre es nicht sehr charmant, wenn es ein viertes Quark gäbe, das dieselbe Ladung wie das Up-Quark, also +⅔, hätte?" Ob das wirklich stimmt oder ins Reich der Physikerlegenden gehört, weiß heute natürlich niemand mehr, aber fest steht, dass 1974 das Charm-Quark gleichzeitig in zwei Experimenten gefunden wurde, und zwar an den gegenüberliegenden Küsten der USA – am Brookhaven National Laboratory auf Long Island im US-Bundesstaat New York und am Stanford Linear Accelerator Laboratory in Kalifornien. Dem Bottom-Quark kam man 1977 am Fermi National Accelerator Laboratory (Fermilab) in Illinois auf die Spur und dem Top-Quark am selben Ort im Jahre 1995. Ich gehörte zu einer der beiden konkurrierenden Gruppen, die das Top-Quark entdeckten. (Jede dieser Gruppen bestand aus rund 500 Physikern.) Die Namen Top und Bottom haben keine überlieferte Bedeutung; allerdings waren eine Zeitlang auch die Bezeichnungen „Truth" (Wahrheit) und „Beauty" (Schönheit) in Gebrauch, die im Laufe der Jahre allmählich ausstarben. Ich bedaure das sehr, denn in meinen öffentlichen Vorträgen habe ich den Leuten immer gerne erzählt, ich sei auf der Suche nach der „Wahrheit".

Mit den Quarks nähern wir uns den gegenwärtigen Grenzen des Wissens. Daher sollten wir an diese Stelle etwas näher auf die Eigenschaften der Quarks eingehen. Soweit bis jetzt bekannt ist, gehören die Quarks zu den tatsächlich elementaren Teilchen. (Es gibt noch zwei weitere Klassen solcher Teilchen, auf die wir später eingehen.) Für den Physiker bedeutet „elementar" in diesem Zusammenhang, dass die Teilchen keine Ausdehnung haben und nicht aus noch kleineren Bestandteilen bestehen (also keine innere Struktur haben). Unsere Hierarchie der Bausteine der Materie sieht also folgendermaßen aus: Wir bestehen aus Molekülen, Moleküle bestehen aus Atomen, Atome bestehen aus Protonen, Neutronen und Elektronen, und die Protonen und Neutronen

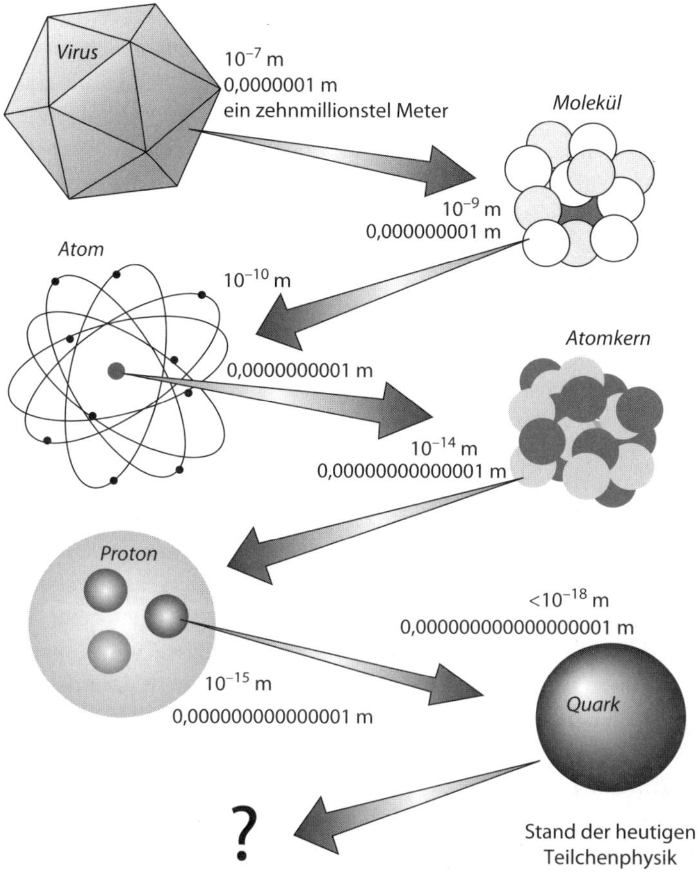

Abb. 1.4 Um in die Geheimnisse der Natur einzudringen, müssen wir immer kleinere Dinge untersuchen, um schließlich bei den kleinsten, elementaren Bestandteilen zu landen. (Fermilab)

bestehen aus Quarks. Bei den Quarks ist die Reise zu Ende. Es gibt nichts Kleineres als Quarks, zumindest nach unserem heutigen Wissensstand. Abbildung 1.4 zeigt die strukturellen Ebenen der Mikrowelt, über die wir zumindest einiges wissen.

Natürlich könnte es sein, dass in Wirklichkeit auch die Quarks aus noch kleineren Bausteinen bestehen. Diese Möglichkeit gehört zu den vielen aufregenden Fragen, auf die der Large Hadron Collider (LHC – diese Abkürzung wollen wir im Folgenden verwenden) ein Licht werfen könnte. Wir werden im nächsten Kapitel auf Spekulationen in diesem Zusammenhang eingehen, doch im Augenblick konzentrieren wir uns auf das, was wir über die Quarks wissen.

Von den sechs verschiedenen Arten von Quarks sind, wie bereits gesagt, zwei (Up und Down) am Aufbau von Protonen und Neutronen beteiligt. Diese Teilchen sind stabil, d. h., sie zerfallen nicht. Die anderen vier Quarks (Charm, Strange, Top und Bottom) haben sehr kurze Lebensdauern und existieren nur für den Bruchteil einer Sekunde, bevor sie in die gewöhnlichen Up- und Down-Quarks zerfallen.

Quarks schließen sich nach besonderen Regeln zusammen. Proton und Neutron bestehen wie erwähnt aus jeweils drei Quarks (2 Up, 1 Down bzw. 2 Down, 1 Up). Damit gehören sie zu einer großen Klasse von Teilchen, die alle aus genau drei Quarks zusammensetzt sind. Eine zweite Klasse von Teilchen besteht aus einem gewöhnlichen Quark und einem Antimaterie-Quark, aber das sei hier nur der Vollständigkeit halber erwähnt. Was Antimaterie ist, werden wir gegen Ende dieses Kapitels kurz besprechen.

Um die Eigenschaften der Quarks zu verstehen, müssen wir uns auch mit Kräften befassen. Die meisten Menschen haben eine gewisse Vorstellung von Schwerkraft und Elektrizität, doch es gibt noch zwei weitere Arten von Kräften, die uns weniger vertraut sind: die starke und die schwache Kraft. Beide wirken merklich nur im Atomkern. Die starke Kraft hält den Atomkern zusammen, die schwache Kraft ist für einige radioaktive Zerfälle verantwortlich.

Die starke Kraft spielt für das Verhalten der Quarks eine wichtige Rolle. Ursprünglich hielt man die starke Kraft schlicht für die

Kraft, die Protonen und Neutronen im Atomkern zusammenhält; wie das funktionieren sollte, beschrieben ältere Theorien. Das Bild vereinfachte sich erheblich, als man erkannt hatte, dass Protonen und Neutronen ihrerseits aus Quarks bestehen. Es zeigte sich, dass Quarks nicht nur eine elektrische Ladung tragen und daher die elektrische Kraft spüren, sondern dass sie noch eine neue Art von Ladung haben, die mit der starken Kraft zusammenhängt. Diese Kraft hält die Quarks in den Protonen und Neutronen und diese wiederum im Atomkern.

Man könnte diese neue Art von Ladung korrekt als „Ladung der starken Kraft“ bezeichnen, aber man spricht einfach von „Farbladung“ („Color“). Der Begriff „Farbe“ wird hier nicht in seiner Alltagsbedeutung verwendet, sondern ausschließlich wegen einer nützlichen Analogie. Wenn man gleichzeitig auf eine rote, eine blaue und eine grüne Lichtquelle schaut (etwa die Pixel auf dem Bildschirm eines Farbfernsehers), erscheint das resultierende Licht weiß (farblos, besser farbneutral). Ähnlich ordnet man den einzelnen Quarks eine Farbladung (rot, blau oder grün) in einer Weise zu, dass die Mischung in einem Proton farbneutral ist. Protonen und Neutron bestehen stets aus drei Quarks mit verschiedenen Farben. Es gibt kein Proton mit zwei roten oder drei blauen Quarks, denn Protonen haben insgesamt keine Farbladung; nur durch die Mischung von Rot, Blau und Grün erhält man Weiß.

Abbildung 1.5 können wir entnehmen, dass die Farbladung (die Ladung der starken Kraft) nichts mit dem Quarktyp zu tun hat. Ein Down-Quark beispielsweise kann jede Farbe haben. Für ein Proton benötigen wir zwei Up-Quarks und ein Down-Quark, die alle drei verschiedene Farben haben müssen (Rot, Grün und Blau). Vielleicht verstehen Sie die Regel leichter, wenn Sie sie mit den positiven und negativen Zahlen vergleichen: $(+1) + (-1) = 0$; bei Quarks gilt: Rot + Blau + Grün = 0 (oder, wenn Sie wollen, „Weiß“).

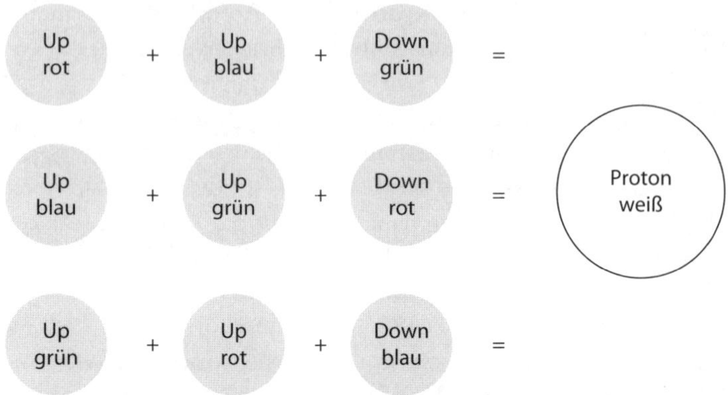

Abb. 1.5 Die Kombination aus Rot, Blau und Grün ergibt Weiß. Analog benötigt man für ein Proton, das bezüglich der „Farb"ladung neutral ist, drei Quarks mit drei verschiedenen „Farb"ladungen. Die Bezeichnung „Farbe" ist rein bildlich zu verstehen und hat nichts mit den sichtbaren Farben zu tun.

Im Zusammenhang mit der Farbladung stoßen wir auf eine weitere interessante Eigenschaft der Quarks. Es wurde noch nie ein einzelnes Quark beobachtet. Das bedeutet nicht, dass es Quarks vielleicht gar nicht gibt; tatsächlich gibt es sehr viele überzeugende Hinweise auf ihre Existenz. Es erweist sich aber als unmöglich, ein einzelnes Quark aus einem Atom zu befreien und für sich alleine zu untersuchen. Dem Sandkasten können Sie problemlos ein einzelnes Körnchen entnehmen, aber Quarks sind fest in ihren Protonen oder Neutronen verankert. Das hängt mit der Wirkung der starken Kraft zusammen. Die starke Kraft lässt sich mit einer Spiralfeder aus Draht vergleichen. Je mehr man eine solche Feder dehnt, umso mehr muss man sich anstrengen, um sie noch ein bisschen weiter zu dehnen. Ganz anders ist das bei den elektrischen oder magnetischen Feldern, die immer schwächer werden, wenn man die Teilchen auseinanderzieht. Je enger Sie zum Beispiel zwei Magnete zusammenbringen, umso schwerer wird es, sie auseinander zu halten (oder zusammenzudrücken). Über einen großen Abstand wirken Magnete nur sehr schwach aufeinander. Die federartige Natur der starken Kraft beeinflusst die Wechselwirkungen der Quarks untereinander generell, doch die wichtigste Folge ist, dass Quarks innerhalb der Protonen oder Neutronen gefangen sind. Technisch spricht man von „Confinement", was bedeutet, dass Quarks unter normalen Bedingungen das Proton oder Neutron, in dem sie stecken, nicht verlassen können.

Die Analogie zwischen der starken Kraft und einer Spiralfeder lässt sich noch weiter treiben. Wenn man eine Feder oder ein Gummiband stark genug dehnt, kommt es irgendwann zum Riss. Wenn man zwei Quarks auseinanderzieht, wird die starke Kraft zwischen ihnen zunächst immer stärker, bis sie auseinander„bricht". Der Abstand, bei dem das passiert, entspricht ungefähr der Größe eines Protons, wodurch sich auch eben diese Größe erklären lässt. Wenn die Feder bricht, können sich die Quarks voneinander entfernen. Aus Gründen, die wir hier im Einzelnen nicht erläutern wollen, treten aber auch dann keine „nackten" einzelnen Quarks auf, die man beobachten kann wie ein Elektron, das aus einem Atom herausgeschlagen wurde. Die Idee dahinter wird in Abbildung 2.4 und dem zugehörigen Text etwas ausführlicher erläutert. Kurz gesagt wird beim Auseinanderbrechen die Energie, die vorher in der Feder steckte, zur Erzeugung von weiteren Quarks und Antiquarks verwendet. (Das ist eine Folge der oft zitierten, aber selten wirklich verstandenen Einstein'schen Gleichung: $E = mc^2$. Da man diese Gleichung in der Form „Energie ist gleich Materie" lesen kann, sehen wir hier ein Beispiel, bei dem Energie direkt in Materie umgewandelt wird.) Schließlich und endlich fliegen die Quarks immer in Zweier- oder Dreiergruppen auseinander, sicher geborgen in farbneutralen Teilchen wie Protonen.

Eine der wichtigsten Eigenschaften der Quarks ist die Masse. Die Massen der einzelnen Sorten erstrecken sich über einen sehr großen Bereich: Die Masse der Up- und Down-Quarks entspricht nur ungefähr 0,004 Protonenmassen, wohingegen das besonders schwere Top-Quark die Masse von rund 170 Protonen hat. Wir haben nur vage Vorstellungen davon, woher die Quarks ihre Massen haben und weshalb sie überhaupt eine Masse haben. Die Beantwortung dieser Frage ist vielleicht das wichtigste Ziel der Experimente am LHC. Im nächsten Kapitel werden wir auf die Gedanken eingehen, die bis heute zu diesem interessanten Thema geäußert wurden.

Besonders auffallend ist, dass die Eigenschaften der Quarks ein regelmäßiges Muster aufweisen. Up-, Charm- und Top-Quark haben dieselbe elektrische Ladung, ebenso Down-, Strange- und Bottom-Quark. Außerdem sind das Up- und das Down-Quark in gewisser Hinsicht natürliche Partner, beispielsweise weil sie die Bestandteile des stabilen Protons und Neutrons sind. Aus diesen und vielen weiteren Gründen unterteilt man die Gruppe der sechs Quarks in drei Paare. Wir nennen diese Paare *Generationen* und geben jeder Generation eine Zahl. Up- und Down-Quark bilden Generation I, Charm- und Strange-Quark Generation II und Top- und Bottom-Quark Generation III. Weshalb es diese drei Gruppen gibt, ist immer noch nicht ganz geklärt. Möglicherweise steckt dahinter etwas sehr Grundlegendes, das wir nur noch nicht wissen. Vielleicht hilft uns hier der LHC weiter. Auch auf diese Frage werden wir in Kapitel 2 nochmals eingehen. Tabelle 1.1 fasst zusammen, was wir über die Quarks wissen.

Leptonen

Wir haben Protonen, Neutronen und Elektronen als die Bestandteile der Atome ausgemacht, Quarks wiederum als die Bestandteile der Protonen und Neutronen. Warum haben wir noch nichts darüber gesagt, welche Rolle die Quarks für das Elektron spielen? Ganz einfach: Im Elektron gibt es keine Quarks! Die heute akzeptierte Lehrmeinung ist, dass Elektronen ebenso wie die Quarks wirkliche Elementarteilchen sind, die folglich keine kleineren Bausteine enthalten. Wie die Quarks haben Elektronen eine elektrische Ladung, allerdings keine Farbladung. Deshalb spüren Elektronen nicht die starke Kraft, und aus diesem Grund sind sie auch nicht in einem Verband „gefangen" („confined"). Damit ist erklärt, weshalb sich die Elektronen frei in den äußeren Bereichen der Atome bewegen können.

Wie bereits gesagt, lässt sich alle Materie des Universums durch ein geeignetes Gemisch aus Up-Quarks, Down-Quarks und Elektronen aufbauen. Wir wissen außerdem, dass es je zwei „Kopien" (Generationen) der genannten Quarks gibt (nämlich Charm- und Strange-Quark sowie Top- und Bottom-Quark). Hat auch das Elektron noch zwei Verwandte, die diesen schweren Quarks entsprechen? Tatsächlich ist das der Fall. Zwei Teilchen, das *Myon* und das *Tau(on)*, verfügen über dieselbe elektrische Ladung und auch dieselben anderen charakteristischen Eigenschaften des Elektrons, abgesehen von der Masse – sie sind wesentlich schwerer. Als Sammelbezeichnung für das Elektron und seine Kollegen verwendet man den Begriff „Lepton", abgeleitet von dem griechischen Wort *leptos* („leicht"). Elektronen, Myonen und Tauonen heißen auch „geladene" Leptonen; damit wird betont, dass diese Teilchen noch eine elektrische Ladung tragen. Wie in der Physik üblich, wird den Teilchen ein Symbol zugeordnet, und zwar dem Myon der griechische Buchstabe μ (my) und dem Tauon das τ (tau). Abbildung 1.6 und Tabelle 1.1 verdeutlichen, wie sich die geladenen Leptonen in das allgemeine Schema der subatomaren Teilchen einordnen. Einige Details der Tabelle werden weiter unten noch erläutert.

Das Elektron, ein geladenes Lepton, gehört zu den allgemein vertrauten Teilchen. Es gibt jedoch noch eine Klasse von weniger bekannten Leptonen. Zu Beginn des 20. Jahrhunderts wurde sehr viel über Radioaktivität geforscht. Unter Radioaktivität versteht man den Zerfall von Atomkernen, wobei Kerne anderer Elemente entstehen. Nun hatte man eine Form von Radioaktivi-

Tab. 1.1 Namen und charakteristische Eigenschaften verschiedener subatomarer Teilchen

	Materieteilchen : Quarks					
Generation	**I**		**II**		**III**	
Name	Up	Down	Charm	Strange	Top	Bottom
Symbol	u	d	c	s	t	b
Ladung[a]	+2/3	–1/3	+2/3	–1/3	+2/3	–1/3
Masse[b]	~0,003	~0,005	1,5	~0,1	170	4,5
Entdeckungsjahr[c]	1964	1964	1974	1964	1995[d]	1977
Lebensdauer[e]	∞	∞	10^{-12}	10^{-8}	10^{-24}	10^{-12}
	Materieteilchen: Leptonen					
Generation	**I**		**II**		**III**	
Name	Elektron	Elektron-Neutrino	Myon	Myon-Neutrino	Tau	Tau-Neutrino
Symbol	e	ν_e	μ	ν_μ	τ	ν_τ
Ladung	–1	0	–1	0	–1	0
Masse[b]	~0,0005	~0	0,1	~0	1,8	~0
Entdeckungsjahr	1897	1956	1937	1962	1975	2000
Lebensdauer[e]	∞	∞	10^{-6}	∞	10^{-13}	∞

Tab. 1.1 (Fortsetzung)

	Überträgerteilchen („Austauschteilchen") der Kräfte					
Kraft	starke	elektromagnetische	schwache			Gravitation
Name	Gluon	Photon	Z^0	W^+	W^-	Graviton
Symbol	g	γ	Z^0	W^+	W^-	G
Ladung[a]	0	0	0	+1	–1	0
Masse[b]	0	0	91	80	80	0
Reichweite[f]	10^{-15}	unendlich	10^{-18}			unendlich
Stärke[g]	1	0,01	0,00001			10^{-40}
Farbladung	ja	nein	nein			nein
Entdeckungsjahr	1979	1905	1983			noch nicht entdeckt
betroffene Teilchen	Quarks	Quarks, geladene Leptonen	Quarks, geladene Leptonen. Neutrinos			alle

[a] Elektrische Ladung im Vergleich zum Proton, das die Ladung +1 hat.

[b] Masse in Einheiten, in denen die Protonenmasse 0,94 beträgt.

[c] Up-, Down- und Strange-Quark wurden schon vor 1964 beobachtet (aber nicht als solche erkannt). In diesem Jahr wurde die Quark-Hypothese aufgestellt.

[d] Der Autor war einer der Mitentdecker des Top-Quarks.

[e] Die Einheiten für die angegebenen Lebensdauern sind Sekunden, diese Werte sind aber nur grobe Richtwerte, da die Lebensdauer der Quarks von ihrer Umgebung abhängt.

[f] Die Einheit der Reichweite ist der Meter.

[g] Die angegebene Stärke der Kräfte bezieht sich immer auf die starke Kraft.

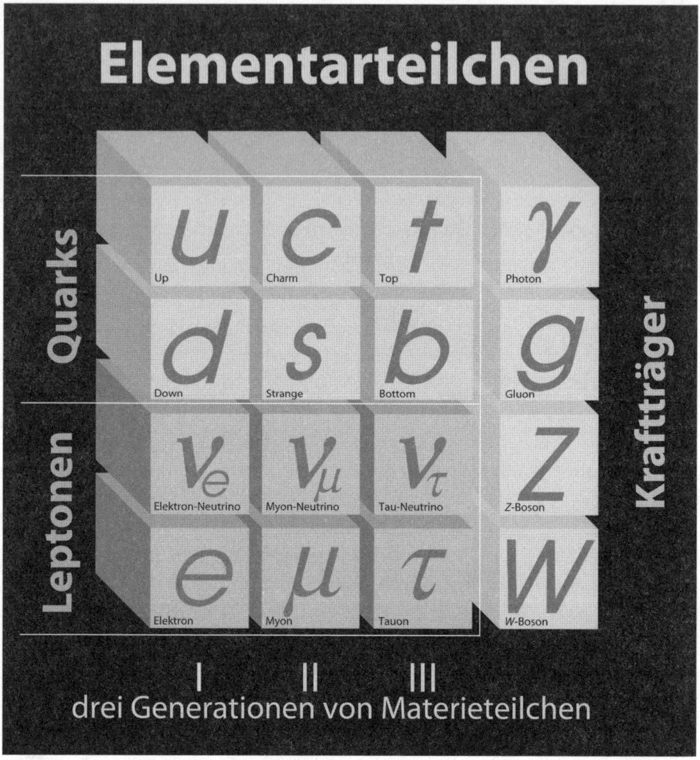

Abb. 1.6 Liste aller heute bekannten subatomaren Teilchen. (Fermilab)

tät gefunden, die die Physiker verblüffte: Nach dem Zerfall schien weniger Energie vorhanden zu sein als vorher. Ein Grundgesetz der Physik, das damals ebenso für gültig gehalten wurde wie heute – der Energieerhaltungssatz –, besagt aber, dass Energie weder erschaffen werden noch verloren gehen kann. Die Physiker standen vor einem Rätsel; irgendetwas musste faul sein.

Das Rätsel wurde 1930 von Wolfgang Pauli gelöst: Der Zerfall ließ sich erklären, wenn man von der Emission eines Teilchens ausging, das eine sehr kleine Masse haben und elektrisch neutral sein musste. Das Teilchen wurde *Neutrino* genannt (italienisch für „kleines Neutrales"), denn es handelte sich um ein elektrisch neutrales Lepton. (Pauli selbst hatte den Namen „Neutron" vorgeschlagen, der aber zwischenzeitlich anderweitig vergeben wurde. Der Name „Neutrino" stammte dann von dem italienischen Physiker Enrico Fermi.) Experimentell beobachtet wurde das Neutrino zum ersten Mal im Jahre 1956. Das Symbol für ein Neutrino ist der griechische Buchstabe ν (ny).

Als Pauli die Existenz des Neutrinos postulierte, war ihm nicht bewusst, auf was für ein seltsames Teilchen er da gestoßen war. Dass bei den erwähnten Zerfallsprozessen Energie zu verschwinden schien, lag daran, dass das Neutrino einen Teil der Energie davontrug. In späteren Experimenten fand man heraus, dass Neutrinos Materie ungehindert durchdringen können. Die Durchdringungsfähigkeit hängt zwar in geringem Maße von ihrer Energie ab, doch Neutrinos mit den Energien, die man typischerweise bei radioaktiven Zerfällen beobachtet, könnten durch einen fünf Lichtjahre dicken Bleiblock treten, ohne dass sich mehr als die Hälfte von ihnen nachweisen ließe. Fünf Lichtjahre sind fast 48 Billionen Kilometer! Daher erstaunt es nicht, dass die Physiker, die sich mit den radioaktiven Zerfällen beschäftigten, die Neutrinos nicht sehen konnten und zunächst verwirrt waren.

Pauli hatte zunächst nur eine Form von Neutrino vorgeschlagen, doch im Jahre 1962 zeigte ein Experiment, dass es mehr als nur eine gibt. Zwei Neutrinos, ein dem Elektron verwandtes und ein dem Myon verwandtes, konnte man unterscheiden. Natürlich fragten sich die Physiker, ob es auch ein Tau-Neutrino gibt. Diese Vermutung wurde im Jahre 2000 bestätigt. Wir unterscheiden diese drei Arten von Neutrinos durch einen Index, in Abbildung 1.6 finden Sie Beispiele.

Mit der Erkenntnis, dass es drei Arten von Neutrinos gibt, von denen jedes eine besondere Affinität zu einem bestimmten geladenen Lepton hat, ist unser Katalog der bekannten Materieteilchen vollständig. Gewöhnliche Materie besteht ausschließlich aus Up- und Down-Quarks, Elektronen und Elektron-Neutrinos. Weshalb es zwei weitere Kopien (Charm, Strange, Myon und Myon-Neutrino sowie Top, Bottom, Tauon und Tau-Neutrino) gibt, ist noch nicht wirklich verstanden. Die genannten zwölf Teilchen (sechs Quarks, drei geladene Leptonen und drei neutrale Leptonen) sind alle bisher entdeckten Materiebausteine.

Kräfte

Wir haben jetzt alle Materieteilchen aufgezählt, die wir kennen, doch haben wir dabei einen wichtigen Teil der Geschichte vollkommen vernachlässigt. *Irgendetwas* muss schließlich die Planeten auf ihrer Bahn um die Sonne halten, die Elektronen auf ihren Bahnen um den Atomkern, die Protonen und Neutronen im Kern. Hier kommen die *Kräfte* ins Spiel.

Kräfte kann man einfach definieren als das, was die Bewegung von Teilchen beeinflusst. Eine Kraft kann anziehend oder abstoßend wirken. Kräfte sind sogar für die Radioaktivität verantwortlich, was Sie vielleicht eigenartig finden, wenn Sie an die Alltagsbedeutung des Begriffs „Kraft“ denken. Tatsächlich sollten wir lieber von „Wechselwirkungen“ anstatt von Kräften sprechen; der Kürze und auch der Gebräuchlichkeit halber wollen wir in diesem Buch bei „Kräften“ bleiben.

Vier Grundkräfte der Physik sind heute bekannt (Abb. 1.7). Am vertrautesten ist uns die Gravitation oder Schwerkraft, die uns auf der Erdoberfläche festhält und die Bewegungen der Himmelskörper steuert. Eigenartigerweise hat gerade diese alltägliche Kraft ihre Geheimnisse bislang am besten hüten können, und für den subatomaren Bereich bleibt sie die geheimnisvollste Kraft.

Die zweite, ebenfalls allgemein vertraute Kraft ist die elektromagnetische Wechselwirkung. Sie beschreibt natürlich Elektrizität

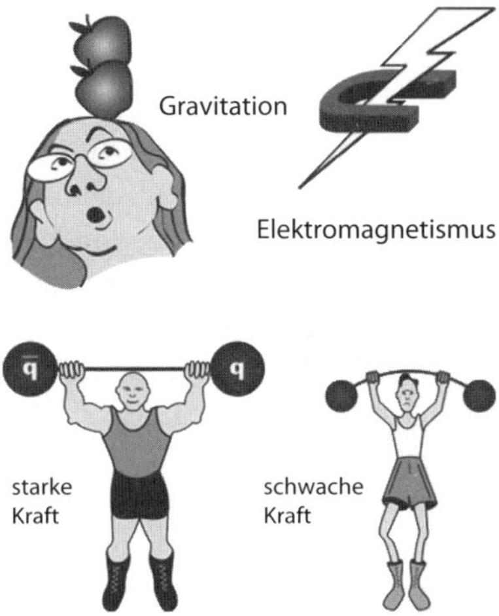

Abb. 1.7 Die vier Kräfte haben charakteristische Stärken und Reichweiten. (Particle Data Group, Lawrence Berkeley Laboratory)

und Magnetismus, aber auch das Licht und die gesamte Chemie. Die elektromagnetische Kraft ist sehr viel stärker als die Gravitation und kann sowohl anziehend als auch abstoßend wirken, im Gegensatz zur Gravitationskraft, die immer anziehend ist.

Die anderen beiden Kräfte sind exotischer. Die starke Kraft hält den Atomkern zusammen, wohingegen die schwache Kraft für bestimmte radioaktive Zerfälle verantwortlich ist. Wie die Namen zum Ausdruck bringen, ist die Stärke der beiden Kräfte deutlich verschieden.

Die vier Kräfte unterscheiden sich in Bezug auf zwei wichtige Eigenschaften: Reichweite und Stärke. Gravitation und elektromagnetische Kraft haben unendliche Reichweiten. Im Prinzip fühlt jedes Atom die gravitative Anziehung von jedem anderen Atom im Universum. Im Gegensatz dazu wirken die starke und die schwache Kraft nur über einen sehr kleinen Abstand und verschwinden praktisch, wenn die Distanzen wesentlich größer werden als der Durchmesser eines Protons.

Angesichts dieser extremen Unterschiede kann man die relativen Stärken der Kräfte nur schwer durch eine einzelne Zahl vergleichen. Zwei Quarks in einem Abstand, der nur etwas größer ist als der Durchmesser eines Atomkerns, würden weder die starke noch die schwache Kraft spüren, wohl aber die Gravitation und den Elektromagnetismus. Erst wenn sich die beiden Teilchen nahe genug kommen, dass alle vier Kräfte wirken können, lassen sich die Stärken vergleichen. Dabei finden wir erwartungsgemäß riesige Unterschiede.

Wählen wir beispielsweise die starke Kraft als Vergleichsgröße, finden wir als zweitstärkste Kraft den rund 100-mal schwächeren Elektromagnetismus, dann die schwache Kraft, die schon 100 000-mal schwächer ist, und schließlich die Gravitation; sie ist derart schwach, dass sie eigentlich in eine eigene Klasse gehört, nämlich rund 10^{40}-mal schwächer als die starke Kraft. Für die Leser, die mit der Mathematik eher auf Kriegsfuß stehen, sei angemerkt, dass 10^{-2} dasselbe ist wie 0,01. 10^{-40} ist also eine Null und ein Dezimalkomma, gefolgt von 39 Nullen und schließlich einer Eins. Das ist wirklich klein! Die Gravitation ist so schwach, dass wir ihren Einfluss in den heutigen Experimenten zur Teilchenphysik nie sehen. Unter anderem aus diesem Grund gibt es immer noch keine Quantentheorie der Gravitation. Wir haben einfach keine Vorstellung davon, wie die Gravitation im Bereich des Ultrakleinen wirkt. Außerdem ist die Schwäche der Gravitation im Vergleich zu den anderen Kräften für die Physiker ein Rätsel, das zu jenen gehört, deren Lösung sich die Physiker vom LHC erhoffen.

Unter Gravitation kann sich jeder etwas vorstellen, aber im Bereich der Elementarteilchen verhalten sich die Kräfte eigenartig und nicht alltäglich. Für „große“ Dinge wie Moleküle scheint die Gravitation überall zu wirken. Wo auch immer Sie gehen und stehen, immer zieht die Schwerkraft Sie nach unten, und es gibt auf der Erde keinen Ort, an dem die Gravitation nicht wirkt. In der Quantenwelt ist es anders. Es zeigt sich, dass es auch für Kräfte so etwas wie kleinste Einheiten gibt, vergleichbar mit den Atomen als den kleinsten Einheiten der chemischen Elemente. Zu jeder Kraft gehört ein charakteristisches Teilchen.

Die Vorstellung, dass eine Kraft wie die Gravitation aus kleinen Paketen besteht, widerspricht zunächst unserer Anschauung, also wollen wir sie kurz erläutern. Denken Sie an Wind, der Ihnen ins Gesicht bläst, einen Drachen in der Luft hält oder eine leere Coladose die Straße entlangrollen lässt. Wind übt eine Kraft aus, ähnlich wie beispielsweise die Gravitation oder die elektromagnetische Kraft. Wie die Gravitation ist auch die Luft scheinbar überall.

Doch Luft kann nicht nur eine Kraft ausüben, Luft besitzt auch eine Chemie: Sie besteht aus Sauerstoff, Stickstoff, Kohlendioxid und anderen Molekülen. Die Kraft des Windes in unserem Gesicht beruht eigentlich darauf, dass uns unzählige Moleküle treffen. In ähnlicher Weise beschreiben wir alle Kräfte auf subatomarem Niveau so, als ob sie aus winzigen Kräfteteilchen bestünden.

Die Namen der Überträgerteilchen der Kräfte sind, wie in der Teilchenphysik häufig, skurril (oder gar geheimnisvoll). Die Überträger der starken Kraft heißen *Gluonen* (vom englischen *glue* für „Klebstoff"), weil sie die Teilchen des Atomkerns „zusammenkleben". Das *Photon*, das wir als Lichtteilchen kennen, ist der Überträger der elektromagnetischen Kraft. Weder die Gluonen noch das Photon haben eine Masse; das gilt jedoch nicht für die Überträger der schwachen Kraft. Das sind gleich drei, nämlich das elektrisch neutrale Z^0 (das man oft einfach als Z-Boson bezeichnet) sowie zwei Teilchen mit einer elektrischen Ladung, W^+ und W^-, ausgesprochen „*W* plus" und „*W* minus" (damit wird angedeutet, dass sie dieselbe elektrische Ladung wie ein Proton [+] bzw. ein Elektron [–] tragen). Diese drei Teilchen sind vergleichsweise schwer, ungefähr so schwer wie ein Brom- oder Zirkoniumatom und damit rund 100-mal schwerer als ein Proton.

Von den Quanteneigenschaften der vierten Kraft, der Gravitation, wissen wir am wenigsten. Wir vermuten, dass auch sie durch ein Teilchen übertragen wird, das bis jetzt hypothetische *Graviton*. Bis heute wurde noch nie ein Graviton beobachtet, und man sollte allen Behauptungen in Bezug auf seine Eigenschaften vorerst skeptisch gegenüberstehen. *Falls* es jedoch existieren sollte, können wir seine Eigenschaften natürlich herausfinden. Beispielsweise sollte es elektrisch neutral und masselos sein. Eines Tages wird das Graviton vielleicht beobachtet, und für seine Entdecker gibt es mit Sicherheit einen Nobelpreis. In Anbetracht der Schwäche der Gravitation im Vergleich zu den anderen Kräften ist es jedoch nicht sehr wahrscheinlich, dass dieser Preis in naher Zukunft vergeben wird.

Tabelle 1.1 enthält Einzelheiten zu den Überträgerteilchen der Kräfte und außerdem sämtliche bekannten Quarks und Leptonen. Damit fasst sie unser heutiges Wissen zusammen. Allerdings gibt es da ein kleines Problem, das wir bisher noch nicht erwähnt haben. Auch wenn wir überzeugt sind, mit dieser Hand voll Teilchen und Kräfte alles beschreiben zu können, was wir im Universum vorfinden, gibt es zu jedem Materieteilchen eine Art Duplikat. Dies bringt uns zu einem weiteren Arbeitsgebiet der Elementarteilchenphysik, dem Spiegelbild der uns vertrauten Materie – der Antimaterie. Obwohl dieser Begriff einen Stammplatz in Science-Fiction-Romanen einnimmt, gehört er zur ernst zu nehmenden Wissenschaft.

Antimaterie

Antimaterie beschreibt man am einfachsten als das Gegenteil von Materie. Bringt man Antimaterie mit einer identischen Menge Materie zusammen, verschwinden beide in einer blendenden

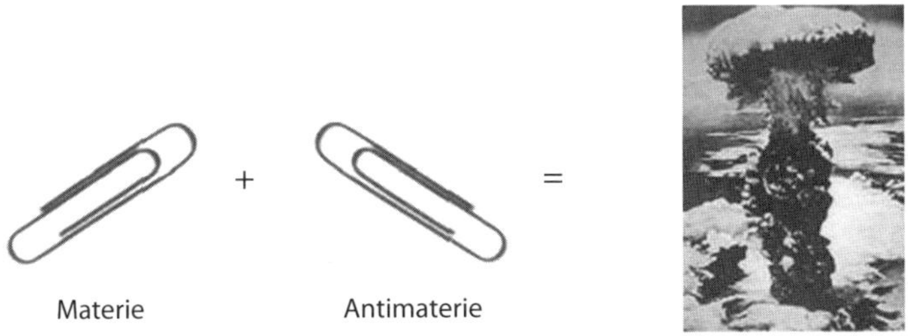

Abb. 1.8 Eine Büroklammer aus Materie, zusammengebracht mit einer Büroklammer aus Antimaterie, würde ähnlich viel Energie freisetzen wie die Atombombe von Hiroshima.

Explosion. Im Vergleich zur eingesetzten Menge an Materie und Antimaterie ist die Menge an freigesetzter Energie riesig. Um Ihnen eine Vorstellung von den Größenordnungen zu geben: Eine Büroklammer aus Materie, zusammengebracht mit einer ebensolchen aus Antimaterie, würde ähnlich viel Energie freisetzen wie die Atombombe, die 1945 über Hiroshima explodierte (Abb. 1.8).

Die Existenz von Antimaterie wurde 1928 von dem Physiker Paul Dirac vorhergesagt. Aber gibt es sie wirklich? Die Antwort lautet: Ja, auf jeden Fall! 1932 wurde das Anti-Elektron (das *Positron*) entdeckt; das Antiproton wurde zum ersten Mal 1955 beobachtet, das Antineutron folgte ein Jahr später. Protonen und Neutronen bestehen aus Quarks; ihre Spiegelbilder aus Antimaterie bestehen aus Antiquarks. Beispielsweise besteht das Antiproton aus zwei Antimaterie Up-Quarks und einem Antimaterie Down-Quark. Antimaterieteilchen haben im Vergleich zu ihrem Materie-Gegenstück die entgegengesetzte elektrische Ladung, z. B. hat ein Proton die elektrische Ladung +1, das Antiproton aber die elektrische Ladung –1.

Mittlerweile haben wir Antimateriepartner zu jedem Quark und jedem Lepton gefunden. Die reine Existenz von Antimaterie ist schon erstaunlich genug, doch mit ihr verbindet sich ein wirklich faszinierendes Geheimnis. Um dieses Rätsel zu verstehen, muss man zwei Dinge wissen: Erstens entsteht bei jeder Erzeugung von Antimaterie im Labor exakt dieselbe Menge an Materie. Immer! Sobald ein Antimaterie-Up-Quark auftaucht, findet man gleichzeitig ein gewöhnliches Up-Quark. Es ist für uns unmöglich, Antimaterieteilchen ohne die entsprechenden Materieteilchen herzustellen.

Der Grund dafür ist ein sogenannter Erhaltungssatz. Materie und Antimaterie entstehen aus dem „Nichts", genauer gesagt, aus Energie. Sobald wir Antimaterie erzeugen, muss gleichzeitig auch eine entsprechende Menge Materie entstehen, damit sich beide „aufheben" können (denn jeder Erhaltungssatz fordert, dass sich eine bestimmte Größe nicht ändert).

Der zweite Punkt mag für uns zwar offensichtlich sein, ist aber trotzdem zutiefst verwunderlich: Nirgendwo im Alltag stoßen wir auf Antimaterie. Keines der uns bekannten Naturgesetze widerspricht der Existenz von Antimateriesternen, Antimaterieplaneten oder sogar Antimateriemenschen. Solange diese Dinge nicht mit Materie zusammenkommen, sollte es sie geben können. Aber das scheint nicht der Fall zu sein. Nirgends im Universum, zumindest soweit unsere Teleskope sehen können, beobachten wir größere Mengen an Antimaterie.

Weshalb, weiß niemand wirklich. Das heißt nicht, dass wir überhaupt nichts zu diesem Thema sagen können, aber aus den bisher durchgeführten Experimenten können wir nicht die ganze Geschichte ablesen. Wir erwarten, dass die Experimente am LHC dieses Geheimnis etwas lüften werden, insbesondere das sogenannte LHCb-Experiment (auf das wir in Kapitel 4 eingehen werden).

Quarks, Leptonen, Überträgerteilchen der Kräfte und Antimaterie: Damit ist alles angesprochen, was wir über die subatomaren Teilchen wissen. Aus den Teilchen der I. Generation können wir, mithilfe der Überträger, alles aufbauen, was wir in unserem Universum sehen, von den Galaxien bis zum Erdbeereis. Nehmen wir noch die Teilchen der II. und III. Generation hinzu, können wir auch die Ergebnisse aller Experimente erklären, die wir bisher an den riesigen Teilchenbeschleunigern durchgeführt haben. Die Theorie, die alle diese Ideen umfasst, bezeichnen wir als das Standardmodell der Teilchenphysik.

Betrachten wir diese Fülle an bereits recht gut verstandenen Phänomenen, so haben wir allen Grund, stolz zu sein. Mit nur einer Hand voll verschiedener Teilchenarten die ganze Komplexität des Kosmos erklären zu können, ist wahrlich keine Kleinigkeit. Allerdings sollten wir bei all den Erfolgen nicht vergessen, dass noch immer einige sehr grundlegende Geheimnisse übriggeblieben sind. Tatsächlich gibt es noch viel zu tun. Nachdem wir uns in diesem Kapitel auf die Dinge konzentriert haben, die wir schon zu wissen meinen, wenden wir unsere Aufmerksamkeit in den nächsten Kapiteln einigen Dingen zu, die wir noch nicht wissen und bei denen wir hoffen, dass der Large Hadron Collider einiges Licht ins Dunkel werfen kann.

2

Was wir vermuten

Theorien, die wir überprüfen wollen

Wir sind uns darüber einig, dass Ihre Theorie verrückt ist. Aber ist sie verrückt genug?

Niels Bohr

Bevor wir fortfahren, sollte ich Sie warnen: Alles, worüber wir in diesem Kapitel sprechen werden, ist reine Spekulation. Wir verlassen den festen Boden des Wissens und wenden uns dem Unbekannten zu. An den Grenzen der Erkenntnis gibt es keine Sicherheit. Es ist gut möglich, dass wir in unseren Experimenten am LHC ungefähr das finden werden, was wir unten diskutieren werden, es könnte aber auch vollkommen anders kommen. Das sollten Sie im Folgenden nicht vergessen. Ich möchte Ihnen in diesem Kapitel eine gewisse Vorstellung davon vermitteln, worüber sich die Physiker gegenwärtig, kurz nach der Inbetriebnahme des LHC, den Kopf zerbrechen, und was wir unter anderem in den Experimenten zu finden hoffen.

Auch wenn wir viel über unser Universum wissen, wird niemand behaupten, wir wüssten alles. Überlegen wir uns noch einmal kurz, was wir wissen und welche Fragen sich daraus ergeben.

Die Materie des beobachtbaren Universums besteht aus zwei Sorten von Teilchen: Quarks und Leptonen. Auf die Quarks wirken alle vier Grundkräfte der Physik: die starke Kraft, die elektromagnetische Kraft, die schwache Kraft und die Gravitation.

Leptonen spüren die starke Kraft nicht; Neutrinos, die elektrisch neutralen Leptonen, spüren auch die elektromagnetische Kraft nicht. Es gibt drei nahezu identische Teilchengenerationen, wobei die II. und die III. Generation Kopien von schwereren, ansonsten aber der I. Generation ähnlichen Quarks und Leptonen enthalten.

Darüber hinaus kennen wir vier Grundkräfte, die sehr verschiedene Stärken haben. Die Gravitation ist etwa 10 000 Billionen Billionen Billionen (ungefähr 10^{40}) Mal schwächer als die starke Kraft. Einige Kräfte wirken anziehend, andere können sowohl anziehend als auch abstoßend wirken. Jede Kraft (mit Ausnahme der Gravitation) wird nachweislich durch Übertragung subatomarer Teilchen verursacht: die Photonen, Gluonen, *W*- und *Z*-Bosonen. Diese Teilchen können elektrisch geladen oder neutral, masselos oder vergleichsweise massereich sein.

Ein weiterer interessanter Aspekt der Kräfte hat historische Wurzeln. Unsere Vorfahren wussten weitaus weniger über die Natur der Welt als wir. Sie beobachteten, dass Dinge herunterfielen, wenn man sie in die Luft warf, dass die Sonne auf- und wieder unterging, der Mond Phasen zeigte, die Jahreszeiten kamen und gingen. Diese Erscheinungen schienen nichts miteinander zu tun zu haben, bis ein junges Genie namens Isaac Newton erkannte, dass ihre gemeinsame Ursache die Schwerkraft ist. Man könnte sagen, Newton hat das Fallverhalten von Dingen und die Bewegungen der Himmelskörper in einem einzigen Prinzip „vereinigt“, mit dessen Hilfe sich beide Phänomene gleichermaßen erklären ließen.

Obwohl die Menschen schon seit Jahrtausenden von der Existenz statischer elektrischer Ladungen, von Blitzen und Magneten wussten, konnte erst im 19. Jahrhundert gezeigt werden, dass es sich bei Elektrizität und Magnetismus um zwei Seiten einer Medaille handelt, die wir heute Elektromagnetismus nennen. In jüngerer Zeit, erst in den 1970er-Jahren erkannten die Physiker, dass Elektromagnetismus und schwache Kraft eigentlich dasselbe sind, nämlich die „elektroschwache“ Wechselwirkung.

Dieser kurze historische Rückblick führt uns auf folgende Frage: Wir sprechen nach wie vor von vier Grundkräften (starke, elektromagnetische, schwache Kraft und Gravitation) oder zumindest von drei, wenn wir elektromagnetische und schwache Wechselwirkung vereinigen. Könnte sich aus der weiteren Forschung ergeben, dass es sich bei allen vier scheinbar unzusammenhängenden Phänomenen eigentlich um dasselbe handelt?

Mit diesen Gedanken im Hinterkopf können wir uns einige Fragen stellen:

- Weshalb haben die Kräfte derart unterschiedliche Stärken und Reichweiten?
- Sind die bekannten Kräfte nur verschiedene Aspekte von ein und demselben zugrunde liegenden Prinzip? Werden sie irgendwann ihren gleichen Ursprung offenbaren? Falls ja, bei welcher Energie würden wir diese Vereinheitlichung beobachten und warum?
- Weshalb gibt es Quarks und Leptonen? Weshalb haben manche Teilchen eine Masse und andere nicht? Weshalb haben manche Teilchen eine Ladung und andere nicht? Weshalb sind Quarks die einzigen Teilchen, die auf die starke Kraft reagieren? Weshalb gibt es ausgerechnet drei Generationen von Teilchen? Könnte es noch eine weitere Generation geben?
- Wir leben in einem Universum mit drei räumlichen Dimensionen und einer Zeitdimension. Weshalb? Könnte es mehr geben? Wie würden diese Dimensionen aussehen und, sofern sie existieren, weshalb sehen wir sie nicht?
- Weshalb besteht das Universum nur aus Materie, obwohl Materie und Antimaterie in unseren Experimenten immer in gleichen Mengen erzeugt werden? Wohin ist die Antimaterie verschwunden?

Es gibt noch weitere Fragen, zu denen wir vom LHC keine oder nur sehr indirekte Antworten erwarten. Einige von ihnen werde ich kurz in Kapitel 6 ansprechen. Doch der LHC wurde gebaut, um die gerade zusammengestellten Fragen (und viele andere) zu beantworten. Außerdem sollen bereits bekannte Phänomene bei Energien untersucht werden, wie wir sie nur in den Kollisionen am LHC erreichen können.

In einem Buch wie diesem können nicht sämtliche angesprochenen Fragen behandelt werden. Daher möchte ich mich auf die Diskussion der folgenden besonders wichtigen Themen beschränken:

- Was ist der Ursprung der Masse? Weshalb haben einige Teilchen eine Masse und andere nicht?
- Werden sich irgendwann alle Kräfte als verschiedene Aspekte ein und desselben Prinzips erweisen, und weshalb deuten die heutigen Experimente auf eine so hohe Energie, bei der diese Vereinheitlichung stattfinden könnte?
- Weshalb gibt es überhaupt verschiedene Generationen von Elementarteilchen? Ist ihre Existenz ein Anzeichen dafür, dass Quarks und Leptonen ihrerseits aus noch kleineren Teilchen bestehen?

Schließlich sind da noch zwei weitere Fragen, die ich zwar kurz ansprechen möchte, denen ich aber im Folgenden weniger Aufmerksamkeit zuwende – was nicht bedeuten soll, dass sie weniger wichtig sind (überhaupt habe ich einige sehr wichtige Fragen übergangen). Ich möchte auf diese Weise nur andeuten, dass der LHC nicht das einzige Gerät auf der Welt ist, das sich mit diesen speziellen Fragen befasst. Da jedoch zwei der LHC-Detektoren extra auf diese Probleme zugeschnitten wurden, möchte ich sie wenigstens kurz erwähnen. Zum einen geht es um eine intensive Erforschung speziell der Teilchen, die Bottom-Quarks enthalten. Hiervon erhoffen wir uns Aufklärung darüber, weshalb wir im Universum keine Antimaterie beobachten. Ein anderes Experiment untersucht, was geschieht, wenn sehr schwere Atomkerne (in diesem Fall von Blei) bei sehr hohen Energien aufeinandertreffen. Hierbei geht es um das Verhalten der Materie bei Temperaturen, die so hoch sind, dass die Quarks aus ihren Gefängnissen in Protonen und Neutronen heraustreten können. Wir wollen damit Bedingungen untersuchen, wie sie vermutlich zu einem sehr frühen Zeitpunkt im Universum geherrscht haben und über die wir noch sehr wenig wissen.

Es wäre vollkommen falsch zu behaupten: „Der LHC wurde gebaut, um X zu finden.“ Das würde bedeuten, dieses „X“ wäre so gut verstanden, dass die Physiker ganz bestimmt wissen, dass es da ist; dann wäre es keine wirkliche Entdeckung mehr, es tatsächlich zu finden. Nein, der LHC hat die Aufgabe, die Natur der Materie unter Bedingungen zu untersuchen, die siebenmal energiereicher („heißer“) sind als alles, was wir je beobachtet haben. Es wird sich zeigen, was wir sehen werden. Vielleicht wird es interessant oder faszinierend, vielleicht auch enttäuschend, aber das Universum wird einige seiner Geheimnisse preisgeben und die Welt wird etwas weniger geheimnisvoll sein.

Natürlich hätten die Wissenschaftler ihre Geldgeber kaum überreden können, ein Milliarden Euro schweres Projekt zu unterstützen, wenn sie nicht sehr gute Gründe hätten, tatsächlich mit wertvollen Entdeckungen zu rechnen. Vermutlich die wahrscheinlichste, jedenfalls die von den meisten erwartete Entdeckung ist eine Antwort auf die Frage nach der Masse subatomarer Teilchen. Auch wenn es nicht offensichtlich ist, hängt dieses Problem eng mit der Frage zusammen, wie und warum sich elektromagnetische und schwache Wechselwirkung vereinigen lassen.

Wie wir nach und nach etwas über den Ursprung der Masse erfahren haben, ist eine ziemlich verwickelte Geschichte. Sie beginnt in den 1960er-Jahren, als einige junge Physiker über den Zusammenhang zwischen elektromagnetischer und schwacher

Wechselwirkung nachdachten. Genau betrachtet ist dieser Zusammenhang alles andere als offensichtlich. Schließlich ist die schwache Kraft rund 1000-mal schwächer als die elektromagnetische Kraft, und beide unterscheiden sich auch in anderer Hinsicht. So hat die elektromagnetische Kraft eine unendliche Reichweite, wohingegen die schwache Kraft nur über sehr kurze Abstände, kleiner als der tausendste Teil eines Protons, spürbar ist. Außerdem muss ein Teilchen elektrisch geladen sein, damit es von der elektromagnetischen Kraft beeinflusst wird, wohingegen auch neutrale Teilchen die schwache Kraft spüren können (z. B. das Neutrino).

Anfang der 1960er-Jahre war noch nicht bekannt, dass zur schwachen Kraft ein Überträgerteilchen gehört, vergleichbar mit dem Photon der elektromagnetischen Kraft. Man kannte jedoch die Reichweite der schwachen Kraft und konnte daraus die Masse eines möglichen Austauschteilchens der schwachen Wechselwirkung berechnen, sofern dieses Teilchen überhaupt existierte. Es zeigte sich, dass ein solches Teilchen ungefähr 100-mal schwerer sein musste als das Proton (was auch heute noch für ein Elementarteilchen sehr schwer ist und damals nahezu undenkbar). Da das Austauschteilchen der elektromagnetischen Kraft, das Photon, bekanntermaßen masselos ist, war es nicht trivial, eine Vereinheitlichung von schwacher und elektromagnetischer Wechselwirkung in Angriff zu nehmen.

In solchen Fällen versucht man als Physiker meist, die Dinge zunächst möglichst zu vereinfachen. Angenommen, die Masse des Austauschteilchens der schwachen Kraft wäre null wie die des Photons. Was dann? Durch einige geniale Ideen gelangte man ans Ziel: Die elektromagnetische Kraft und eine „fast richtige" Version der schwachen Kraft konnten durch eine gemeinsame Gleichung beschrieben werden. Nach dieser Gleichung hätte es vier masselose Teilchen geben sollen, die für die Übertragung der gerade verstandenen elektroschwachen Kraft verantwortlich wären.

Die vollständige Erfolgsgeschichte würde weit über dieses Buch hinausführen; wenn sie Sie interessiert, schauen Sie in die Literaturempfehlungen. Wie die meisten wissenschaftlichen Entdeckungen hat die Story viele Helden, für einen oscarverdächtigen Film fehlt es allerdings an Bösewichten. Es gab falsche Ansätze und geniale Geistesblitze, Fortschritte und Rückschläge. Um 1970 stand das Grundgerüst der Theorie. Als Austauschteilchen der schwachen Kraft sagten die Physiker die Existenz von drei massiven Teilchen vorher (*W*- und *Z*-Bosonen, siehe Kapitel 1). 1983 wurden diese Teilchen zum ersten Mal beobachtet. Damit war die Theorie bestätigt, und alle waren glücklich.

Nun fragt man sich jedoch sofort: Wie gelangt man von vier masselosen Teilchen, von denen gerade noch die Rede war, zu vier beobachteten Überträgern der elektroschwachen Wechselwirkung – Photon, *Z*-Boson, *W*-Bosonen –, von denen nur ein einziges masselos ist? Ein besseres Verständnis genau dieser Zusammenhänge ist eines der Hauptziele des LHC.

Ein Schotte kommt zu Hilfe

Im Jahre 1964 schlug der schottische Physiker Peter Higgs, einer Idee von Phillip Anderson folgend, vor, das Universum sei mit einem neuartigen Feld angefüllt, dem später so genannten Higgs-Feld. Um sich vorzustellen, was ein Energiefeld ist, denken Sie an das Gravitationsfeld auf der Erde. Die Schwerkraft ist überall; sie durchdringt alles. Ebenso ist es mit dem Higgs-Feld. Gut und schön, können Sie nun sagen, und was macht das Higgs-Feld so interessant? Wie kann das Higgs-Feld die Frage nach dem Ursprung der Teilchenmasse beantworten?

Um nachzuvollziehen, wie das Higgs-Feld hier helfen kann, müssen wir zwei wichtige Konzepte zu Hilfe nehmen. Das Erste ist die Modifikation eines physikalischen Gesetzes durch einen zusätzlichen Faktor. Unsere Welt ist kompliziert, aber Physiker lieben das Einfache. So behaupten sie gerne, alle Gegenstände würden gleich schnell nach unten fallen. Wenn Sie eine Murmel und eine Bowlingkugel aus derselben Höhe fallen lassen, erreichen beide gleichzeitig den Boden. Das können Sie selbst nachprüfen; sobald Sie eine gewisse Übung darin haben, beide Kugeln gleichzeitig loszulassen, werden Sie sich von der Richtigkeit meiner Behauptung überzeugen.

Aber, sagen dann meine Studenten vollkommen zu Recht, ein Hammer und eine Feder fallen doch unterschiedlich schnell! Es hilft nichts, wenn ich ihnen das Video zeige, in dem der Apollo-Astronaut auf der Mondoberfläche Feder und Hammer fallen lässt, und beide kommen gleichzeitig unten an. Dieses Video verdeutlicht genau einen zusätzlichen Faktor, wie ich ihn gemeint habe: Auf dem Mond gibt es keine Luft, wohl aber hier auf der Erde. Nur aufgrund des Luftwiderstands glauben meine Studenten nicht, dass die Gravitation auch auf der Erde alle Körper gleich schnell fallen lässt.

Und doch stimmt es – aber die Gravitation ist eben nicht die ganze Geschichte. Wollen wir die Realität adäquat beschreiben, müssen wir auch den Luftwiderstand berücksichtigen. Ganz ähnlich ist es in der Teilchenwelt. Die Gleichungen mit den masselosen Teilchen sind in gewisser Hinsicht richtig, doch das Higgs-Feld ist notwendig, um die beobachteten Teilchenmassen erklären zu können.

Das zweite wichtige Konzept, auf das ich abziele, ist die Symmetrie und ihre Brechung. Symmetrie ist ein mathematischer Begriff, der sich auf Gleichungen bezieht. Das Grundprinzip ist jedoch einfach und sehr allgemein, sodass wir es auch ohne aufwendige Mathematik verstehen können: Ein Gegenstand hat eine Symmetrie, wenn er nach einer Veränderung immer noch genauso aussieht wie vorher.

Abbildung 2.1 zeigt einen Kreis und ein Quadrat. Der Kreis ist unter allen zweidimensionalen Objekten das symmetrischste. Gleichgültig, wie man ihn dreht, er sieht immer gleich aus. Das

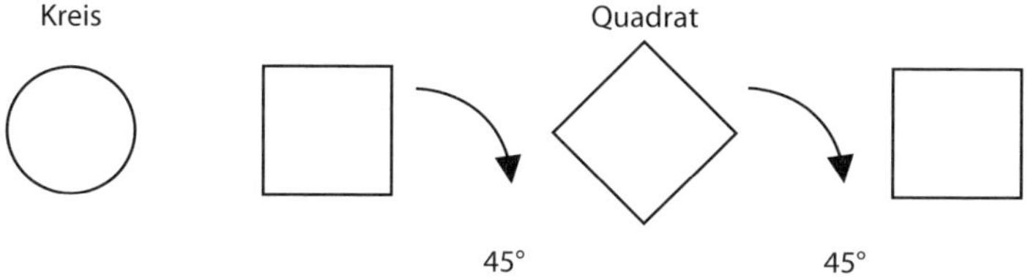

Abb. 2.1 Ein Kreis kann um jeden Winkel gedreht werden und sieht immer gleich aus, wohingegen man bei einem Quadrat nur nach ganz bestimmten Drehungen keine Veränderung bemerkt.

Quadrat ist schon weniger symmetrisch. Wenn man es um einen Winkel dreht, der kein Vielfaches von 90° ist, erkennt man, dass etwas mit ihm geschehen ist. Dreht man das Quadrat jedoch um 90° (oder 180° oder 270° etc.), hat man wieder die Ausgangssituation vor Augen.

In mathematischem Sinne ist eine Gleichung symmetrisch, wenn man die Symbole vertauschen kann und trotzdem wieder zu derselben Gleichung gelangt. Wenn man beispielsweise in der Gleichung für die elektroschwache Wechselwirkung die Symbole für die verschiedenen Austauschteilchen der Kraft vertauscht, spielt das keine Rolle; die Gleichung ändert sich nicht.

Eine Symmetrie zu brechen bedeutet, dafür zu sorgen, dass eine Veränderung bemerkt wird. Stellen Sie sich einen Tisch mit zwei Stühlen vor, auf denen sich zwei Personen gegenübersitzen, wie in Abbildung 2.2. Bei zwei Personen spielt es keine Rolle, wer auf welchem Stuhl sitzt; es schauen sich immer dieselben Personen an. Doch nun stellen wir drei Stühle an den Tisch. Wenn nun zwei Personen ihre Positionen tauschen, bemerken alle drei das sofort, denn für jeden wurde der vormals rechte Nachbar zum linken und umgekehrt. Der zusätzliche Stuhl hat die Symmetrie beim Austausch von zwei Personen gebrochen. Wenn wir an die Teilchen denken, können wir sagen, dass man mit Hilfe des zusätzlichen Higgs-Feldes feststellen kann, welche Symbole

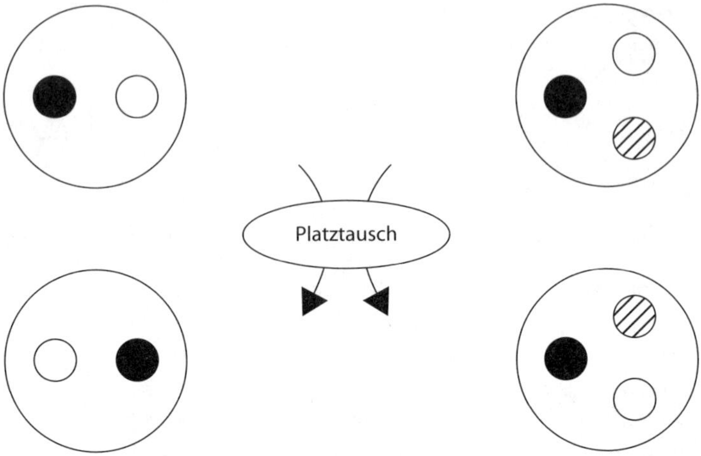

Abb. 2.2 Wenn nur zwei Personen an einem Tisch sitzen (links, durch verschiedenfarbige Kreise gekennzeichnet), bemerkt man keine offensichtliche Veränderung, wenn die beiden Personen ihre Plätze tauschen, denn sie sitzen sich am Tisch immer noch gegenüber. Wenn jedoch drei Personen an einem Tisch sitzen (rechts), wird ein Platztausch von zwei Personen sofort offensichtlich, denn nun sind die ehemals linken Nachbarn die rechten und umgekehrt. Die Symmetrie ist gebrochen.

sich auf das masselose Photon und welche auf das massive Z^0-Boson beziehen.

Kommen wir zu unserem Higgs-Feld zurück. Das Higgs-Feld ist ein zusätzlicher Faktor, eine Erweiterung der einfachen Theorie, ähnlich wie der Luftwiderstand ein zur Gravitation zusätzlicher Faktor ist, wenn man das Fallen von Gegenständen beschreibt. Die Grundidee ist, dass verschiedene Teilchen das Higgs-Feld unterschiedlich stark spüren – sehr schwere Teilchen spüren es sehr stark, masselose Teilchen wie das Photon dagegen überhaupt nicht. Tatsächlich haben die Teilchen eine Masse, *weil* sie mit dem Higgs-Feld in Wechselwirkung treten. Erst durch diese Wechselwirkung werden die Teilchen massiv. (Beachten Sie, dass in der Physik das Wort „massiv“ nicht in seiner Alltagsbedeutung verwendet wird. Es bezeichnet ein Teilchen, das „massebehaftet“ ist im Gegensatz zu „masselos“.)

Denken Sie noch einmal an das Beispiel mit dem Luftwiderstand. Ein Falke kann problemlos die Luft durchschneiden und sich aus großer Höhe auf seine Beute stürzen. Bei einem solchen Sturzflug spielt der Luftwiderstand kaum eine Rolle. Ein Fallschirmspringer dagegen wird von der Luft sehr stark beeinflusst. Der Luftwiderstand steht hier für unser Higgs-Feld, das dem Fallschirmspringer eine große Masse verleiht und dem Falken praktisch keine.

Bisher haben wir die Idee von Peter Higgs nur beschrieben. Die naheliegende und wichtigste Frage lautet nun: Weshalb sollten wir das glauben? Diese Frage ist berechtigt, denn noch ist nichts bewiesen. Nachdem Peter Higgs seinen Artikel 1964 bei einer Fachzeitschrift eingereicht hatte, wurde er zunächst mit der Begründung abgelehnt, das sei nichts Neues. Erst nachdem er am Ende einen Satz hinzugefügt hatte, wurde der Artikel doch noch gedruckt. Der Satz besagte: Falls es sein hypothetisches Feld gebe, folge daraus eine experimentell nachweisbare Tatsache, nämlich die Existenz eines neuen Teilchens.

Der Zusammenhang zwischen Teilchen und Feldern ist nicht so offensichtlich; deshalb möchte ich dieses Thema noch einmal aufgreifen, auch wenn ich in Kapitel 1 schon darauf eingegangen bin. Luft ist uns allen vertraut, sie ist überall, sie ist gasförmig, und sie erfüllt alles. Sie können aus einer Kaffeetasse nicht etwas Luft herausschöpfen und dabei ein Loch zurücklassen. Sie können sich die Luft wie ein kontinuierliches Feld vorstellen, in dem wir leben.

Und doch entspricht das nicht den Tatsachen. Sie wissen, dass die Luft aus Molekülen besteht: Es gibt sozusagen kleinste „Luftteilchen“. Wenn Sie kein Problem damit haben, ein alles durchdringendes Medium (Luft) und das Konzept von Teilchen (Luftmolekülen) gedanklich unter einen Hut zu bringen, sollten

Sie auch kein Probleme mit dem Konzept eines Feldes und eines dazugehörigen Teilchens haben. Ein etwas wissenschaftlicheres und trotzdem vergleichsweise vertrautes Beispiel ist das elektrische Feld. Wenn Sie einen Luftballon an Ihrem Pullover reiben und dann dicht über Ihren Arm halten, sehen Sie, wie sich die Härchen im elektrischen Feld aufstellen. Dieses Feld erfüllt den Raum zwischen Ihrem Arm und dem Ballon.

Das elektrische Feld ist uns durchaus vertraut, und doch sollten wir uns vergegenwärtigen, dass es aus unzähligen Photonen besteht, so wie die Luft aus Luftmolekülen. Ähnlich gäbe es zu dem Higgs-Feld, falls es existiert, ein Higgs-Teilchen, das Higgs-Boson.

Nach den Vorhersagen besitzt das Higgs-Boson einige sehr spezielle Eigenschaften: Es ist elektrisch neutral, es hat keine Ausdehnung und keine innere Struktur, allerdings besitzt es eine Masse. Keine Struktur bedeutet, dass das Higgs-Boson vermutlich nicht aus noch kleineren Teilchen besteht, also etwas ist, was ich weiter oben als „Elementarteilchen“ bezeichnet habe. Außerdem handelt es sich um ein skalares Teilchen: Es „dreht sich nicht“. Meinen Physikerkollegen sträuben sich jetzt vielleicht dic Nackenhaare, wenn ich die quantenphysikalische Eigenschaft „Spin“ mit einer „Eigendrehung“ in einen Topf werfe, aber die genauen Unterschiede sind hier nicht so wichtig. Wichtig ist: Higgs-Boson drehen sich im Gegensatz zu allen anderen bekannten subatomaren Teilchen nicht. Zusammenfassend können wir also sagen, das Higgs-Boson ist ein elektrisch neutrales, massives, elementares, skalares Teilchen.

Falls es dieses Teilchen geben sollte, wie könnte man es beobachten? Wie alle kurzlebigen Teilchen würde man auch das Higgs-Teilchen nicht direkt sehen können, sondern nur seine langlebigen Zerfallsprodukte. Da es noch nie beobachtet wurde, wissen wir auch nicht genau, in welcher Form wir es sehen werden, doch wir können zumindest seine Eigenschaften vorhersagen. Zum Beispiel sollte es generell in zwei Teilchen mit entgegengesetzten Ladungen zerfallen. Und da der Higgs-Mechanismus etwas mit Masse zu tun hat, zerfällt das Higgs-Teilchen in der Regel in die beiden schwersten Teilchen, die möglich sind.

Tabelle 1.1 auf Seite 18 führt alle bekannten Teilchen auf. Dort können Sie nachsehen, welche die größten Massen haben. (Die Masse ist hier in Milliarden Elektronvolt, GeV, gemessen, wobei 1 GeV ungefähr die Masse eines Protons ist.) In der Reihenfolge abnehmender Masse sind dies das Top-Quark (175 GeV), das *Z*-Boson (91 GeV), die *W*-Bosonen (80 GeV) und das Bottom-Quark (4,5 GeV). Nach der Devise „von nichts kommt nichts" muss die Masse des Higgs-Bosons mindestens doppelt so groß sein wie die Masse eines der beiden Teilchen, in die es zerfällt. Um beispielsweise zwei 175-GeV-Top-Quarks erzeugen zu können, benötigt man mindestens 350 GeV Ausgangsenergie.

Vielleicht wundern Sie sich, weshalb man eine Masse in der Einheit „Elektronvolt" angibt anstatt in Kilogramm. Das Elektronvolt ist eigentlich eine Energieeinheit, und zwar handelt es sich dabei um die Energie, die ein Elektron erhält, wenn es in einem elektrischen Feld zwischen zwei Platten mit der Spannung von einem Volt beschleunigt wird. Da nach Einstein Masse und Energie äquivalent sind, können wir ihre Einheiten beliebig austauschen und die Masse in Elektronvolt messen. Für den Teilchenphysiker ist diese Einheit sehr bequem, denn sie zeigt sofort den Zusammenhang zwischen der Leistung eines Beschleunigers und der Masse der Teilchen, die wir damit erzeugen können.

Da die Wechselwirkung des Higgs-Bosons mit schweren Teilchen intensiver ist, vermuten wir, dass es vorzugsweise in die schwersten Teilchen zerfällt, die möglich sind. Sollte beispielsweise die Masse des Higgs-Bosons über 350 GeV liegen, kann es in ein Top-Quark und ein Top-Antiquark zerfallen. Sollte seine Masse größer als 182 GeV sein, kann es in ein Paar von Z^0-Bosonen zerfallen. Oberhalb von 160 GeV entstünde ein W^+W^--Paar, wohingegen wir im Fall einer Masse zwischen 9 und 160 GeV nach Bottom/Antibottom-Quark-Paaren Ausschau halten würden.

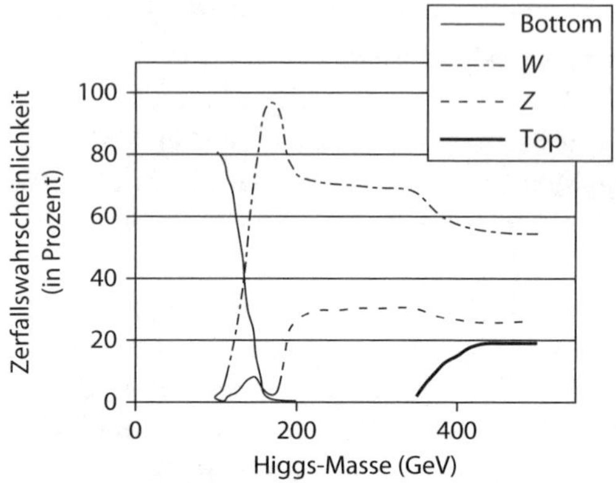

Abb. 2.3 Vorhergesagte Zerfallswahrscheinlichkeiten für das Higgs-Boson. Sollte die Masse des Higgs-Bosons unterhalb von 135 GeV (Milliarden Elektronvolt) liegen, zerfällt es vorzugsweise in Bottom- und Antibottom-Quark. Oberhalb dieser Grenze werden *W*-Bosonen-Paare bevorzugt, und oberhalb von 190 GeV zerfällt das Higgs-Boson in ungefähr 30 % der Fälle in *Z*-Bosonen-Paare. Sollte die Masse des Higgs-Bosons größer als 350 GeV sein, kann es auch in ein Top-Quark-Paar zerfallen.

Bei genauerer Betrachtung erweisen sich die theoretischen Vorhersagen als komplizierter, wie in Abbildung 2.3 zu erkennen ist. Das Higgs-Boson kann zwar in jedem Fall zerfallen wie oben beschrieben; einige subtile physikalische Effekte jedoch verschaffen *W*- und *Z*-Bosonen einen deutlichen Vorteil, wenn es darum geht, in welche Teilchen das Higgs-Boson wahrscheinlich zerfallen wird. Kurz gesagt: Sollte die Masse des Higgs-Bosons unterhalb von 135 GeV liegen, wird es in Bottom- und Antibottom-Quark zerfallen, oberhalb dieser Masse wahrscheinlich in *W*-Bosonen-Paare. Auch die anderen Zerfälle sind möglich und darüber hinaus einige, die wir hier nicht erwähnt haben. Die Physiker am LHC werden nach all diesen möglichen Teilchen suchen.

Da das Higgs-Teilchen also mit großer Wahrscheinlichkeit in Bottom-Quarks, *W*- und Z-Bosonen oder Top-Quarks zerfallen wird, überlegen wir uns, wie sich diese Zerfallsteilchen im Detektor bemerkbar machen. Schließlich werden wir das Higgs-Boson nie direkt beobachten können, sondern immer nur aus seinen Zerfallsprodukten auf seine Existenz schließen können. Das Problem ist, dass alle unmittelbaren Zerfallsprodukte selbst wieder zerfallen, Top-Quarks etwa zerfallen zu 100 % in Bottom-Quarks und *W*-Bosonen. Das bringt uns zu einem wichtigen Punkt: Jeder LHC-Detektor, der nach dem Higgs-Boson suchen will, wie es von der momentanen Theorie vorhergesagt wird, sollte unbedingt *W*- und Z-Bosonen sowie Bottom-Quarks messen können. Schauen wir uns deshalb kurz an, wie Z-Bosonen, W-Bosonen und Bottom-Quarks zerfallen.

Die Natur der starken Kraft verbietet, dass Quarks einzeln auftreten. Wenn ein Quark durch irgendeinen Einfluss von anderen Quarks weggezogen wird, zeigt die starke Kraft eine Wirkung, wie man sie sich verdeutlichen kann, wenn man an das Ausschütten eines Glases Wasser denkt: Zunächst hat man einen zusammenhängenden Wasserschwall, der dann aufgrund der Oberflächenspannung in einzelne Wassertropfen zerfällt (Abb. 2.4).

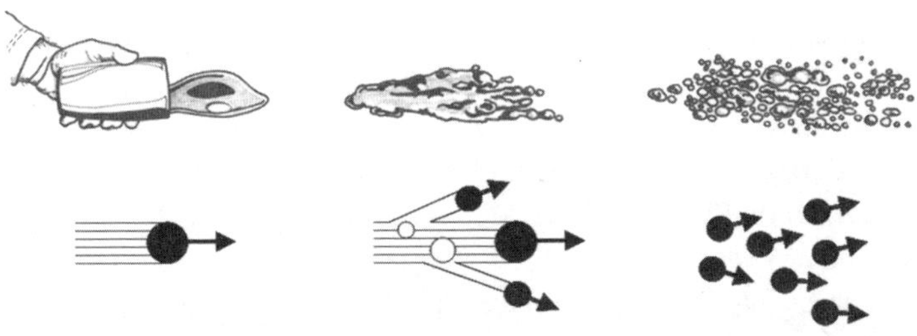

Abb. 2.4 Wie ein zusammenhängender Wasserschwall in viele Tropfen zerfällt, wird aus einem einzelnen Quark ein ganzer Haufen Teilchen. Die physikalischen Mechanismen sind sehr verschieden, doch das wesentliche Erscheinungsbild der beiden Prozesse ist ähnlich. (Wasserglas: Zeichnung von Dan Claes)

Aus einem einzelnen Quark werden auf diese Weise sehr viele Teilchen, die sich alle in dieselbe Richtung bewegen. Einen solchen Teilchenstrom bezeichnet man als „Jet"; er gleicht einer Ladung Kugeln aus einer Schrotflinte. Nach dem Schuss zerplatzt eine einzige Schrotpatrone in eine Wolke aus vielen kleinen Schrotkugeln, die alle mehr oder wenige in dieselbe Richtung fliegen, nachdem sie den Gewehrlauf verlassen haben. So ähnlich muss man es sich vorstellen, wenn ein einzelnes Quark zu einem Bündel aus Teilchen wird, die alle in dieselbe Richtung fliegen, nachdem sie die Umgebung der anderen Quarks verlassen haben. Natürlich sind die physikalischen Mechanismen hinter diesen beiden Phänomenen sehr verschieden, aber das Bild mag trotzdem anschaulich sein.

Alle Quarks werden nach Teilchenkollisionen zu Jets, mit Ausnahme der Top-Quarks, die zunächst in Bottom-Quarks und *W*-Bosonen zerfallen. Die Bottom-Quarks aus solchen Kollisionen bilden in jedem Fall einen Jet.

Auch die *Z*- und *W*-Bosonen können in Quarks zerfallen. Allerdings steht ihnen eine weitere Option offen, die Quarks nicht haben: Sie können in Leptonen-Paare zerfallen, also eine Teilchenart, zu der auch das Elektron gehört. Abbildung 2.5 zeigt verschiedene Möglichkeiten des Zerfalls von *Z*- und *W*-Bosonen. Aus der Sicht des Experimentators sind die interessantesten Zerfälle die, an denen Elektronen, Myonen und Neutrinos beteiligt sind. Sie haben den Vorteil, dass sie sich von den anderen Zerfällen klar unterscheiden und allgemein darauf hindeuten, dass bei der Kollision *Z*- oder *W*-Bosonen erzeugt wurden.

Fassen wir zusammen: Angenommen, das Higgs-Boson ist vergleichsweise leicht, sagen wir 115 GeV (ungefähr 115-mal schwerer als ein Proton). Wie wir Abbildung 2.3 entnehmen können, zerfällt es in diesem Fall am häufigsten in ein Bottom-Quark und ein Bottom-Antiquark. Um ein leichtes Higgs-Boson sehen zu können, benötigen wir also einen Detektor,

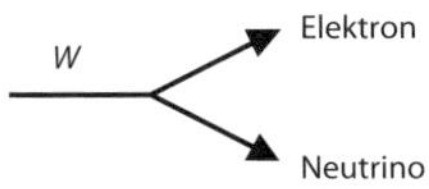

W-Zerfallswege	
Zerfallsweg	Häufigkeit
W → Quark + Antiquark	67 %
W → Elektron + Neutrino	11 %
W → Myon + Neutrino	11 %
W → Tauon + Neutrino	11 %

Z-Zerfallswege	
Zerfallsweg	Häufigkeit
Z → Quark + Antiquark	70 %
Z → Neutrino + Antineutrino	20 %
Z → Elektron + Positron	3 %
Z → Myon + Antimyon	3 %
Z → Tau + Antitau	3 %

Abb. 2.5 Beispiel für einen Zerfall. Die Tabellen geben die relativen Häufigkeiten für die Zerfälle von *W*- und *Z*-Bosonen an. Das in der rechten Tabelle fehlende Prozent ist durch einen Rundungsfehler abhanden gekommen.

der gut Jets messen kann, die von den beiden Bottom-Quarks stammen.

Wenn das Higgs-Boson sehr viel schwerer ist, beispielsweise 160 GeV, zerfällt es am wahrscheinlichsten in ein W^+W^--Paar. Da Jets sowohl von den Quarks aus einem *W*-Boson-Zerfall stammen können als auch von gewöhnlichen Quarks, die bei einem Zusammenstoß einfach aus einem Proton herausgeschlagen wurden (und solche Jets gewöhnlicher Quarks sind sehr viel häufiger), interessieren sich die Experimentatoren mehr für die Zerfälle, bei denen Leptonen auftreten. Nehmen wir an, eines der *W*-Bosonen zerfällt in ein Elektron und ein Neutrino und das andere in ein Myon und ein Neutrino. Da sowohl das Higgs-Boson als auch die *W*-Bosonen sehr schnell zerfallen, hätten wir es als Experimentatoren mit einem Elektron, einem Myon und zwei Neutrinos zu tun. Da Neutrinos nur sehr schwach mit gewöhnlicher Materie interagieren, würden sie unentdeckt entkommen; wir würden also lediglich ein Elektron und ein Myon beobachten und das Fehlen von Energie registrieren.

Die fehlende Energie macht die Sache etwas kompliziert. Auch wenn vermutlich das Higgs-Boson ungefähr doppelt so oft in *W*-Bosonen-Paare zerfällt wie in *Z*-Bosonen-Paare, sind diese letzteren Zerfälle für unsere Suche nach Higgs-Bosonen besonders interessant, weil *Z*-Bosonen in Paare geladener Leptonen zerfallen können. Angenommen, ein Higgs-Boson würde in zwei *Z*-Bosonen zerfallen und beide *Z*-Bosonen in Elektron-Positron-Paare, dann bestünde die experimentelle Signatur eines Higgs-Bosons im Detektor aus zwei Elektronen und zwei Positronen. Sollte eines der *Z*-Bosonen stattdessen in ein Myon-Antimyon-Paar zerfallen, würde man zwei elektronenartige und zwei myonenartige Teilchen beobachten. Der wichtige Punkt ist, dass wir beim Zerfall eines *Z*-Bosons beide Zerfallsprodukte sehen, was bei einem *W*-Boson nicht der Fall ist.

Natürlich werden die Experimentatoren am LHC nach allen möglichen Zerfallswegen des Higgs-Bosons Ausschau halten und dabei berücksichtigen, wie die verschiedenen unmittelbaren Zerfallsprodukte selbst wieder zerfallen. Die Untersuchung all dieser Möglichkeiten wird eine kleine Armee von Physikern eine ganze Weile beschäftigen. So gibt es eine weitere Möglichkeit für den Zerfall des Higgs-Bosons, der für Physiker interessant ist, nämlich den in ein Quark-Antiquark-Paar. Wenn sich diese beiden Teilchen berühren, können sie sich gegenseitig vernichten (man nennt das Annihilation), wobei zwei Photonen emittiert werden. Die Suche nach Ereignissen, bei denen zwei Photonen entstehen, könnte eine weitere Chance bieten, das Higgs-Boson zu entdecken.

Nun habe ich Ihnen zwar erzählt, *wie* man das Higgs-Boson zu finden hofft, aber nicht, bei welcher Energie. Der Grund ist einfach: Wir wissen es noch nicht. Im Januar 2011 gibt es immer noch keine direkten Hinweise auf das Higgs-Boson. Absolut nichts!

Weshalb sind wir so fest davon überzeugt, dass es das Higgs-Boson oder etwas Ähnliches gibt? Die Indizien sind einfach erdrückend. Die Theorie der elektroschwachen Wechselwirkung – also die Theorie der Photonen und der *W*- und *Z*-Bosonen – wurde mittlerweile mit sehr großer Genauigkeit getestet. Das Higgs-Boson ist ein wesentlicher Bestandteil dieser Theorie, auch wenn es nur ein „zusätzlicher Faktor" ist. In Anbetracht der Sorgfalt haben wir allen Grund, an die Richtigkeit der Theorie samt Existenz des Higgs-Bosons zu glauben. Natürlich ist „allen Grund zu glauben" nicht genug. Wir wollen einen Beweis. Das ist ein großer Unterschied, wie folgende Analogie hoffentlich verdeutlicht: Um eine Person eines Verbrechens anklagen zu können, reicht vielleicht ein starker Verdacht; ein Urteil kann man auf dieser Grundlage aber nicht fällen. Eigentlich wissen wir nur, dass die Symmetrie zwischen der schwachen und der elektromagnetischen Wechselwirkung gebrochen ist. Ein möglicher Mechanismus (und sicherlich der überzeugendste) ist die Idee von Peter Higgs. Natürlich gibt es noch andere Ideen, und eine von ihnen werde ich weiter unten kurz erläutern.

Auch wenn wir nicht mit Sicherheit wissen, ob Higgs Recht hatte, können wir uns diesbezüglich einige Fragen stellen. Das mag zunächst seltsam klingen, denn in der Schule wird oft ein Wissenschaftsbild vermittelt, in dem es keine Unsicherheiten gibt. Die Wissenschaft (oder der Lehrer) kennt alle Antworten. Nähert man sich jedoch den Grenzen der Forschung, nehmen die Unsicherheiten überhand. Tatsächlich besteht ein Großteil der Ausbildung eines Wissenschaftlers einzig darin zu lernen, wie man mit Unsicherheiten gezielt umgehen kann. In Bezug auf Higgs fragen wir: „Angenommen, die Idee ist richtig. Was können wir dann aus den bisherigen Messungen über die Eigenschaften des Higgs-Bosons lernen?"

Sicherlich können wir jede Masse für das Higgs-Boson ausschließen, die im Widerspruch zur Theorie der elektroschwachen Wechselwirkung steht. Das bedeutet, wenn wir für das Higgs-Boson irgendeine Masse annehmen, sie in unsere

Gleichungen einsetzen und Dinge ausrechnen, die mit den *W*- oder *Z*-Bosonen zusammenhängen, und wenn diese Ergebnisse den Messungen widersprechen, dann war die Annahme schlecht. Aus solchen indirekten Überlegungen wissen wir, dass das Higgs-Boson, sofern es überhaupt existiert, eine Masse zwischen 50 und 175 GeV haben muss. Das ist zwar immer noch ein großer Bereich, aber immerhin besser als nichts. Wir können zumindest Werte wie null, 500 oder 1000 GeV ausschließen.

Damit haben wir jedoch noch lange nicht alle Möglichkeiten ausgeschöpft, um die mögliche Masse des Higgs-Bosons einzugrenzen. Dies war nur der indirekte Zugang: Man nehme eine Higgs-Masse an und prüfe nach, welche Auswirkungen das auf andere Effekte hat. Es wurde auch schon direkt nach dem Higgs-Boson gesucht. Sollte die Higgs-Masse unter rund 135 GeV liegen, dann müssen wir, wie schon besprochen, nur nach Zerfallsereignissen schauen, bei denen zwei Bottom-Quark-Jets auftreten.

Derselbe Tunnel, der jetzt für den LHC verwendet wird, wurde vorher schon für einen anderen Beschleuniger benutzt, den LEP (für Large Electron Positron Collider). Im LEP wurden Strahlen aus Elektronen und Positronen zu vier Kollisionspunkten gelenkt, an denen sich supergenaue Detektoren befanden. Dort wurde nach Higgs-Bosonen Ausschau gehalten, aber ohne Erfolg. Dieser Erfolg hätte sich aber einstellen müssen, sofern die Masse der Higgs-Bosonen kleiner wäre als exakt 114,4 GeV. Experimente am Tevatron (Fermilab) im Frühjahr 2009 konnten auch eine Masse in der Nähe von 160 GeV für das Higgs-Boson ausschließen.

Somit ergibt sich im Frühjahr 2010 folgende Situation: Sollte das Higgs-Boson existieren, dann muss seine Masse zwischen 114 und 175 GeV liegen, ausgenommen ein kleiner Bereich in der Nähe von 160 GeV. Als am wahrscheinlichsten gilt heute ein Wert in der Nähe von ungefähr 125 GeV. Und falls das Higgs-

Boson tatsächlich existieren sollte, dann wird es auch am LHC gefunden werden.

Das entscheidende Wort an dieser Stelle ist jedoch „falls“. Der LHC wurde zwar für Entdeckungen gebaut, aber eine Garantie gibt es nie. Columbus konnte nicht vorhersagen, dass er die Neue Welt entdecken wird – tatsächlich erwartete er, etwas ganz anderes zu finden –, genauso können auch die Wissenschaftler am LHC nicht mit Sicherheit sagen, was sie finden werden.

Außerdem ist der Higgs-Mechanismus nicht die einzige Möglichkeit, die elektroschwache Symmetriebrechung zu erklären. Eine Theorie mit dem hübschen Namen „Technicolor“ beschreibt die elektroschwache Symmetriebrechung anhand nicht von Higgs-Bosonen, sondern von Fermionen (Teilchen mit halbzahligem Spin wie Elektronen und Protonen). Das Higgs-Boson ist vermutlich ein skalares Teilchen, hat also, wie schon erwähnt, keinen Spin. Wir werden später in diesem Kapitel auf den Spin zurückkommen.

Andere Theorien sagen ein Teilchen vorher, das dem Higgs-Boson zwar ähnlich, aber anderes zusammengesetzt ist. Einer Idee zufolge besteht das Higgs-Boson aus zwei Top-Quarks (wie das Proton aus Up- und Down-Quark). Ohne Messungen, die uns sagen, wie das Universum wirklich aufgebaut ist, können wir keine dieser Ideen wirklich ausschließen.

Eine andere Erklärung für die elektroschwache Symmetriebrechung beruht auf einem Prinzip, das man Supersymmetrie nennt. Die Suche nach einer möglichen Supersymmetrie ist ein weiterer Schwerpunkt der Arbeiten am LHC, auf den wir gleich noch ausführlicher eingehen werden. Supersymmetrische Theorien könnten eine elektroschwache Symmetriebrechung erklären, ohne dass man ein Teilchen wie das Higgs-Boson von Hand hinzufügen muss. Natürlich sagt die Supersymmetrie eine ganze Reihe neuer Teilchen vorher, einschließlich gleich mehrerer Higgs-Bosonen, die in diesem Fall sogar eine elektrische Ladung tragen müssten. Noch keines dieser Teilchen wurde bisher beobachtet.

Streng genommen haben wir die elektroschwache Symmetriebrechung noch nicht wirklich verstanden. Selbst wenn der Higgs-Mechanismus unter allen Erklärungsversuchen der erfolgversprechendste ist, bedeutet das noch lange nicht, dass das Higgs-Boson auch tatsächlich die Antwort ist. Nur das Experiment kann diese Antwort geben. Sofern keine unvorhersehbaren Schwierigkeiten auftreten, sollte es innerhalb von fünf Jahren nach der Inbetriebnahme des LHC so weit sein, hoffentlich schon früher.

Supersymmetrie

Das Universum lässt sich mathematisch beschreiben. Ausdruck dafür sind die Gleichungen, aus denen die Physiker ihre Vorhersagen ableiten. Ein besonders erfolgreiches mathematisches Prinzip ist das der *Symmetrien.* Es gibt viele Arten von Symmetrien; manche sind gut beschrieben und jedem vertraut, andere scheinen unserer Intuition eher zu widersprechen. Gerade über sie hoffen wir, mithilfe des LHC Wichtiges zu lernen. Um verstehen zu können, worauf sich diese Hoffnung gründet, müssen wir zunächst einige Grundkonzepte einführen.

Das erste dieser Konzepte ist die Idee der Symmetrie selbst, der wir weiter oben bereits begegnet sind (Abb. 2.1 und 2.2). Symmetrie ist sowohl ein mathematischer als auch ein visuell-künstlerischer Begriff. Grundsätzlich gilt, ob Mathematik oder Kunst: Von Symmetrie sprechen wir, wenn wir ein System in einer bestimmten Weise verändern können, ohne dass sich dabei sein Erscheinungsbild ändert.

Ein Kreis ist das symmetrischste zweidimensionale Objekt. (Wir beschränken uns auf zweidimensionale Gegenstände, weil wir das auf dieser zweidimensionalen Seite besser darstellen kön-

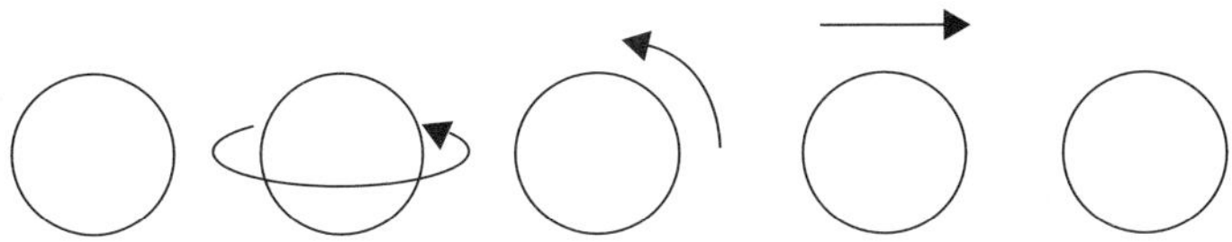

Abb. 2.6 Kreise sind die symmetrischsten zweidimensionalen Objekte. Was auch immer man (in zwei Dimensionen) mit ihnen macht, man bemerkt keine Veränderung.

nen. Unter den dreidimensionalen Gegenständen hat die Kugel die höchste Symmetrie.) Abbildung 2.6 zeigt uns, wie wir einen Kreis verändern können – umklappen, drehen, verschieben, am nächsten Tag wieder anschauen –, ohne einen Unterschied zu sehen. Technisch ausgedrückt ist der Kreis unter all diesen möglichen Operationen symmetrisch. Wenn Sie es noch technischer mögen: Der kürzeste Abstand zwischen einem Mittelpunkt und einem (beliebigen) Punkt auf dem Umfang ändert sich unter all diesen Operationen nicht. In Abbildung 2.1 haben wir neben dem Kreis noch das Quadrat betrachtet, dessen Symmetrie kleiner ist.

In der Physik hat der Begriff der Symmetrie eine ähnliche Bedeutung, allerdings kommt noch ein physikalischer Aspekt hinzu. Stellen Sie sich einen Käfer am Boden einer runden Schüssel vor. Um über den Rand hinauszukriechen, muss er sich ziemlich anstrengen. Versucht er es links, muss er eine bestimmte Arbeit verrichten; versucht er es rechts, ist die Arbeit ebenso groß. Das ist der wichtige Punkt: Wenn Sie in den letzten beiden Sätzen „rechts" und „links" vertauschen, ändert sich am Sinn nichts – auch dann nicht, wenn Sie mit der Schüssel durch den Raum wandern oder sie vom Tisch auf den Boden stellen, und auch dann nicht, wenn Sie den Käfer gut füttern und warm zudecken, damit er seine Fluchtversuche auf morgen verschieben kann. Stets ist seine Arbeit gleich.

Betrachten wir nun die Gleichungen des Standardmodells, der Theorie, die unser gegenwärtiges Wissen vom Universum zusammenfasst. Tatsächlich sind die Gleichungen des Standardmodells in jeder nur möglichen Hinsicht symmetrisch – bis auf eine, und die hat etwas mit dem Spin der Teilchen zu tun. Bevor wir uns diese interessante Symmetrie jedoch näher anschauen können, müssen wir über den Spin in der Quantenmechanik reden.

Wir haben uns daran gewöhnt, dass gewisse Dinge in der (Quanten-)welt „gequantelt" sind, d. h., in diskreten Einheiten auftreten. Alle Elektronen haben dieselbe Masse; kein Elektron kann eine halb so große Masse haben wie die anderen. Ebenso haben alle Elektronen dieselbe Ladung. Weniger vertraut ist uns eine andere Eigenschaft: Alle Elektronen im Universum haben denselben Spin. Wenn man bei „Spin" an eine Eigendrehung denkt, klingt das zunächst seltsam: Weshalb sollten sich Gegenstände nur mit einer bestimmten Geschwindigkeit um ihre Achse drehen können, nicht schneller oder langsamer? Andererseits kann für uns im Alltag (in der makroskopischen Welt) auch die Masse eines Gegenstands unterschiedliche Werte annehmen. Eine Schubkarre mit Sand ist leichter oder schwerer, je nachdem, ob wir eine Schaufel mehr hinzugeben oder nicht. Aber alle Elektronen haben dieselbe Masse. Wenn wir daran denken, fällt es vielleicht leichter, den Unterschied zwischen unserer Alltagsvorstellung von einer Eigendrehbewegung und dem Quantenkonzept eines Spins zu akzeptieren.

Der Zahlenwert des Spins ist nicht so wichtig. (Wer es genau wissen will: Der Spin des Elektrons ist $\frac{1}{2}\hbar$, wobei $\hbar$, gelesen „h quer", eine modifizierte Planck'sche Konstante ist, eine sehr kleine Zahl.) Wir brauchen uns um diesen Zahlenwert nicht weiter zu kümmern und sollten nur im Kopf behalten, dass sich alle Werte für einen Spin in Einheiten von $\hbar$ ausdrücken lassen. Wir lassen in Zukunft das „$\hbar$" einfach weg und bezeichnen den Spin des Elektrons mit ½. Nicht nur sämtliche Elektronen haben den Spin ½, sondern auch sämtliche Quarks. Demgegenüber haben die Überträgerteilchen der Kräfte – die *W*- und *Z*-Bosonen, die Gluonen und die Photonen – alle den Spin 1, also das Doppelte vom Spin der Quarks und des Elektrons. Falls es das Higgs-Boson gibt, hat es den Spin 0.

Alle Teilchen lassen sich grundsätzlich in zwei Klassen einteilen: Fermionen mit halbzahligem Spin (½, 3/2, 5/2 usw.) und Bosonen mit einem ganzzahligen Spin (0, 1, 2, 3 usw.) Sollten Sie der Meinung sein, dass eine Winzigkeit wie eine halbe Spineinheit keinen großen Unterschied machen kann, haben Sie sich gründlich geirrt. Fermionen, zu denen die Quarks und Elektronen gehören, sind die eingefleischten Einzelgänger der Teilchenwelt. Keine zwei Fermionen können zum selben Zeitpunkt mit derselben Energie am selben Ort sein. Das hat weitreichende Folgen für die Chemie, bei der es letztendlich um das Verhalten der fermionischen Elektronen in Atomen geht. Auf dieser Basis steht insbesondere das Pauli-Ausschlussprinzip, mit dessen Hilfe sich die Struktur des Periodensystems zu großen Teilen erklären lässt.

Bosonen wiederum sind sehr gesellig. Sie leben nach dem Motto: „Je mehr, desto besser." Es ist überhaupt kein Problem, wenn zwei Bosonen mit derselben Energie zum selben Zeitpunkt am selben Ort sein wollen.

Kehren wir zu den Symmetrien zurück. Es gibt eine Symmetrie, die wir bisher noch nicht beobachtet haben, die Supersymmetrie (SUSY). Die prinzipielle Idee von SUSY ist, dass man in den Grundgleichungen der Physik (und im ganzen Universum) Fermionen gegen Bosonen austauschen kann (und umgekehrt), ohne dass jemand den Unterschied bemerkt.

Diese Symmetrie ist noch kein offizieller Bestandteil der Quantenmechanik, denn zunächst erscheint sie reichlich absurd. Stellen Sie sich vor, wir würden in den Atomen die fermionischen Elektronen durch ihre bosonischen Gegenstücke ersetzen! Dann wäre die Chemie völlig über den Haufen geworfen.

Es lässt sich aber zumindest rein mathematisch eine Theorie formulieren, die die Supersymmetrie enthält, sodass man darin sämtliche Fermionen durch Bosonen ersetzen kann und umgekehrt. Ich sollte an dieser Stelle betonen, dass es sich bei der Supersymmetrie nicht um eine Theorie handelt, sondern um ein Prinzip, vergleichbar etwa mit der „Energieerhaltung“ in der Physik oder dem „Prinzip des maximalen Glücks“ in der Philosophie. Das ist ein moralisches Prinzip, wonach man so handeln sollte, dass den Menschen das meiste Glück beschert wird. Es gibt viele Möglichkeiten, dieses Leitbild in die Tat umzusetzen: Manche orientieren sich an Mutter Teresa und opfern sich für die Armen auf, andere nehmen sich Bill Gates zum Vorbild und gründen eine wohltätige Stiftung. In beiden Fällen geht es um das „Prinzip des maximalen Glücks“, wobei Mutter Teresa oder Bill Gates konkrete Verwirklichungen dieses Prinzips wären.

In ähnlicher Weise können in der Physik viele theoretische Modelle das Prinzip der Supersymmetrie beinhalten. Diese theoretischen Modelle sind nicht einfach nur die Supersymmetrie. Das Prinzip der Supersymmetrie umfasst mehr als konkrete Modelle.

Irgendjemand nahm im Jahre 1981 das gewöhnliche Standardmodell zur Hand und erweiterte es um das Prinzip der Supersymmetrie. So entstand das „minimale supersymmetrische Modell“, MSSM. Wie der Name sagt, handelt es sich dabei um ein supersymmetrisches Modell, das aus dem gewöhnlichen Standardmodell durch eine minimale Anzahl von Änderungen hervorgeht. Man kann solche Modelle ohne Probleme beliebig kompliziert machen, doch beim MSSM haben die Physiker den Gleichungen des Standardmodells im Wesentlichen nur ein paar Terme hinzugefügt. Im Standardmodell gibt es Ausdrücke für die Fermionen (wie Quarks und Leptonen) und für die Überträgerteilchen, die „Eich“bosonen (Gluonen, Photonen, *W*- und *Z*-Bosonen).

Auch im MSSM gibt es diese Ausdrücke und dazu zwei weitere: Einer beschreibt die Partner der Quarks und Leptonen, bei denen es sich allerdings um Bosonen handelt, und der andere die Partner der Trägerteilchen, die nun Fermionen sind.

Nimmt man diese Terme hinzu, passiert zunächst etwas sehr Unschönes. Aus der Existenz der Fermionen und Bosonen des Standardmodells folgte zwingend die Existenz der Quarks, Leptonen und Eichbosonen. Aus den beiden neuen Termen folgen nun aber noch weitere Teilchen; die Anzahl der vom MSSM vorhergesagten Teilchen ist genau doppelt so groß wie die Anzahl der heute bekannten Teilchen. Bis heute haben wir noch nicht eines dieser zusätzlichen Teilchen beobachtet, und daher meinen einige skeptische Physiker (nicht ohne einen Unterton von Sarkasmus), dass wir immerhin schon die Hälfte der Teilchen gefunden haben, die das MSSM vorhersagt. Dem MSSM zufolge gibt es nicht nur ein Higgs-Boson, sondern gleich vier verschiedene Higgs-Teilchen. Sollte man daher am LHC mehr als nur ein Higgs-Boson finden, könnte an der Supersymmetrie tatsächlich etwas dran sein.

Die Namen dieser zusätzlichen Teilchen werden nach einfachen Regeln gebildet. Den bosonischen Partnern unserer vertrauten fermionischen Materieteilchen wird ein „S“ vorangestellt: Aus einem Quark wird ein Squark, aus einem Lepton ein Slepton usw. Die fermionischen Superpartner der Austauschteilchen erhalten am Ende ein „ino“, wobei gelegentlich etwas phonetische Chirurgie die Aussprache erleichtert: Aus einem W-Boson wird ein Wino, aus einem Photon ein Photino usw. In allen Fällen kennzeichnet man den supersymmetrischen Partner durch eine Tilde (~) über dem Symbol. Somit ist ein Photino ein $\tilde{\gamma}$ und ein Stop-Squark ein $\tilde{\mathrm{t}}$. Abbildung 2.7 enthält die vollständige Liste.

Wie wir Supersymmetrie in den LHC-Detektoren zu finden hoffen, werden wir gleich sehen. Vorher sollte ich Ihnen kurz erklären, weshalb man Gleichungen überhaupt durch irgend-

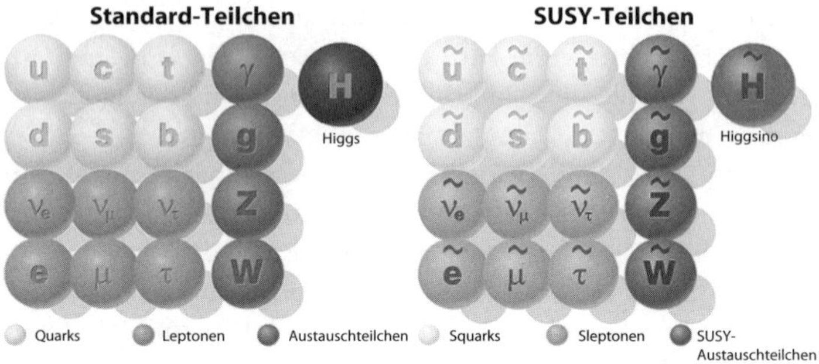

Abb. 2.7 Die supersymmetrischen (SUSY-)Teilchen folgen derselben Ordnung wie die gewöhnlichen Teilchen. Man kennzeichnet sie durch eine Tilde über dem Teilchensymbol. (DESY)

welche Terme erweitern sollte, die die Anzahl der Teilchen verdoppeln, ohne dass es bisher irgendeinen Beweis für die Existenz der fraglichen Teilchen gibt. Schon zu Beginn dieses Kapitels hatte ich erwähnt, dass unser Universum Geheimnisse birgt. Dabei geht es mir nicht um Fragen wie „Was wollen Frauen *wirklich*?" oder „Weshalb müssen Männer den Toilettensitz hochklappen?", sondern um grundsätzliche, ungeklärte Phänomene. Eines der interessanten Probleme betrifft die Vereinheitlichung der Kräfte. Newton zeigte, dass meine Katze durch dieselbe Kraft auf meiner Tastatur gehalten wird (während ich gerne diesen Satz schreiben möchte), die auch die Planeten auf ihren Bahnen um die Sonne hält. In ähnlicher Weise hoffen die heutigen Physiker eines Tages beweisen zu können, dass die vier Grundkräfte der Physik ein und dasselbe sind. Diese Hoffnung ist weder ein Glaubensartikel noch die Überzeugung aller Physiker, aber es hätte etwas Elegantes, falls es stimmen sollte.

In den 1960er-Jahren haben die Physiker, wie weiter oben ausführlich erläutert, die schwache Kraft und die elektromagnetische Wechselwirkung zur „elektroschwachen" Wechselwirkung vereinigen können. Nun fragt sich: Können wir zeigen, dass die starke Kraft und die elektroschwache Wechselwirkung auch nur zwei Seiten einer Medaille sind und dass am Ende sogar die Gravitation (als „dritte Seite") dazugehört? Nach heutigem Stand der Dinge lautet die Antwort nein, aber es gibt gute Gründe zu hoffen, dass sich das demnächst ändern wird.

Wir können die starke, die elektromagnetische und die schwache Wechselwirkung bei verschiedenen Energien, also bei Stößen unterschiedlicher Heftigkeit, messen. Dabei stellen wir fest, dass die Kräfte nicht konstant sind, sondern sich mit der Energie verändern. Extrapolieren wir die Trends auf hohe Energien, sehen wir, dass die drei Kräfte bei sehr hohen Energien (10^{14} oder 10^{15} GeV, hunderttausend Milliarden Mal so viel wie die Masse eines Protons) gleich werden. Die Theorie, die das beschreibt, heißt Große Vereinheitlichte Theorie oder kurz GUT (von *Grand Unified Theory*). Man vergleiche diesen riesigen Wert mit der Energie bei der Vereinheitlichung von elektromagnetischer und schwacher Wechselwirkung, ungefähr 1000 GeV. Dass die drei Kräfte „zufällig" bei einer bestimmten Energie gleich stark sind, ist zwar ein deutlicher Hinweis, aber natürlich kein Beweis für die Vereinheitlichung. Jedenfalls ist es interessant.

Bei genauerer Betrachtung stellt sich heraus, dass die drei Kräfte des Standardmodells nicht exakt in einem Punkt zusammenkommen (Abb. 2.8). Allerdings, und das ist eine der attraktiven Vorhersagen des MSSM, kann die Supersymmetrie bewirken, dass sich die drei Kräfte bei *exakt* derselben Energie treffen. Das ist wieder kein Beweis für die Realisierung der Supersymmetrie in der Natur, vermittelt aber ein angenehmes Gefühl.

Selbst ohne die perfekte Vereinheitlichung durch die Supersymmetrie bleibt eine quälende Frage: Weshalb wird die elektroschwache Symmetrie bei einer Energie gebrochen, die im

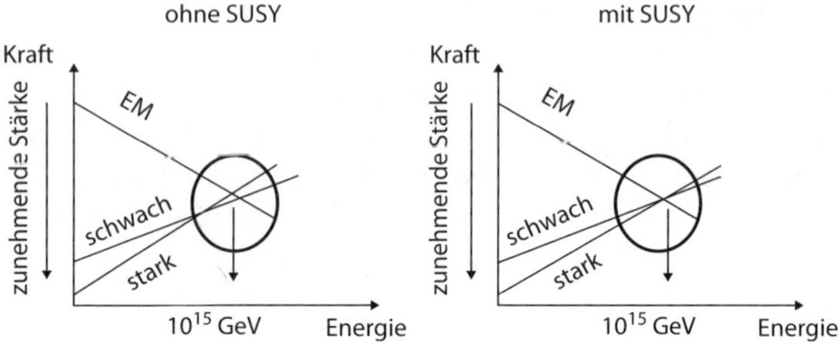

Abb. 2.8 Im Standardmodell nähern sich die Stärken der Wechselwirkungen bei sehr hohen Energien stark an („ohne SUSY", links). Mit Hinzunahme der Supersymmetrie könnte man die drei Kräfte bei einer einzigen Energie vereinheitlichen („mit SUSY", rechts). GeV = eine Milliarde Elektronvolt; EM = Elektromagnetische Kraft.

Vergleich zur GUT-Energie so niedrig ist? Ein derart riesiger Unterschied ist einfach seltsam und unnatürlich. Denken Sie an die Kontobewegungen eines Milliardärs: Jeden Monat gibt es Einnahmen und Ausgaben, riesige Geldmengen fließen auf das Konto oder werden abgebucht. Wenn dann am Ende eines jeden Monats das Konto um weniger als einen Dollar im Plus ist, wirkt das schon recht seltsam. Man kann sich kaum vorstellen, dass die riesigen Buchungen in Millionenhöhe sich jeden Monat derart exakt ausgleichen, ohne dass irgendein Prinzip dahintersteckt. Es könnte sich nämlich auch herausstellen, dass es sich um ein „Wohltätigkeitskonto" handelt, bei dem die Zuflüsse gerade so eingerichtet wurden, dass die vorab festgelegten Abbuchungen exakt ausgeglichen werden. In einem solchen Fall wäre die Balance zwischen Zu- und Abgängen kein Wunder.

Ganz ähnlich ist es in der Physik. Es erscheint ziemlich seltsam, dass die Energieskala der Großen Vereinheitlichten Theorie einige hundert Milliarden Mal größer ist als die Symmetriebrechungsenergie der elektroschwachen Wechselwirkung. Man würde sie näher beieinander vermuten (und eher bei höheren Werten). Die Masse des Higgs-Bosons (das bei der elektroschwachen Symmetriebrechung eine entscheidende Rolle spielt) sollte daher viel höher sein, als es die bisherigen Daten andeuten. Vielleicht gibt es ein „Wohltätigkeitsprinzip", das diese Diskrepanz erklärt. An dieser Stelle würde die Supersymmetrie ganz gut ins Spiel passen. Sollte sich die Supersymmetrie als richtig erweisen, ließe sich die niedrige Masse des Higgs-Bosons viel zwangloser erklären.

Auch wenn erst noch gezeigt werden muss, ob es die Supersymmetrie tatsächlich gibt, können wir bereits einige Vorhersagen ableiten. So sollte es, wie erwähnt, nach der Supersymmetrie doppelt so viele Teilchen geben, wie wir bisher kennen. Was wissen wir über diese hypothetischen Teilchen?

Zunächst einmal: Wir wissen nur sehr wenig. Wir wissen mit Sicherheit, dass wir sie noch nicht gefunden haben; und das bedeutet, sie müssen eine große Masse haben, sofern es sie überhaupt gibt. Damit stoßen wir gleich auf ein weiteres interessantes Thema. Erinnern wir uns, worüber wir hier sprechen: Supersymmetrie, wobei die Betonung auf Symmetrie liegt. Wenn es sich bei der Supersymmetrie tatsächlich um eine Symmetrie handeln soll, müssten die Massen der neuen Teilchen identisch mit denen ihrer regulären Partner sein. Die Masse des Selektrons wäre somit dieselbe wie die des Elektrons, was offenbar nicht der Fall ist. In Analogie zum Higgs-Mechanismus (oder etwas Entsprechendem), der die Symmetrie zwischen der elektromagnetischen und der schwachen Wechselwirkung bricht, muss auch die Supersymmetrie irgendwie gebrochen sein. Zu diesem Rätsel haben wir bisher ebenfalls nur einige vage Ideen, und solange wir noch keines der neuen Teilchen gefunden haben, müssen wir diese Frage vertagen.

Da bisher noch kein supersymmetrisches Teilchen im Experiment aufgetaucht ist, müssen die Kandidaten (sofern es sie überhaupt gibt) eine Masse haben, die mindestens 100-mal so groß ist wie jene des Protons. Andernfalls hätten wir sie schon finden müssen. Angenommen, es gäbe diese Teilchen tatsächlich, was würden wir erwarten zu sehen? Der LHC ist ein Protonenbeschleuniger, bei dem hauptsächlich Quarks und Gluonen zur Kollision gebracht werden, die natürlichen Bestandteile der Protonen. Falls bei diesen Zusammenstößen auch supersymmetrische Teilchen erzeugt werden, würden wir hauptsächlich Squarks und Gluinos erwarten, denn diese Teilchen sollten ebenfalls die starken Kräfte spüren.

Sehr viele Wechselwirkungen unter Beteiligung supersymmetrischer Teilchen sind denkbar, doch das MSSM trifft eine sehr nützliche und allgemeine Vorhersage: Wenn ein supersymmetrisches Teilchen erzeugt wird, muss mindestens eines seiner Zerfallsprodukte wieder ein supersymmetrisches Teilchen sein. Das bedeutet, supersymmetrische Teilchen können nur so lange zerfallen, bis man bei dem leichtesten supersymmetrischen Teilchen angelangt ist, dem so genannten LSP (*Lightest Supersymmetric Particle*). Da jedes supersymmetrische Teilchen in mindestens ein supersymmetrisches Teilchen zerfällt und das LSP (per Definition) das leichteste supersymmetrische Teilchen ist, gibt es dafür kein leichteres Zerfallsprodukt. Also muss das LSP selbst stabil sein.

Sollte es irgendwann einmal in unserem Universum sehr viele supersymmetrische Teilchen gegeben haben, müssten aus deren Zerfällen immer noch entsprechend viele LSPs übrig sein. Da wir bis heute noch kein LSP nachgewiesen haben, sollte es sich um ein elektrisch neutrales Teilchen handeln, das weder der elektromagnetischen noch der starken Wechselwirkung unterliegt. Allerdings könnte das LSP theoretisch die schwache Wechselwirkung spüren. Falls also das MSSM richtig wäre, müsste unser Universum Unmengen an LSPs enthalten, wobei es sich im Wesentlichen um ein Bad aus schweren, neutrino-artigen Teilchen handeln würde. Das hätte gerade für die Kosmologie interessante

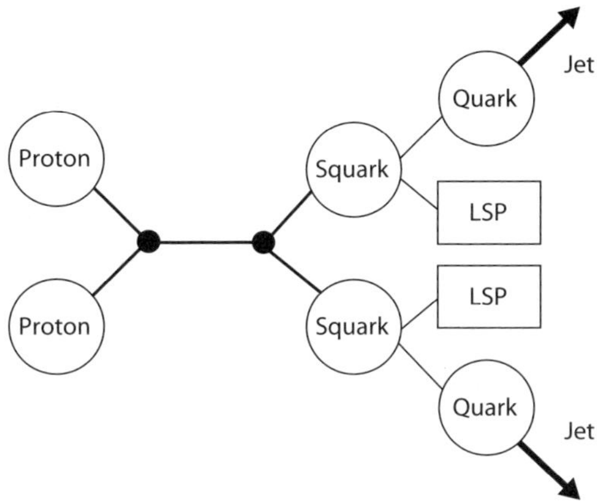

Abb. 2.9 Schematische Darstellung des Zerfalls eines supersymmetrischen Teilchens. Supersymmetrische Teilchen können nur so lange zerfallen, bis die Zerfallsprodukte beim leichtesten supersymmetrischen Teilchen (LSP) angelangt sind. Die Quarks äußern sich in Form von Jets, die im Detektor als Teilchenschauer sichtbar werden. Die dicken Punkte deuten Wechselwirkungspunkte an.

Auswirkungen, und wir werden in Kapitel 6 darauf zurückkommen.

Kehren wir an den LHC zurück und betrachten ein Ereignis, bei dem zwei Squarks entstehen (Abb. 2.9). Diese Squarks sind sehr schwer und zerfallen in gewöhnliche Quarks sowie LSPs. Die gewöhnlichen Quarks sollten sich in Form von Jets zeigen, und die LSPs würden unerkannt entkommen, da sie weder die starke noch die elektromagnetische Kraft spüren. In einem solchen Fall sollte man also zwei Jets sehen, und außerdem würde eine bestimmte Menge Energie fehlen. Zum Nachweis müsste der Detektor also nicht nur die Jets beobachten können, sondern er müsste auch deren Energien genau genug messen, damit man weiß, wie viel fehlt. Diese Fähigkeit der Detektoren ist sehr wichtig, denn die praktisch einzige gemeinsame Vorhersage von nahezu allen Modellen mit Supersymmetrie ist die Existenz von LSPs, die man im Detektor nicht sieht; daher muss die entsprechende Energie fehlen.

Im Rahmen des MSSM sind bei den erwarteten Kollisionen sehr viele Reaktionen möglich, mehr als wir hier betrachten können. Hinzu kommt, dass es sich bei der Supersymmetrie um ein Prinzip handelt, nicht um eine eigene Theorie; es können sehr viele verschiedene Theorien auf dem Prinzip der Supersymmetrie beruhen. Die meisten dieser Theorien sind wesentlich komplizierter als das vergleichsweise einfache MSSM. Es wird deshalb nahezu unmöglich sein zu beweisen, dass die Idee der Supersymmetrie grundsätzlich falsch ist. Wir können bestenfalls einzelne supersymmetrische Modelle ausschließen. In einer Hinsicht können wir allerdings zu einem klaren Ergebnis kommen: Falls (und ich betone das *falls*) die Supersymmetrie die Erklärung für die geringe Masse des Higgs-Bosons sein sollte, müssen wir am LHC supersymmetrische Teilchen finden. Wenn wir diese Teilchen nicht finden, haben wir damit zwar die Supersymmetrie nicht allgemein ausgeschlossen, aber gezeigt, dass die Supersymmetrie nicht die Erklärung für die kleine Masse des Higgs-Bosons ist.

Um die Sache noch etwas interessanter zu machen: Einige Modelle mit Supersymmetrie erlauben sogar Vorhersagen über das Higgs-Boson selbst. Manche Modelle sagen beispielsweise vorher, dass es mehr als nur ein Higgs-Boson geben soll und dass die Higgs-Bosonen sogar elektrisch geladen sein können. Diese Vorhersage widerspricht der herkömmlichen Higgs-Theorie, also lassen sich die beiden Theorien experimentell unterscheiden.

All diese Fragen standen den Konstrukteuren des LHC und seiner Detektoren vor Augen. Zumindest einige der theoretischen Probleme sollten sich also jetzt lösen lassen. Die ersten Jahre nach der Inbetriebnahme werden daher besonders aufregend. Eine solche Zeit erlebt man als Physiker selten, vielleicht nur drei oder vier Mal in einem Jahrhundert.

Kleiner als klein

Zu viktorianischer Zeit schrieb der Mathematiker Augustus de Morgan:

Great fleas have little fleas upon their backs to bite 'em,
And little fleas have lesser fleas, and so ad infinitum.
And the great fleas themselves, in turn, have greater fleas to go on,
While these again have greater still, and greater still, and so on.[1]

Dieser oft zitierte Vers ist eine Parodie auf das Gedicht *On Poetry: A Rhapsody* von Jonathan Swift aus dem Jahre 1733. Auch wenn sich diese Zeilen auf die Dichtkunst beziehen, sehen die Naturwissenschaftler darin eine Metapher für unsere Welt. Wenn man die Mikrowelt betrachtet, gelangt man schnell zu der Erkenntnis, dass sämtliche Materie aus Molekülen zusammengesetzt ist; Moleküle bestehen aus Atomen und diese wiederum aus Elektronen und Atomkernen, die Atomkerne bestehen aus Protonen und Neutronen, diese ihrerseits aus Quarks. Abbildung 1.4 deutet die Hierarchie immer kleinerer Strukturen an.

Nach unserem heutigen Wissen sind Quarks und Elektronen das Ende dieser Kette. Anders als das Atom oder das Proton, die beide noch eine komplexe Struktur besitzen und deren Bausteine in komplizierter Weise in Wechselwirkung treten, besitzen nach derzeitigem Stand Quarks und Elektronen keine innere Struktur. Sowohl theoretisch als auch physikalisch behandeln wir sie wie mathematische Punkte.

Mit ein wenig Phantasie wird man sich allerdings kaum enthalten können zu fragen: Weshalb sollten Quarks und Leptonen keine innere Struktur mehr haben? Die einzig mögliche Antwort

---

[1] Singgemäß: Große Flöhe werden von kleinen Flöhen gebissen, die kleinen Flöhe wieder von kleineren und immer so weiter. Große Flöhe wiederum sitzen auf noch größeren, diese wieder auf größeren, noch größeren und so weiter.

Tab. 2.1 Die riesigen Größenunterschiede im Superkleinen.

Gegenstand	Größe (Meter)	Größe (im Verhältnis zur Größe eines Protons)
Moleküle	10^{-9}	1 000 000
Atome	10^{-10}	100 000
Atomkerne	10^{-14}	10
Protonen	10^{-15}	1
Quarks und Elektronen	$< 10^{-18}$	< 0,001

lautet: Es gibt keinen Grund. Quarks und Elektronen (und entsprechend alle anderen Leptonen) könnten durchaus aus noch kleineren Bausteinen bestehen. Andererseits wäre es aber denkbar (wenn auch sehr unwahrscheinlich), dass es sich tatsächlich um strukturlose, echte Elementarteilchen handelt. Auf den folgenden Seiten untersuchen wir, welche Argumente für eine innere Struktur sprechen und wie wir der Antwort zu dieser Frage näher kommen können.

Bevor wir fortfahren, betrachten wir zunächst die Größenordnungen, um die es hier geht, zusammengefasst in Tabelle 2.1. In der Mikrowelt ist alles sehr klein. Man müsste eine Million Moleküle nebeneinanderlegen, um auf einen einzigen Millimeter zu kommen. Mit gewöhnlichem Licht können wir die winzigen Objekte nicht mehr sehen, und doch sind sie im Vergleich zu dem, was uns eigentlich interessiert, immer noch riesig – eine Milliarde Mal größer als das, was wir an der Front der Forschung untersuchen.

Moleküle bestehen aus Atomen, die ganz grob ein Zehntel ihrer Größe haben. Es gibt natürlich sehr unterschiedliche Moleküle, angefangen beim Wasserstoff aus nur zwei Wasserstoffatomen (H_2) über einfache Zucker mit 24 Atomen ($C_6H_{12}O_6$) bis zu großen organischen Molekülen mit vielen hundert Atomen. Wir können aber ungefähr sagen, dass in einen Millimeter auf dem Lineal zehn Millionen Atome passen.

Vereinfacht können wir uns ein Atom wie ein kleines Sonnensystem vorstellen, bei dem der Kern als Sonne im Zentrum steht und von Elektronen wie von Planeten umkreist wird. Dieses Bild ist zwar physikalisch falsch, hat aber seine Vorzüge. Es betont die Tatsache, dass ein Atom hauptsächlich aus leerem Raum besteht und die Elektronen sich in einem riesigen Abstand um den kleinen, dichten Atomkern bewegen. Abbildung 1.2 und die zugehörige Diskussion im Text vermitteln eine Vorstellung von den Größenordnungen, um die es hier geht. Für uns ist in diesem Zusammenhang besonders wichtig, wie winzig der Atomkern im Vergleich zu einem ganzen Atom ist. Der Radius des Atomkerns ist ungefähr 10 000-mal kleiner als der des Atoms, und das Kernvolumen macht sogar nur den billionsten Teil des Atomvolumens aus.

Der Atomkern besteht aus dicht zusammengepackten Protonen und Neutronen. Ich stelle ihn mir immer wie einen Haufen Froscheier vor oder wie einen Haufen Murmeln, mit denen gerade ein kleines Kind gespielt hat, das sehr klebrige Finger hatte. Protonen und Neutron haben einen Durchmesser von ungefähr 10^{-15} Metern, und man müsste schon eine Billion davon nebeneinander aufreihen, um eine Strecke von einem einzigen Millimeter zu überdecken. Wirklich sehr klein!

Protonen und Neutronen bestehen aus Quarks und Gluonen; am einfachsten stellen Sie sich ein Proton aus zwei Up-Quarks und einem Down-Quark vor, eingefangen in einem Kräftefeld aus Gluonen. Das ist ähnlich wie die tischtennisballgroßen Kugeln in diesen Lotteriemaschinen, die von einem Luftstrom angeblasen werden und in einem Glasbehälter umhertanzen.

Sich Quarks als Tischtennisbälle vorzustellen, hat einen Nachteil. Tischtennisbälle sind relativ groß im Vergleich zu dem Glasbehälter der Lotteriemaschine, wohingegen Quarks sehr klein sind. Ein besseres Bild wäre daher ein solcher Glasbehälter mit drei winzigen Styroporkügelchen.

Was wissen wir über die Größe der Quarks? Ich habe bereits gesagt, dass Quarks überhaupt keine Ausdehnung haben; zumindest werden sie in der gegenwärtig akzeptierten Theorie so beschrieben. Als Experimentalphysiker gebe ich jedoch mehr auf Messergebnisse. Sie als Leser sind vermutlich neugierig, welche Größe man für Quarks misst. Und nun kommt es … Achtung! … keine. Damit ist nicht gesagt, dass wir diese Größe einfach nicht kennen. Wir haben diese Frage experimentell sehr eingehend untersucht, und wir wissen auch recht gut, wie genau wir messen können. Sollten Quarks (oder Elektronen) größer sein als ungefähr der tausendste Teil eines Protons, dann hätten wir ihre Ausdehnung in Experimenten sehen müssen. Das ist aber in keinem Experiment gelungen, nicht der leiseste Hinweis. Also wissen wir zwar nicht, wie groß ein Quark oder Elektron tatsächlich ist, aber wir sind ziemlich sicher, dass sie jedenfalls kleiner sein müssen als der tausendste Teil eines Protons. Falls sie überhaupt eine Ausdehnung haben.

Überlegen wir uns in diesem Zusammenhang einmal, wie groß ein Gegenstand sein muss, damit man ihn noch mit bloßem Auge erkennen kann. Ein Sandkorn kann man problemlos sehen. Vielleicht können Sie mit einigem Aufwand noch ein winziges Mehlkorn wahrnehmen. Aber dann ist Schluss. Wenn Sie also etwa eine Mikrobe mit bloßem Auge ansehen, scheint sie keine Ausdehnung zu haben; strenggenommen müssten Sie aber schließen, dass das Bakterium lediglich kleiner ist als ein Mehlkorn.

Mit einer besseren Ausrüstung, beispielsweise einem guten Mikroskop, kann man auch die Ausdehnung von Bakterien wahrnehmen. Sobald Sie also die Grenzen des Auflösungsvermögens Ihrer experimentellen Ausrüstung erreicht haben, brauchen Sie ein besseres Mikroskop. Das derzeit beste Mikroskop der Welt, der LHC und seine beiden Hauptdetektoren, sollte die Ausdehnung der Quarks auflösen können, sofern sie nicht kleiner als der zehntausendste Teil eines Protons sind. Mit anderen Worten: Wir werden eine neue Grenze setzen können, die ungefähr zehnmal kleiner ist als das, was wir mit heutigen Mitteln sehen können.

Erfahrung, Intuition und de Morgans kleiner Vers könnten nun den vagen Verdacht aufkommen lassen, dass es noch kleinere materielle Strukturen gibt – weitere Schichten der kosmischen Zwiebel. Es gibt aber auch wissenschaftliche Gründe für eine solche Vermutung. Betrachten wir nochmals das Periodensystem in Abbildung 1.1. Für Mendelejew war diese Tabelle zunächst nichts weiter als eine vom chemischen Standpunkt aus sinnvolle Anordnung der Elemente. Im Nachhinein, als in den ersten Jahrzehnten des 20. Jahrhunderts die Quantenmechanik und die Atomtheorie erarbeitet wurden, erwies sich das Periodensystem als erster Hinweis auf eine Substruktur der Atome. Ein halbes Jahrhundert bevor diese Struktur wirklich verstanden war, sah man im Periodensystem die ersten Anzeichen.

Um diesen Punkt zu verdeutlichen, betrachten wir die Spalten an den beiden Seiten des Periodensystems. Die Spalte links enthält chemisch sehr aktive Elemente: Wasserstoff, Lithium, Natrium, etc. Sie sind sich chemisch sehr ähnlich und haben auch dieselben chemischen Wertigkeiten. Allerdings nimmt ihre Atommasse von oben nach unten zu. Heute, nachdem wir den Atombau verstanden haben, können wir dieses Verhalten deuten: Die Kerne enthalten von oben nach unten immer mehr Protonen und Neutronen (Masse), während die Anordnung der äußeren Elektronen ähnlich ist (Chemie); in der ersten Spalte verfügt jedes Atom über genau ein Außenelektron, das für die Wechselwirkung mit anderen Atomen zur Verfügung steht. Anders gesagt: Die Atome der ersten Spalte haben zwar unterschiedlich viele Elektronen, doch alle mit Ausnahme von einem sind sicher verpackt und spielen für die Chemie praktisch keine Rolle.

Die Spalte ganz rechts kann man in vergleichbarer Weise diskutieren. Helium, Neon und Argon sind chemisch sehr ähnlich und werden in dieser Reihenfolge schwerer. Sie sind reaktionsträge, was wiederum an der Anordnung ihrer Elektronen liegt: Hier sind alle Elektronen vergleichsweise fest gebunden, und es gibt keine einzelnen, weitab verstreuten Elektronen, die mit anderen Atomen in Kontakt treten könnten.

Während das Periodensystem Hinweise auf die innere Struktur der Atome lieferte, deutete die radioaktive Strahlung auf eine innere Struktur der Atomkerne hin. Beispielsweise emittiert Cäsium ($^{137}_{55}$Cs mit 55 Protonen und 82 Neutronen) ein Elektron und wird dadurch zu Barium ($^{137}_{56}$Ba mit 56 Protonen und 81 Neutronen). Dabei entsteht auch ein Neutrino, das erst in den 1950er-Jahren nachgewiesen werden konnte. Man kann sich vorstellen, dass ein Neutron im Cäsiumkern ein Elektron „ausspuckt" und dadurch zu einem Proton wird. Lange bevor man Genaueres über Protonen, Neutronen und Neutrinos wusste, war die Tatsache, dass sich der Atomkern eines chemischen Elements in den Atomkern eines anderen Elements umwandeln kann, bereits ein Hinweis auf eine tieferliegende Kernstruktur.

Wir können diese historischen Beispiele auf unsere heutige Situation übertragen. Natürlich müssen wir uns darüber im Klaren sein, dass solche Analogien nicht immer stimmen, aber manchmal führen sie einen auf den richtigen Weg.

Das Periodensystem der modernen Teilchenphysik haben wir in Abbildung 1.6 kennengelernt. Es sieht natürlich anders aus als das chemische Periodensystem. Man sieht sechs Arten von Quarks: Up-, Charm- und Top-Quark tragen die elektrische Ladung $+^2/_3$ (ausgedrückt in Einheiten, in denen die Protonenladung den Wert +1 hat); die Masse des Charm-Quarks ist größer als die des Up-Quarks, und das Top-Quark ist nochmals massiver als das Charm-Quark. In ähnlicher Weise haben das Down-, Strange- und Bottom-Quark die elektrische Ladung $-^1/_3$, und die Masse nimmt von links nach rechts zu.

Bei den Leptonen haben das Elektron, das Myon und das Tauon die elektrische Ladung –1, die Massen zeigen das übliche Muster. Die drei Neutrinos sind elektrisch neutral. Ihre Massen sind zwar noch nicht bekannt, aber es besteht mittlerweile kein Zweifel mehr daran, dass sie eine Masse haben und ihre Massen auch verschieden sind.

Im heutigen Periodensystem stehen ähnliche Objekte in einer Zeile; bei Mendelejew stehen sie in einer Spalte. Sie erkennen drei Generationen (oder Kopien) von Quarks und Leptonen mit ähnlichen Strukturen. Das erinnert sehr an die Hinweise, die das chemische Periodensystem den Forschern in der zweiten Hälfte des 19. Jahrhunderts gab.

Noch eine weitere historische Ähnlichkeit ist zu erwähnen. Wie wir gesehen haben, können die verschiedenen Atomkerne zerfallen und sich dabei in andere Atomkerne umwandeln. Das kann auch mit Quarks und Leptonen geschehen: Ein Top-Quark kann in ein Bottom-Quark und ein W-Boson zerfallen, ein Myon in ein Elektron und zwei Neutrinos. Diese Zerfallsprozesse sind in Abbildung 2.10 angedeutet. Es gibt noch andere mögliche Zerfälle von Quarks und Leptonen. Tatsächlich zerfallen sämtliche Teilchen der II. und III. Generation schließlich in Teilchen der I. Generation. Besonders interessant ist da-

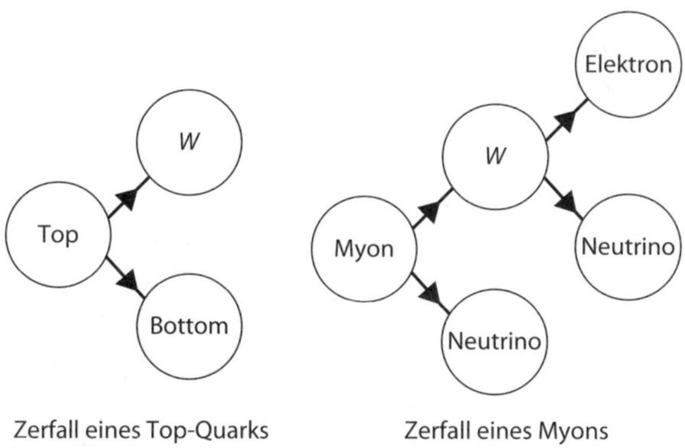

Abb. 2.10 Teilchenzerfälle, bei denen sich ein Quark oder Lepton in ein anderes Quark bzw. Lepton umwandelt.

bei, dass sich ein Quark oder ein Lepton nur über die schwache Kraft in ein anderes Quark bzw. Lepton umwandeln kann (technisch gesprochen ändert sich für ein Quark oder Lepton dabei die Eigenschaft „Color"). Darüber hinaus können diese Zerfälle nur unter Beteiligung der elektrisch geladenen *W*-Bosonen erfolgen.

Wir haben zwar keine Beweise dafür, dass die verschiedenen Generationen von Quarks und Leptonen mit einer inneren Struktur dieser Teilchen zusammenhängen, doch die historischen Parallelen sind offensichtlich und verdienen unsere Aufmerksamkeit. Dass sich der Color-Freiheitsgrad eines Quarks oder Leptons nur durch die Emission eines *W*-Bosons ändern kann, ist eine Tatsache, die förmlich nach einer Erklärung schreit. Ich wünschte nur, ich wüsste, was uns diese Tatsache sagen will.

Im Augenblick fehlen uns zwar noch die entscheidenden Einsichten zur Lösung des Problems, aber wir können mehr oder weniger intelligent über dieses Thema spekulieren und uns auf der Suche nach Hinweisen insbesondere durch unsere Datenberge wühlen. Wenn man auf der Suche nach neuen physikalischen Phänomenen ist, sollte man zunächst gezielt Vermutungen darüber anstellen, wonach man sucht, und dann sollte man entsprechende Experimente machen. Was wären also die experimentellen Signaturen, die wahrscheinlich auf eine innere Struktur von Quarks und Leptonen hindeuten würden? Da es am LHC um die Kollision von Protonen geht (also im Wesentlichen um Quarks), konzentrieren wir unsere Suche auf eine innere Struktur der Quarks.

Bevor wir uns deren Besonderheiten zuwenden, versetzen wir uns in die Lage eines hypothetischen Wesens von der Größe einer Galaxie, das eine räumliche Ausdehnung der Erde nachweisen möchte. Newtons Gravitationsgesetze behandeln sogar Planeten, Sterne und Galaxien als Punktmassen. Solange Sie sich außerhalb eines Sterns aufhalten, dürfen Sie diesen wie einen Punkt ohne

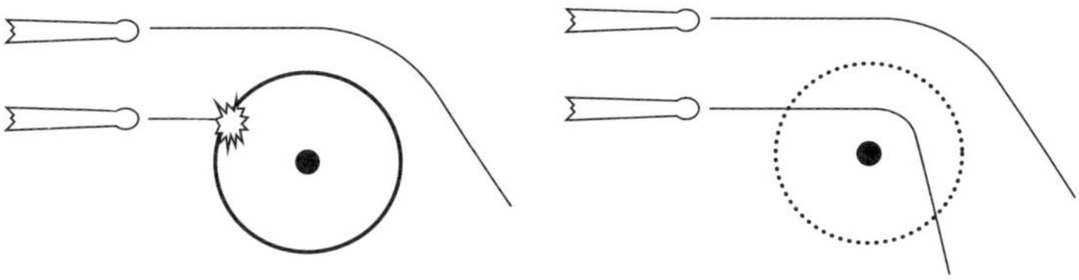

Abb. 2.11 Solange die Bahn eines Kometen nicht die Planetenoberfläche trifft, lassen sich ein tatsächlicher Planet (links) und eine punktförmige Massenverteilung (rechts) nicht durch die Kometenbahn unterscheiden. Kommt die Kometenbahn dem Erdmittelpunkt jedoch näher als der Radius, wird der Unterschied offensichtlich.

Ausdehnung behandeln, in dem die gesamte Masse konzentriert ist – jedenfalls, solange Sie die Gravitation betrachten. Erst wenn Sie sich innerhalb des Sterns befinden, ändern sich die Regeln. Ein ausgedehnter Stern und ein Stern mit Punktmasse verhalten sich dann völlig verschieden.

Überlegen wir uns also, wie man die Ausdehnung der Erde messen könnte, und betrachten dazu Abbildung 2.11. Das Wesen mit der galaktischen Ausdehnung könnte beispielsweise Kometen gegen die Erde schleudern. Solange sich die Kometen dem Erdmittelpunkt nicht mehr als bis auf 6400 km (dem Erdradius) nähern, kann unser Wesen nicht zwischen der tatsächlichen Erde und einer punktförmigen Erde unterscheiden. Die Kometenbahnen würden durch die Gravitation in gleicher Weise abgelenkt.

Sobald die Kometen dem Erdmittelpunkt jedoch bis auf weniger als 6400 km nahe kämen, zeigten die beiden Modelle unterschiedliche Ergebnisse. Für eine punktförmige Erde behielten die Newton'schen Gesetze ihre Gültigkeit, und man könnte den Einfluss der Schwerkraft auf die Kometenbahn berechnen. In Wirklichkeit würde aber etwas anderes passieren: Der Komet würde auf die Erdoberfläche treffen, und von nun an würden andere physikalische Gesetze das Geschehen bestimmen. Die elektromagnetischen Kräfte in den Atomen sowohl des Kometen als auch der Erde würden letztendlich festlegen, wie der Aufprall ausfiele. Von einem ganz bestimmten Abstand an übernehmen also andere physikalische Gesetze das Ruder: Die Gravitation ist nicht mehr der einzige und wichtigste Einfluss, sondern die Atomkräfte kommen ins Spiel.

Durch eine Analogie kann man sich veranschaulichen, weshalb die Energie des Teilchenstrahls – also die Energie der Protonen bei der Kollision am LHC oder irgendeinem anderen Teilchenbeschleuniger – so wichtig ist, um das Winzige sehen zu können. Dazu müssen wir uns zunächst einiges ins Gedächtnis rufen, insbesondere die Tatsache, dass in der Quantenwelt Partikel manchmal als Teilchen, manchmal als Welle auftreten können. Uns interessiert hier in erster Linie die Wellennatur, und für die folgende Diskussion benötigen wir zwei wichtige Begriffe: Wellenlänge und Beugung.

Die Wellenlänge entspricht dem Abstand zwischen zwei Wellenbergen. Die Wellenlänge eines Teilchens hängt mit seiner Energie zusammen – je höher die Energie, umso geringer die Wellenlänge (Abb. 2.12). Doch weshalb ist die Wellenlänge

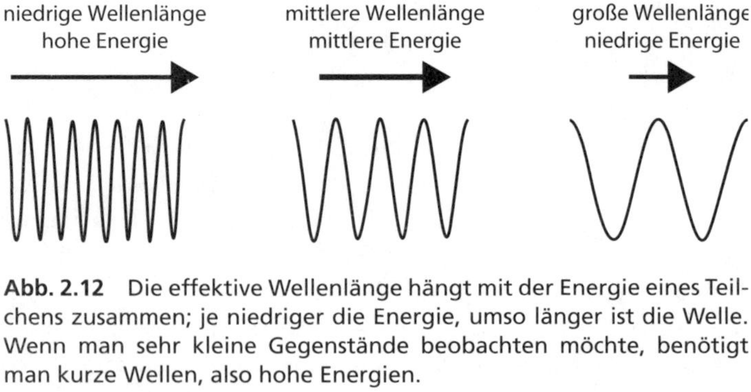

Abb. 2.12 Die effektive Wellenlänge hängt mit der Energie eines Teilchens zusammen; je niedriger die Energie, umso länger ist die Welle. Wenn man sehr kleine Gegenstände beobachten möchte, benötigt man kurze Wellen, also hohe Energien.

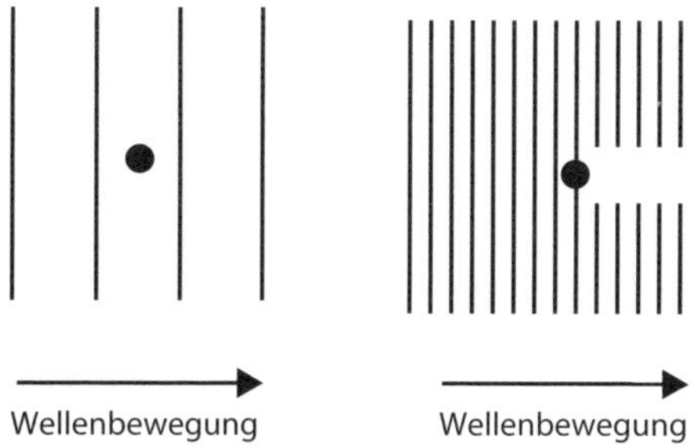

Abb. 2.13 Schema einer Wasserwelle, die auf einen Stab trifft, der im Wasser steht. Ist die Wellenlänge größer als der Durchmesser des Stabes, laufen die Wellen ungehindert weiter. Ist die Wellenlänge jedoch kleiner als der Durchmesser, sieht man einen Schatten.

so wichtig? An dieser Stelle kommt die Beugung ins Spiel. Stellen Sie sich vor, Sie beobachten, wie die Wellen auf einem See einen Stab zur Messung der Wasserhöhe umspielen. Sind die Wellen sehr lang, bewegen sie sich unverändert an dem Stab vorbei. Bei sehr kurzen Wellen beobachtet man jedoch hinter dem Stab einen „Schatten", wie in Abbildung 2.13 dargestellt.

Zweierlei ist in diesem Zusammenhang wichtig: (1) Um einen Gegenstand beobachten zu können, braucht man Wellenlängen, die kleiner sind als die Maße des Gegenstands; (2) Teilchen mit hoher Energie haben kurze Wellenlängen. Tatsächlich beträgt die Wellenlänge eines Teilchens, das die im LHC maximal erreichbare Energie hat, ungefähr $2 \cdot 10^{-19}$ Meter, etwa 10 000-mal weniger als der Durchmesser eines Protons. Solange die Ausdehnung von Quarks und Leptonen größer ist als dieser Wert, kann der hochenergetische Teilchenstrahl am LHC zwischen einem punktförmigen und einem ausgedehnten Teilchen unterscheiden. In den nächsten Kapiteln beschreiben wir etwas genauer, wie Teilchenbeschleuniger im Allgemeinen und der LHC im Besonderen funktionieren.

Nach all diesen Vorbemerkungen können Sie nun fragen: Nach welchen Signalen, die auf eine innere Struktur der Quarks hindeuten, wollen die Physiker am LHC Ausschau halten? Dazu werden verschiedene Verfahren angewandt. Wie bei jeder Forschung an den Grenzen zum Ungewissen sind auch hier die Antworten nicht bekannt, und daher suchen wir gleichzeitig an mehreren Orten. Einer dieser Orte könnte (wie immer betone ich: *könnte*) der richtige sein.

Die besten Orte für solche Untersuchungen waren in der Vergangenheit meist besonders heftige Kollisionen. Man schießt dabei zwei Körper aufeinander und beobachtet die Häufigkeit der Zusammenstöße in Abhängigkeit von der Energie der Stöße, insbesondere von deren seitwärts gerichtetem Anteil. Dieser sogenannte „Transversalimpuls" (der Impuls senkrecht zur Strahlrichtung) ist, einfach ausgedrückt, wichtig, weil man einen Körper wirklich hart treffen muss, um ihn zur Seite aus seiner Bahn auszulenken.

Was würde man also experimentell beobachten, wenn Quarks eine innere Struktur hätten? Ich hatte schon im Zusammenhang mit der Diskussion um das Higgs-Boson erwähnt, dass ein Quark, das aus einem Proton herausgeschlagen wird, einen Jet bildet. Wenn wir sämtliche Energien der Teilchen in einem Jet summieren, erhalten wir eine ziemlich gute Vorstellung von der Energie des ursprünglichen Quarks. Wir sprechen daher im Folgenden immer von Quarks, obwohl wir experimentell nur die zugehörigen Jets messen.

In Abbildung 2.14 sehen Sie, wie häufig es bei einer bestimmten Energie zu einem Zusammenstoß kommt. Allgemein stellen wir fest, dass bei niedrigen Energien mehr Kollisionen stattfinden. Wir betrachten zunächst den Energiebereich, der mit „Proton-Proton-Bereich" markiert ist. In diesem Bereich werden die Protonen mit einer so geringen Energie aufeinandergeschossen, dass sie sich wie kleine Billardkugeln verhalten und es keinerlei Hinweis auf die Quarks im Inneren gibt.

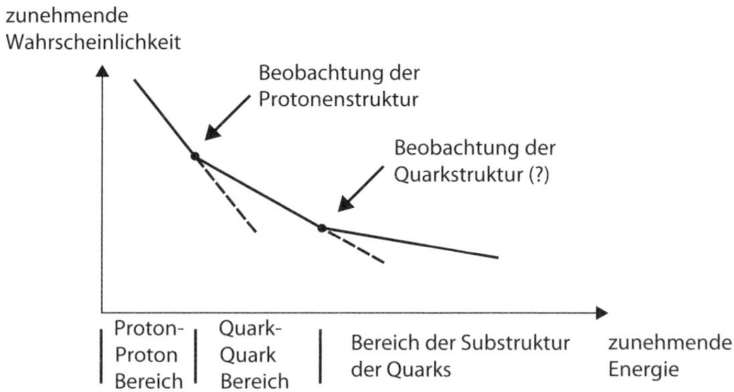

Abb. 2.14 Zusammenhang zwischen der Heftigkeit (Energie) der Zusammenstöße und der Wahrscheinlichkeit ihres Auftretens. Bei niedrigen Energien stoßen die Protonen sanft zusammen, ohne aufzubrechen. Bei größerer Energie fällt das Proton auseinander, die darin enthaltenen Quarks werden sichtbar. An dieser Stelle ändert sich die Steigung der Kurve. Die gestrichelte Linie deutet an, was man erwarten würde, wenn Protonen keine Quarks enthielten. Auf dieselbe Weise hoffen wir auch, bei noch höheren Stoßenergien Objekte innerhalb der Quarks sehen zu können. Eine weitere Änderung in der Kurvensteigung sollte auf eine Substruktur der Quarks hinweisen.

Die gestrichelte Verlängerung dieser Linie zeigt, wie der Trend theoretisch weitergehen müsste, falls die Protonen keine innere Struktur hätten und wie punktförmige Teilchen reagierten. Ab einer bestimmten Heftigkeit (Energie) der Stöße ändert sich jedoch die Kurve. Dann sind die Zusammenstöße gewaltig genug, um die einzelnen Quarks beobachten zu können, nicht mehr nur das Proton als Ganzes.

Auf unsere Analogien zurückgreifend können wir uns nun vorstellen, dass die Protonen als Teilchen bei sehr hohen Energien ineinander rasen oder dass die Wellenlängen aufgrund der hohen Energie ausreichend kurz sind, um die inneren Strukturen aufzulösen. (In der mathematischen Umsetzung finden sich tatsächlich beide Bilder wieder.) Jedenfalls konnte man erkennen, dass es innerhalb eines Protons kleinere Teilchen gibt, weil die energiereichen Zusammenstöße zwischen den Teilchen häufiger als erwartet auftraten. Die gestrichelte Linie in Abbildung 2.14 deutet an, wie viele Zusammenstöße man ursprünglich erwartet hatte, die durchgezogene zeigt, was tatsächlich beobachtet wurde. Mit solchen (und anderen) Verfahren wurden in den 1970er- und 1980er-Jahren die Quarks entdeckt.

Ein ganz ähnliches Verhalten erwarten wir, falls sich am LHC eine innere Struktur der Quarks beobachten lassen sollte. Da die Protonenenergie in den Strahlen am LHC höher ist als je zuvor, haben wir vielleicht die Chance, eine Abweichung von dem bisher beobachteten Trend, der auf der Streuung an scheinbar punktförmigen Quarks beruht, zu sehen.

In der Physik gibt es viele Vorschläge, wie die Bestandteile der Quarks aussehen könnten (sofern Quarks nicht doch punktförmig sind). Wie schon erwähnt, haben die Up-Quarks und ihre schweren Geschwister die elektrische Ladung $+^2/_3$ und die Down-Quarks und ihre Geschwister die Ladung $-^1/_3$. Leptonen tragen die Ladung –1. Sollten die Quarks aus kleineren Bausteinen bestehen, könnten deren Ladungen ein Vielfaches von $^1/_3$ oder $^1/_6$ sein. Es gibt aber auch noch ganz andere Möglichkeiten. Im Gegensatz zur elektroschwachen Symmetriebrechung und dem Higgs-Boson hat sich noch kein besonders aussichtsreicher Gedanke durchgesetzt. Da es im Augenblick überhaupt noch keine Hinweise auf eine innere Struktur der Quarks und Leptonen gibt, warten viele Physiker erst einmal ab und lassen sich überraschen, was das Universum noch so bereithält. Trotzdem kursieren schon Namen für die hypothetischen Bausteine der Quarks und Leptonen, wobei die Bezeichnung „Präonen“ derzeit am verbreitetsten ist. Allerdings hat jeder theoretische Physiker, der diesbezüglich ein Modell entworfen hat, seine eigene Nomenklatur. Da finden sich Subquarks, Maonen, Alphonen, Quinks, Rishonen, Tweedles, Helonen, Haplonen und Y-Teilchen. Ich persönlich mag die Bezeichnungen Quinks und Tweedles.

Im Zusammenhang mit einer möglichen inneren Struktur der Quarks stellt sich sofort eine weitere Frage: Könnte es noch mehr Generationen von Quarks und Leptonen geben, oder weshalb gibt es nur drei Generationen? Woher wissen wir überhaupt, dass es nicht vier oder mehr gibt? Nachdem das Atommodell verstanden war, wurden weitere chemische Elemente gefunden. Könnte das auch für die Quarks und Leptonen gelten?

Kurz gesagt kann es natürlich mehr als drei Generationen geben. In Experimenten hat man nach einem sogenannten B'-Quark gesucht, einem noch nicht endgültig benannten Bottom-artigen Quark der vierten Generation. Bis zum Frühjahr 2010 gab es noch keinerlei Anzeichen für ein solches Teilchen.

Die vermutlich überzeugendsten experimentellen Hinweise, dass es nur drei Generationen von Teilchen gibt, stammen von Experimenten am LEP, der sich früher in dem unterirdischen Tunnel befand, den heute der LHC besetzt. Am LEP wurden Elektronen und Positronen in den Zentren von vier außergewöhnlichen Detektoren zur Kollision gebracht. Die meiste Zeit war die Strahlenergie so eingestellt, dass besonders viele Z-Bosonen entstanden. An dieser Stichprobe von vielen Millionen Z-Bosonen konnten die Experimentalphysiker die Teilchen sehr sorgfältig untersuchen und schließlich eine fantastische Messgenauigkeit erreichen. In den LEP-Experimenten konnte man zum Beispiel sehr präzise bestimmen, wie oft ein Z-Boson in Quarks, Elektronen, Myonen und so weiter zerfällt.

Für unsere Frage besonders interessant ist der Zerfall eines Z-Bosons in ein Neutrinopaar. Wie man in Abbildung 2.5 erkennt, zerfällt ein Z-Boson in ungefähr 20 % aller Ereignisse in Neutrinos. Da Neutrinos praktisch keine Wechselwirkung mit Materie eingehen, wurden diese Zerfälle nie direkt beobachtet, allerdings kann man indirekt auf sie schließen. Man weiß nämlich, wie oft bei den LEP-Energien Z-Bosonen entstehen sollten, und diese Häufigkeit hängt von der Anzahl der Neutrinogenerationen ab. Aus den LEP-Daten konnte man schließen, dass es zwischen 2,95 und 3,05 Generationen geben sollte. Da die Anzahl der Generationen eine ganze Zahl sein muss (1, 2, 3, 4 …), ist das nur eine andere Art zu sagen, dass es nach den LEP-Experimenten mit hoher Wahrscheinlichkeit genau drei Neutrinogenerationen gibt.

Somit haben wir einen sehr deutlichen Hinweis darauf, dass unser Universum, aus welchen Gründen auch immer, nur drei Teilchengenerationen zulässt. Allerdings gibt es auch hier ein Kleingedrucktes. Technisch gesehen konnten die LEP-Experimente nur zeigen, dass es drei Generationen nahezu masseloser Neutrinos gibt. Eine vierte Teilchengeneration mit einem sehr schweren Neutrino kann nicht ausgeschlossen werden. Wir haben zwar keinen präzisen Grund zu der Annahme, dass ein Neutrino der IV. Generation sehr schwer ist, doch die Tatsache, dass das Top-Quark so viel schwerer ist als die anderen Quarks, zeigt, dass ein solches hypothetisches schweres Neutrino nicht vollkommen abwegig ist. Es gibt durchaus Beispiele, bei denen die Teilchen der höheren Generationen wesentlich schwerer sind als ihre jüngeren Geschwister, daher können wir diese Möglichkeit nicht gänzlich ausschließen. Wie so oft, wenn man in der Forschung Neuland betritt, ist man auch hier auf das Experiment angewiesen.

Wie steht es mit der Antimaterie?

„Der Weltraum. Unendliche Weiten …“ waren die Eröffnungsworte einer wunderbaren Fernsehserie, die in den 1960ern unter dem Namen „Raumschiff Enterprise“ begann und später einfach „Star Trek“ hieß. Als Junge konnte ich die neuen Folgen kaum erwarten, auch wenn das Bild des UHF-Fernsehers noch so verschwommen war. (Die jungen Leser sollten ihre Eltern fragen, was UHF ist. Wer es schon weiß, sollte es nicht zugeben; das bedeutet nämlich, er wird langsam alt.) Ein riesiges Raumfahrzeug, die U.S.S. Enterprise, raste unter dem Kommando des legendären Captains James T. Kirk durch die Galaxie und landete häufig in Situationen, die mit dem moralischen Zeigefinger auf aktuelle soziale Probleme deuteten.

Uns geht es im Augenblick weniger um den Inhalt der Folgen, als um den Antrieb des Raumschiffs, dessen Treibstoff aus Antimaterie bestand. Natürlich könnte man denken, das sei wie viele andere technische Raffinessen der Serie eine fiktive Angelegenheit, ähnlich wie die Dilithiumkristalle, diesem futuristischen Hilfsmittel für besonders schnelle Reisen durch den Weltraum.

Im Gegensatz zu anderen Science-Fiction-Klassikern ist Antimaterie tatsächlich real. (Da sich Antimaterie theoretisch zur Energiegewinnung nutzen lässt, könnte man sie auch zum Antrieb eines Raumschiffs benutzen.) Antimaterie ist das Spiegelbild von Materie. Trifft Materie auf Antimaterie, vernichten sich beide gegenseitig unter Aussendung von Energie. Man nennt das eine Annihilation.

Am einfachsten lässt sich Antimaterie auf dem Niveau von Teilchen verstehen. Zu allen bisher entdeckten Teilchen gibt es ein entsprechendes Antiteilchen, etwa Anti-Elektronen (Positronen) und Antiquarks, die keinen speziellen Namen haben. Einige Teilchen, beispielsweise das Photon, sind ihr eigenes Antiteilchen. Aus Antiquarks kann man Antiprotonen und Antineutronen zusammensetzen. Gibt man noch Anti-Elektronen hinzu, erhält man Anti-Atome. Im Prinzip ließe sich mit Anti-Atomen jedes Anti-Ding zusammensetzen: ein Anti-Sie, ein Anti-Ich, ein Antipasto (oder sollte es vielleicht Anti-Antipasto heißen?) …

In Beschleunigern lässt sich Antimaterie erzeugen, indem sehr große Mengen an Energie in Materie und Antimaterie umgewan-

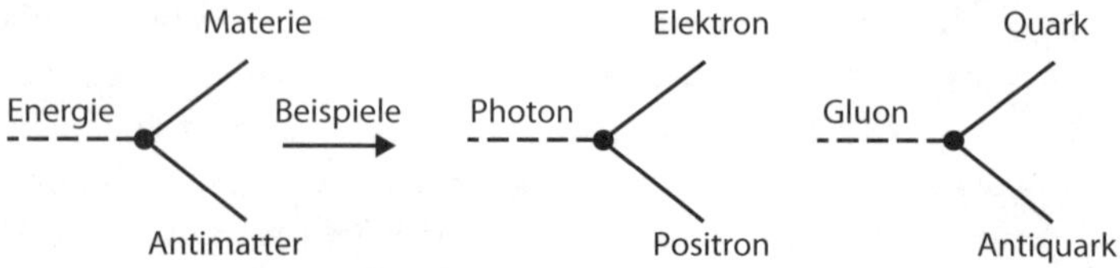

Abb. 2.15 Einige Beispiele, wie sich Energie in Antimaterie umwandeln lässt. Allerdings entsteht dabei immer auch ein entsprechendes Materieteilchen.

delt werden. Man benötigte allerdings die Energie einer Hiroshima-Bombe, und zwar mit einem 100%igen Wirkungsgrad, um ausreichend viel Antimaterie für eine Anti-Büroklammer zu erhalten.

Die Betonung im letzten Absatz liegt auf dem „und“: „Materie *und* Antimaterie“. Antimaterie entsteht, wenn sich Energie in identische Paare von Materie- und Antimaterie-Teilchen umwandelt. Abbildung 2.15 verdeutlicht die Idee. Damit stoßen wir jedoch auf ein grundlegendes Problem. Wir stellen fest, dass (1) Materie und Antimaterie immer paarweise – ein Antimaterie-Teilchen und sein Materiepartner – erzeugt werden und (2) wir in unserem Universum nur Materie beobachten. Das führt auf die naheliegende Frage: Wo ist die ganze Antimaterie geblieben? Dies ist eines der großen ungelösten Rätsel der Physik.

Einiges ist bekannt darüber, wie das Universum mit Materie und Antimaterie umgeht. Nach unserem heutigen Wissensstand behandeln die starke Kraft und die elektromagnetische Kraft Materie und Antimaterie vollkommen gleich. Das gilt allerdings nicht für die schwache Kraft, wie eine Reihe von Experimenten nach 1956 gezeigt hat.

Bevor ich auf diese Experimente eingehe, sollte ich kurz einige weitere Teilchen einführen. Dieses Buch handelt vom „Large Hadron Collider“, was man mit „Großer Hadronenbeschleuniger“ übersetzen könnte. Doch was ist ein Hadron? Ein

Hadron ist ein Teilchen, das aus Quarks besteht wie Proton und Neutron. Es gibt zwei Arten von Hadronen: Baryonen und Mesonen. Die Baryonen bestehen aus drei Quarks, die Mesonen aus einen Quark und einem Antiquark. Die Mesonen werden nochmals in verschiedene Arten unterteilt, beispielsweise die Pionen (aus einem Up-Quark und einem Down-Antiquark, Symbol π), die neutralen K-Mesonen (entweder aus einem Strange-Quark und einem Down-Antiquark oder aus einem Down-Quark und einem Strange-Antiquark) und die neutralen B-Mesonen (aus einem Bottom-Antiquark und einem Down-Quark oder einem Bottom-Quark und einem Down-Antiquark).

In einem sehr wichtige Experiment konnte im Jahre 1964 nachgewiesen werden, dass es in dem Zerfall der neutralen K-Mesonen (oder Kaonen) eine leichte Asymmetrie gibt. Damit wurde zum ersten Mal deutlich, dass Materie und Antimaterie unter bestimmten Umständen unterschiedlich reagieren können. Spätere Messungen mit Kaonen im Jahre 1999 offenbarten weitere Tatsachen zu dieser Materie-Antimaterie-Asymmetrie. Dies war ein wichtiger Schritt zur Beantwortung der Frage, weshalb wir in einem Universum leben, das hauptsächlich Materie enthält. Andererseits konnte die winzige Bevorzugung der Materie gegenüber der Antimaterie, wie sie in den neutralen Kaonzerfällen beobachtet worden war, noch nicht die ganze Erklärung sein. Aus theoretischen Überlegungen war den Physikern schon länger bekannt, dass die Asymmetrie bei Mesonen mit einem Bottom-Quark größer sein müsste. Eigentlich sollte ich die Geschichte der neutralen Kaonen nicht so oberflächlich behandeln, schließlich handelt es sich um wissenschaftliche Detektivarbeit vom Feinsten. Um jedoch den Umfang dieses Buches in Grenzen zu halten und mich auf den LHC konzentrieren zu können, muss ich mich damit zufriedengeben. Die ausführliche Geschichte lesen Sie in der empfohlenen Literatur.

Im Jahre 1999 begannen zwei Detektoren ihre Arbeit: Belle in Japan und BaBar in Kalifornien. Beide dienten lediglich dem Zweck, sehr große Mengen Mesonen mit Bottom-Quarks herzustellen, wobei die neutralen B-Mesonen von besonderem Interesse waren. Da die Untersuchung von Hadronen mit Bottom-Quarks zu den wichtigen Zielen des LHC gehört, möchte ich die Experimente zu Belle und BaBar kurz skizzieren. Obwohl sich der Erfolg der Wissenschaftler bei Belle und BaBar in Grenzen hielt, konnten beide Experimente im Jahr 2004 von einer sehr deutlichen Bevorzugung von Materie gegenüber Antimaterie beim Zerfall der neutralen B-Mesonen berichten (rund 100 000-mal ausgeprägter als bei den oben erwähnten Zerfällen neutraler Kaonen).

Die Detektoren Belle und BaBar waren speziell für die Untersuchung von Kollisionen von Elektronen und Positronen entworfen wurden. Dabei ging es nicht um beliebige Kollisionen, sondern die Strahlenergien wurden sorgfältig auf die Erzeugung von sogenannten $\Upsilon(4S)$-Mesonen (ausgesprochen „Ypsilon vier S") abgestimmt, die aus einem Bottom-Quark und einem Bottom-Antiquark bestehen. Das $\Upsilon(4S)$ kann in zwei neutrale B-Mesonen zerfallen. Diese Tochterteilchen bezeichnet man als $\overline{B}^0$ (aus einem Down-Antiquark und einem Bottom-Quark) und B^0 (aus einem Bottom-Antiquark und einem Down-Quark). Die Ähnlichkeit mit den neutralen Kaonen ist offensichtlich, wobei nun die Bottom-Quarks die Rolle der Strange-Quarks übernehmen. Abbildung 2.16 kann man entnehmen, wie das $\Upsilon(4S)$ zerfallen kann, wobei man besonders beachte, dass Bottom-Quarks (b) und Bottom-Antiquarks ($\overline{b}$) in gleichen Mengen auftreten.

Zur Untersuchung der Zerfälle der neutralen Mesonen, die jeweils ein Bottom-Quark enthalten, konzentrierte man sich auf einen bestimmten Zerfallsweg, bei dem ein geladenes K-Meson und ein geladenes π-Meson entstehen. Da das B-Meson elektrisch neutral ist, müssen die K- und π-Mesonen jeweils entgegengesetzte Ladungen haben. Zusammenfassend bestehen diese Mesonen aus den folgenden Quarks: K^+ (Up und Anti-Strange),

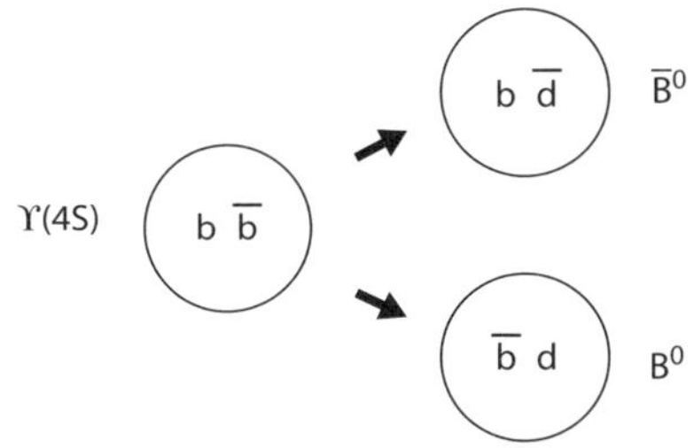

Abb. 2.16 Das Υ(4S)-Teilchen enthält ein Bottom-Quark (b) und ein Bottom-Antiquark $\bar{b}$. Es kann in Paare von Mesonen mit jeweils einem Bottom-Quark zerfallen. Diese Bosonen sind das $\bar{B}^0$, das ein Bottom-Quark und ein Anti-Down-Quark $\bar{d}$ enthält, und das B^0, bei dem Quark und Antiquark vertauscht sind. Dieser Prozess ist für die Untersuchung der Materie-Antimaterie-Asymmetrie besonders interessant.

K^- (Strange und Anti-Up), π^+ (Up und Anti-Down) und π^- (Down und Anti-Up). Sie werden gleich sehen, weshalb ich hier so ins Detail gehe.

Abbildung 2.17 zeigt, wie B^0- und $\bar{B}^0$-Mesonen zerfallen können. Die Details zwischen den Kreisen an den Enden sind nicht so wichtig, aber man beachte, dass ein $K^+\pi^-$-Zerfall nur auf ein B^0 zurückgehen kann, wohingegen ein $K^-\pi^+$-Zerfall von einem $\bar{B}^0$ herrührt.

Nun kommt der wichtige Punkt: Da sowohl B^0 als auch $\bar{B}^0$ in gleichen Mengen erzeugt werden, würde man erwarten, den $K^+\pi^-$-Zerfall und den $K^-\pi^+$-Zerfall gleich häufig zu beobachten. Doch das war weder bei Belle noch bei BaBar der Fall. Beide Detektoren sahen im Vergleich zu K^- nur ungefähr 80 % K^+. Das bedeutet, umgerechnet auf rund 100 Bottom-Quarks wurden nur rund 80 Bottom-Antiquarks beobachtet, also deutlich weniger Antimaterie als Materie.

Diese Ergebnisse zeigen, dass die Untersuchung der Bottom-Quarks etwas Licht auf die Dominanz der Materie in unserem Universum wirft. In Belle und BaBar wurden ungefähr 200 Mio.

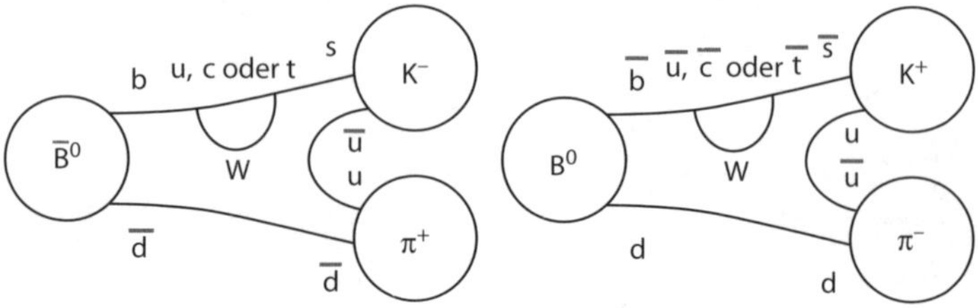

Abb. 2.17 Umwandlung von neutralen B-Mesonen in geladene π- und K-Mesonen. Die Einzelheiten sind für die meisten Leser vermutlich nicht so wichtig, aber es sollte deutlich werden, dass das Vorzeichen des geladenen K-Mesons die Identität des ursprünglichen B-Mesons eindeutig festlegt.

Υ(4S)-Teilchen erzeugt und schließlich einige Tausend geladene K^- und π^--Zerfälle beobachtet. Eine Stichprobe von wenigen Tausend für den gewünschten Zerfall ist nicht viel, was die Bedeutung von größeren Datenmengen unterstreicht. Andererseits ist der hier beschriebene Zerfall nur einer von vielen, die eingehend untersucht wurden. Viele Reaktionen mit Hadronen, die Bottom-Quarks enthalten, können die Situation durchaus verbessern.

Im Vergleich zu den Elektron-Positron-Beschleunigern von Belle und BarBar ist der LHC in mehrfacher Hinsicht eine bessere Quelle für Bottom-Quarks. Die Stärke von Belle und BaBar war die sehr reine Stichprobe von ganz bestimmten Hadronen, die Bottom-Quarks enthalten. Leider lag darin auch gleichzeitig eine Schwäche: Sie konnten im Wesentlichen diese Teilchen herstellen, sonst nichts. Im Gegensatz dazu werden am LHC sehr viele Arten von Quarks umherschwirren. Es gibt viele Hadronen, die Bottom-Quarks enthalten, und daher werden wir umfangreichere Untersuchungen anstellen können. Diese Untersuchungen waren ein wichtiger Punkt bei der Konstruktion des LHC und den Zielen, die wir mit ihm verbinden.

Schwere Ionen

Der Hauptteil der Experimente am LHC werden Kollision von Protonen bei sehr hohen Energien ausmachen. Doch der LHC kann noch mehr. Ungefähr einen Monat pro Jahr wird der LHC auch Kerne von Bleiatomen beschleunigen und aufeinanderschießen. Im Zusammenhang mit solchen Blei-Blei-Kollisionen interessieren uns vollkommen andere physikalische Fragen als bei den Protonenexperimenten. Bei Protonenkollisionen möchte man so viel Energie wie möglich in einem extrem kleinen Punkt konzentrieren wie Druck auf einer Nadelspitze. Bei den Bleikollisionen geht es darum, große Energiemengen auf ein großes Volumen zu verteilen. Dabei können sich völlig andere Phänomene zeigen.

Wie bei allen experimentellen Programmen lassen sich unzählige Fragen stellen, und unzählige verschiedene Messungen an den Bleikernen sind denkbar. Bei Kollisionen von Bleikernen (und aller anderen Schwerionen) sticht jedoch ein Phänomen in seiner Bedeutung besonders hervor: die Beobachtung und Untersuchung einer vollkommen neuen Form von Materie.

Drei (Aggregat-)zustände der Materie sind uns aus dem Alltag bekannt: fest, flüssig und gasförmig. Wenn man darüber nachdenkt, ist es schon erstaunlich, wie ein und dieselbe Substanz derart verschiedene Eigenschaften haben kann. Natürlich ist warme Luft etwas ganz anderes als ein gefrorener Erdklumpen, aber Wasserdampf und Eis – ebenfalls ein Gas und ein kalter Festkörper – sind derselbe Stoff.

Wir nennen diese verschiedenen Zustände der Materie „Phasen". Außer den genannten gibt es weitere, weniger bekannte Phasen. Manche hat man tatsächlich beobachtet, andere vermutet man nur. Allgemein kann man Materie von einer Phase in eine andere überführen, indem man sie erhitzt oder abkühlt (anders ausgedrückt, Energie zu- oder abführt). Überlegen wir uns das am Beispiel von Wasser. Wir beginnen mit einem einfachen Eiswürfel. In einer warmen Umgebung erwärmt er sich zunächst, und bei 0 °C schmilzt er: Bei dieser Temperatur geht Wasser von der festen in die flüssige Form über, es wechselt seine Phase. Bei weiterer Erwärmung wird Wasser irgendwann zu Wasserdampf, also gasförmig. In dieser gasförmigen Phase bewegen sich die einzelnen Wassermoleküle nahezu frei umher und die Wechselwirkungen zwischen ihnen sind schwach. Die Moleküle von flüssigem Wasser hingegen „wissen voneinander". Sonst hätte die Flüssigkeit keine Zähigkeit (Viskosität) oder Oberflächenspannung. Das vollkommen unterschiedliche Verhalten derselben Materie unter verschiedenen äußeren Bedingungen (Temperatur, Energiezufuhr usw.) macht die Untersuchung der Materie besonders spannend.

Gasförmiges Wasser besteht aus einzelnen Molekülen. Wie sehen sie aus? Wassermoleküle sind aus drei Atomen zusammengesetzt, zwei Wasserstoffatomen und einem Sauerstoffatom. Daher lautet die Molekülformel H_2O. In der Gasphase, oberhalb des Siedepunkts der Flüssigkeit (100 °C), verhält sich jedes Molekül nahezu wie ein freies Teilchen.

Bei noch höheren Temperaturen stoßen die Moleküle des Wasserdampfs mit immer größeren Energien gegeneinander. Irgendwann sind diese Stöße derart energiegeladen, dass die Moleküle dabei auseinanderbrechen und die Wasserstoff- und Sauerstoffatome einzeln davonfliegen.

Die Elektronen sind sehr fest an ihre jeweiligen Atomkerne gebunden, doch mit weiter zunehmender Temperatur können die Atomkerne die Elektronen nicht mehr halten; die Elektronen werden aus ihrem atomaren Verband herausgeschlagen. In dieser Phase erhält man eine gasförmige Mischung aus Sauerstoff- und Wasserstoffkernen und freien Elektronen. Das Gemisch als Ganzes ist elektrisch neutral und heißt Plasma. Ein elektrisch erzeugtes Plasma befindet sich beispielsweise in Leuchtstofflampen, zum Beispiel den sogenannten Energiesparlampen.

Erhitzt man dieses Gemisch noch weiter, brechen irgendwann auch die Atomkerne auseinander, sodass Elektronen, Protonen und Neutronen frei umherfliegen. Derart hohe Temperaturen (Energien) lassen sich schon seit vielen Jahren im Labor erreichen.

Nun erinnern wir uns, dass Protonen und Neutronen aus Quarks bestehen. Grob gesagt, kann man sich ein Proton wie eine Tasche vorstellen, in der die drei Quarks fest eingeschlossen sind. Wie schon in Kapitel 1 erwähnt, bezeichnet man diese Gefangenschaft technisch auch als „Confinement"; die Quarks sind in den Protonen oder Neutronen „confined". Die naheliegende Frage ist nun, ob man bei genügend hohen Temperaturen auch die Quarks aus ihren Gefängnissen befreien kann.

Abbildung 2.18 veranschaulicht die Idee. Oberhalb einer bestimmten Temperatur sind die Quarks nicht mehr in ihrem Nukleon (Proton oder Neutron) gefangen. In gewisser Hinsicht gleicht die Situation unserem Glas mit Eiswürfeln (Protonen

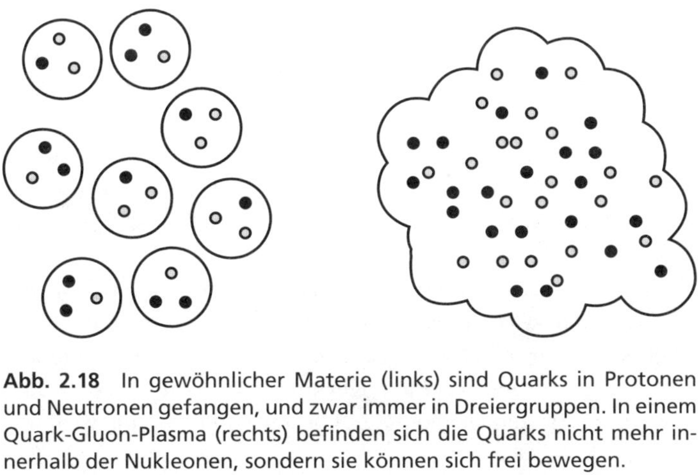

Abb. 2.18 In gewöhnlicher Materie (links) sind Quarks in Protonen und Neutronen gefangen, und zwar immer in Dreiergruppen. In einem Quark-Gluon-Plasma (rechts) befinden sich die Quarks nicht mehr innerhalb der Nukleonen, sondern sie können sich frei bewegen.

und Neutronen): Wenn Wärme (Energie) zugeführt wird, beginnen sie zu schmelzen und werden zu flüssigem Wasser (freien Quarks). Dieser Zustand der Materie wird aus historischen Gründen „Quark-Gluon-Plasma" genannt in Anlehnung an das elektrische Plasma der Leuchtstofflampen.

Der Vergleich mit den Eiswürfeln lässt sich noch fortsetzen. Lange Zeit glaubte man, ein Quark-Gluon-Plasma verhalte sich wie ein superheißes Gas, in dem sich die Quarks praktisch frei bewegen, ohne einander groß wahrzunehmen. Im Jahre 2005 zeigen jedoch Experimente am RHIC (*Relativistic Heavy Ion Collider*, Relativistischer Schwerionenbeschleuniger) auf Long Island, dass bei Zusammenstößen von Goldkernen eine Form von Materie entsteht, die sich eher wie eine Flüssigkeit verhält. Werden Atomkerne auf Temperaturen gebracht, bei denen die Protonen und Neutronen zu „schmelzen" beginnen, verhalten sich die freien Quarks und Gluonen wie eine Flüssigkeit ohne Viskosität.

Viskosität ist eine Eigenschaft von Flüssigkeiten, die man als Zähflüssigkeit im Alltag beobachtet: Wenn Sie mit einem Löffel Ihren Kaffee umrühren und dann den Löffel aus der Tasse ziehen, dreht sich der Wirbel noch eine Weile weiter. Machen Sie jedoch dasselbe mit einem Glas warmen Honig, hört die Bewegung praktisch sofort auf, wenn Sie den Löffel herausnehmen. Honig ist sehr viel zähflüssiger (viskoser) als Wasser. Erstaunlicherweise scheint sich der Materiezustand der freien Quarks wie eine Flüssigkeit mit einer Viskosität von null zu verhalten. Das bedeutet, der Wirbel in einer Tasse würde sich unendlich lange weiterdrehen.

Wie kann man Quarks aus ihren Gefängnissen befreien? Indem man den Atomkern erhitzt, natürlich. Dazu kann man beispielsweise Kerne in kompakten Strahlen aufeinander schießen. Dabei fliegen die einzelnen Kerne meist aneinander vorbei, manchmal streifen sie einander, aber in seltenen Fällen kommt es zu frontalen Zusammenstößen. Dann können die beiden Atomkerne schmelzen, ähnlich wie zwei Gewehrkugeln, wenn es einem gelingt, sie frontal gegeneinander zu schießen. (Falls Sie bezweifeln, dass man durch Zusammenstöße Dinge erwärmen kann, dann hauen Sie mit einem Hammer mehrfach kräftig gegen einen Stein und fühlen Sie anschließend seine Temperatur. Er ist heiß.)

Abbildung 2.19 zeigt, wie ein solcher Zusammenstoß vonstatten geht. In Abbildung 2.19a treffen die beiden Atomkerne mit sehr hoher Energie aufeinander. Obwohl die Atomkerne nahezu kugelförmig sind, erscheinen sie in einem Teilchenbeschleuniger eher wie zwei Pfannkuchen, die mit den Breitseiten aufeinandertreffen. Das hängt mit Einsteins spezieller Relativitätstheorie zusammen, wonach ein sehr schnell bewegter Gegenstand in Richtung seiner Bewegung zusammengestaucht erscheint; senkrecht zu dieser Richtung schrumpft der Gegenstand nicht. Im Falle des kugelförmigen Atomkerns ist das Ergebnis ein Pfannkuchen.

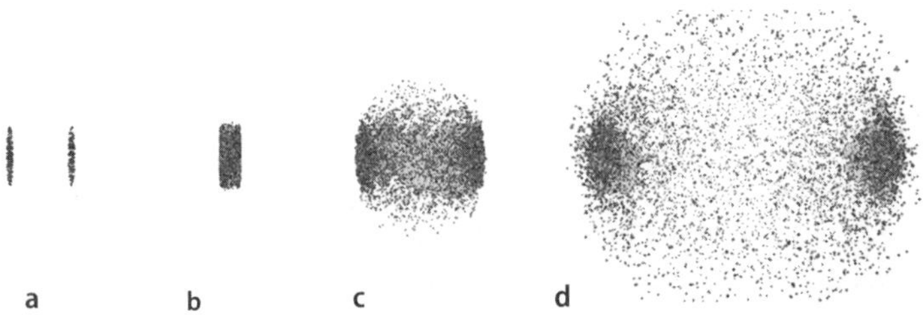

Abb. 2.19 Die verschiedenen Stufen bei der Entstehung eines Quark-Gluon-Plasmas: (a) Zwei Atomkerne nähern sich einander, wobei sie durch relativistische Effekte wie flache Pfannkuchen erscheinen; (b) der eigentliche Zusammenstoß; (c) die Entstehung des Quark-Gluon-Plasmas, nachdem eine Stoßwelle die Kernmaterie aufgeheizt hat; (d) anschließende Ausdehnung und Abkühlung des Feuerballs. (Jeffery T. Mitchell, Brookhaven National Laboratory, Simulation der UrQMD-Collaboration)

In Abbildung 2.19b durchdringen die beiden „Pfannkuchen“ einander, wobei ein Großteil der Energie auf die Atomkerne übertragen wird und sie aufheizt. Unter geeignet eingestellten Bedingungen wird die Kernmaterie so heiß, dass die Quarks freigesetzt werden und ein Quark-Gluon-Plasma entsteht (Abb. 2.19c). Schließlich dehnt sich der Feuerball weiter aus und kühlt ab. Die Quarks verbinden sich wieder zu Protonen, Neutronen oder anderen Hadronen (Abb. 2.19d), und die Kollision ist vorbei.

Eine naheliegende Frage ist nun: Woran erkennt man, ob vorübergehend ein Quark-Gluon-Plasma vorlag? Wie Sie es vom LHC schon gewohnt sind, gibt es wieder viele mögliche Antworten. Wir betrachten nur eine davon, an der aber die wichtigsten Punkte deutlich werden. Diese Technik bezeichnet man als „Jet-Quenching“.

Jet-Quenching ist eine sehr elegante und zugleich leicht nachvollziehbare Idee. Bei unserer Diskussion über den experimentellen Fingerabdruck eines Higgs-Bosons hatten wir weiter oben gesehen, dass sich ein Jet bildet, wenn ein Quark aus einem Proton oder Neutron herausgeschlagen wird. Solche Jets, schrotkugelartige Teilchenschauer, sind das charakteristische Signal für ein Quark, das einem Proton entflieht.

Bei einem Zusammenstoß zwischen schweren Atomkernen (beispielsweise Blei oder Gold) treffen manchmal zwei Quarks aufeinander, ähnlich wie bei den Kollisionen von reinen Protonenstrahlen. Ist der Zusammenstoß heftig genug, um Quarks aus Nukleonen (Protonen oder Neutronen) herauszuschlagen, aber nicht so heftig, dass ein Quark-Gluon-Plasma entsteht, können die gestreuten Quarks dem Feuerball mehr oder weniger unbehelligt entkommen. Sie fliegen an Protonen, Neutronen und den anderen Hadronen in dem Feuerball einfach vorbei, weil diese keine effektive Farbladung tragen (die in Kapitel 1 diskutierte Ladung der starken Kraft). So „spüren“ die Quarks sie überhaupt nicht. Dieses Verhalten ist in Abbildung 2.20 verdeutlicht.

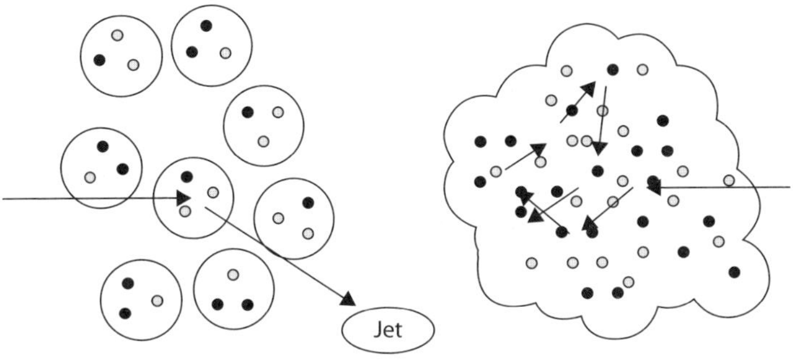

Abb. 2.20 Jet-Quenching. In gewöhnlicher Kernmaterie (links) wird ein Quark gestreut und verlässt anschließend den Stoßbereich in Form eines Jets. In einem Quark-Gluon-Plasma (rechts) stoßen die gestreuten Quarks mit anderen freie Quarks zusammen. Ein solches Quark verlässt den Bereich also nicht mehr so häufig, und man beobachtet weniger Jets.

Ist der Feuerball jedoch heiß genug, dass Protonen und Neutronen zu einem Quark-Gluon-Plasma verschmelzen, treffen die energiereichen, gestreuten Quarks auf ein Gemisch aus freien Quarks, die alle eine Farbladung tragen und mit denen sie heftig zusammenstoßen, sodass viele von ihnen den Feuerball nicht verlassen. Man würde erwarten, bei immer heißeren Zusammenstößen immer weniger hochenergetisch gestreute Quarks zu sehen (und damit auch weniger Jets). Technisch nennt man diesen Energieverlust „Quenching" (etwa Löschung, Abkühlung). Das ist eins der vielen Kennzeichen, nach denen die Physiker Ausschau halten werden.

Was macht die Schwerionenstöße so interessant? Die Physiker glauben, dass dabei Bedingungen entstehen können, wie sie in unserem Universum wenige Augenblicke nach seiner Geburt geherrscht haben. In diesem Buch geht es nicht um Kosmologie, doch kurz gesagt glauben wir, dass unser Universum früher einmal sehr viel kleiner und heißer war. Das ist die

Urknalltheorie. Viele Einzelheiten über das Universum in den ersten Augenblicken nach seiner Entstehung sind unbekannt, und wir sind auf intelligente Spekulationen angewiesen, um eine Ahnung von dem zu erlangen, was damals passiert sein könnte.

Wir denken, dass das Universum in seiner Frühzeit so heiß war, dass die schwache und die elektromagnetische Wechselwirkung in einer Kraft vereinigt waren. Wie es zu der Trennung der Kräfte, zur elektroschwachen Symmetriebrechung, kam (siehe unsere Diskussion am Beginn dieses Kapitels), ist eine der wichtigen Fragen, die am LHC beantwortet werden sollen. Ob nun der Higgs-Mechanismus für diese Symmetriebrechung verantwortlich ist oder ein anderer, wir vermuten, dass sich das Universum ungefähr eine billionstel Sekunde nach dem Urknall weit genug abgekühlt hatte, dass elektromagnetische und schwache Kräfte getrennt waren.

Für den kurzen Augenblick zwischen einer billionstel und einer millionstel Sekunde (10^{-12}–10^{-6} s) gab es im Universum vermutlich nur ein Quark-Gluon-Plasma. Das Universum war derart heiß, dass sich die Quarks (zumindest im Prinzip) von einem Ende des Universums zum anderen bewegen konnten, ohne sich über Protonen oder Neutronen Gedanken machen zu müssen. Dieser kurze Abschnitt in der Geschichte des Universums, den man auch „Quark-Ära“ nennt, soll im Zusammenhang mit den Schwerionenkollisionen untersucht werden.

Im Anschluss nach dieser ersten millionstel Sekunde hatte sich die Materie vermutlich so weit abgekühlt, dass sich Quarks und Gluonen nicht mehr frei bewegen konnten. So wie Wasser bei 0 °C gefriert, gefror auch das Quark-Gluon-Plasma, und die Quarks waren in den frisch entstandenen Protonen und Neutronen gefangen. In der Folgezeit kühlte sich das Universum weiter ab, und irgendwann konnten sich Protonen und Neutronen zu Heliumkernen verbinden (die aus zwei Protonen und zwei Neutronen bestehen). Als die Temperaturen weiter sanken, wurden die Elektronen an die Atomkerne gebunden, und es entstanden Wasserstoff und Helium. Diese Gase wiederum fanden sich langsam zu Sternen und Galaxien zusammen.

Die physikalischen Vorgänge im Zusammenhang mit diesen späteren Phasen der Abkühlung sind vergleichsweise gut verstanden. Mit den Schwerionenkollisionen am LHC will man gezielt den Phasenübergang untersuchen, bei dem die Quarks, die gewöhnlich in Protonen und Neutronen gefangen sind, zu freien Quarks im viskositätsfreien Quark-Gluon-Plasma werden. Vielleicht erreicht der LHC sogar Temperaturen, bei denen ein zweiter Phasenübergang stattfindet und sich das flüssige, viskositätsfreie Quark-Gluon-Plasma in eine Art Gas umwandelt. Wir werden sehen.

Weitere Fragen

Die bisher besprochenen Themen beziehen sich alle mehr oder weniger auf die Grenzen unseres Wissens; das heißt, man hofft, am LHC vollkommen neue und noch nie beobachtete Phänomene zu sehen. Doch neben diesen Exkursionen ins Neuland gibt es natürlich auch Fragen über Dinge, über die wir schon einiges wissen. Die Antworten werden ein Fortschritt sein, indem sie unsere Einsichten erweitern und vertiefen. Tatsächlich werden alle vier großen Detektoren am LHC (ALICE, ATLAS, CMS und LHCb, siehe Kapitel 4) sehr viel Zeit mit solchen Messungen verbringen.

Zwei Phänomene allerdings sollen durch kleine, aber dafür sehr gezielte „eigene" Experimente am LHC untersucht werden. Diese beiden Experimente heißen TOTEM und LHCf (für „LHC forward"). Zwar liegt der Schwerpunkt dieses Buches auf den neuen Horizonten, die der LHC hoffentlich eröffnen wird, aber auch die anderen Messungen sind natürlich interessant. Bei den beiden genannten Spezialexperimenten geht es um die Protonenbeugung (Protonendiffraktion) und die kosmische Strahlung. Beide sollen kurz skizziert werden.

Die Protonenbeugung bekam ihren Namen in Anlehnung an die Optik. Dort bezeichnet man mit Beugung das Phänomen, dass sich Lichtwellen an Hindernissen auch um eine Ecke herum, in den Schatten hinein, ausbreiten können. Beugung kann bei jeder Welle auftreten; wie schon erwähnt, zeigen alle Teilchen auch Welleneigenschaften, und die Protonen am LHC bilden da keine Ausnahme. Daher sollten auch Protonen Beugungseffekte zeigen, wenn sie dicht aneinander vorbeifliegen.

Tatsächlich untersuchen wir diese Art der Wechselwirkung zwischen Protonen schon seit Jahrzehnten, in jüngerer Zeit insbesondere am Tevatron am Fermilab, wo Protonen und Antiprotonen auf einen nicht unerheblichen Bruchteil (14 %) der LHC-Energie beschleunigt werden können. Wenn sich auch der LHC diesem Phänomen widmet, soll damit in erster Linie unser heutiges Verständnis erweitert werden. Es ist nicht zu erwarten, dass wir vollkommen Neues entdecken, obwohl es natürlich immer Überraschungen geben kann. Immerhin befinden wir uns an der Front der Forschung.

Das experimentelle Signal bei diesen Experimenten ist ziemlich eindeutig. Wenn zwei Protonen aufeinanderstoßen, bleibt gewöhnlich eines der Protonen (oder auch beide) unversehrt. Abbildung 2.21 zeigt die verschiedenen Möglichkeiten. Hauptsächlich interessieren wir uns am LHC für solche Stöße, bei denen beide Protonen zertrümmert werden, da hier die meiste Energie übertragen wird; hier erwarten wir neue physikalische Phänomene. Doch die Stöße, bei denen zumindest eines der Protonen unversehrt bleibt, sind weit in der Überzahl. Ihnen wird sich das TOTEM-Experiment widmen, und zwar bei den hohen Energien, die nur der LHC bieten kann.

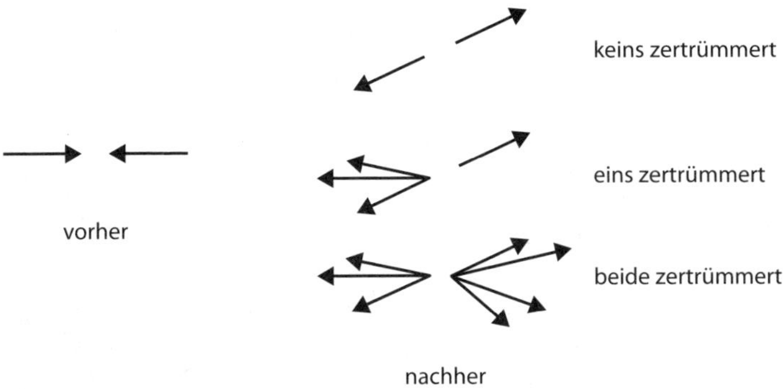

Abb. 2.21 Wenn Protonen zusammenstoßen, können beide, eins oder auch keins von ihnen zertrümmert werden.

Kosmische Strahlung

Als kosmische Strahlung werden Teilchenströme zusammengefasst, die aus dem Weltraum auf die Erde treffen. Sie wurde vor über einem Jahrhundert entdeckt, als die Physiker unter anderem am Eiffelturm, aber auch mithilfe der damals gerade erfundenen Heißluftballons zeigen konnten, dass die Luft in großen Höhen eine größere Leitfähigkeit besitzt als am Boden.

In den letzten hundert Jahren haben wir sehr viel über die kosmische Strahlung gelernt. Wir wissen heute, dass energiereiche Teilchen, hauptsächlich Protonen, aus dem Weltraum auf die Erdatmosphäre treffen und weit oberhalb der Erdoberfläche mit Luftmolekülen zusammenstoßen (Abb. 2.22). Die interessanteste Form der kosmischen Strahlung besitzt weit mehr Energie, als wir mit irgendeinem Teilchenbeschleuniger auf der Erde erreichen können. Um Ihnen eine Vorstellung von den Größenordnungen zu vermitteln: Die energiereichste kosmische Strahlung hat rund 100 000 000-mal mehr Energie als die Teilchen am LHC.

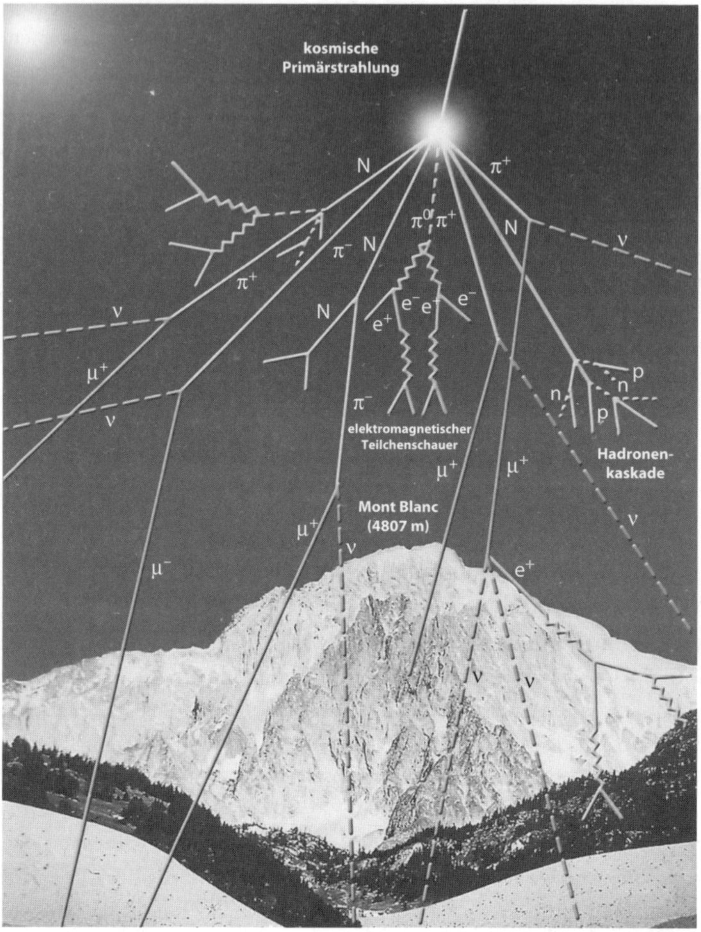

Abb. 2.22 Protonen aus dem Weltraum treffen auf Moleküle der Luft. Das Ergebnis ist ein Teilchenschauer (bezeichnet mit griechischen und lateinischen Buchstaben), der durch die Atmosphäre auf die Erdoberfläche trifft. (CERN)

Es ist nicht leicht, die kosmische Strahlung zu untersuchen. Im Gegensatz zu einem Experiment an einem Teilchenbeschleuniger hat man gewöhnlich nur sehr wenig Information über die Anfangsbedingungen. Man kann weder die Energie noch die Identität der Teilchen aus dem Weltraum vor den Zusammenstößen ermitteln. Man kann keine Instrumente an der Stelle in der Atmosphäre aufstellen, wo ein Teilchen auf ein Luftmolekül trifft. Man kann auch nicht genau verfolgen, wie die Zerfallsprodukte dieser Zusammenstöße durch die Atmosphäre fliegen. Alles, was man tun kann, ist einen Detektor auf Meereshöhe (also rund 20 bis 30 km von der Kollisionsposition entfernt) aufzustellen. Aus dieser dürftigen Information versucht man zurückzurechnen, welche Energie das Teilchen aus dem Weltraum hatte und sogar, aus welcher Richtung es kam.

Abbildung 2.23 skizziert die Herausforderungen, denen sich der Experimentalphysiker bei der kosmischen Strahlung gegenübersieht. Drei gleichartige kosmische Strahlen treffen in unterschiedlichen Höhen und unter verschiedenen Winkeln auf die Atmosphäre. Die Dichte der Teilchen in dem Schauer aus der kosmischen Strahlung ist in der Nähe des Aufprallpunkts am höchsten und nimmt rasch ab, wenn die Teilchen in der Atmosphäre abgebremst werden. Dieser Teilchenverlust wird durch die Helligkeit des Kegels angedeutet. Die einzigen Messungen erfolgen innerhalb der Ellipse am Boden. Diese Abbildung macht deutlich, dass sich drei gleichartige Schauer in den Detektoren am Boden in völlig verschiedener Weise bemerkbar machen können.

Um aus einer einzigen Messung die Energie der besonders energiereichen kosmischen Strahlung bestimmen zu können, müssen einige Dinge zusammenkommen. Erstens benötigt man einen großen Detektor, denn ein großer Schauer kann sich in Bodennähe über eine sehr große Fläche erstrecken. In der Wüste Argentiniens überdeckt das Auger-Observatorium eine Fläche von 2500 km^2, also eine Fläche von der Größe des Saarlands.

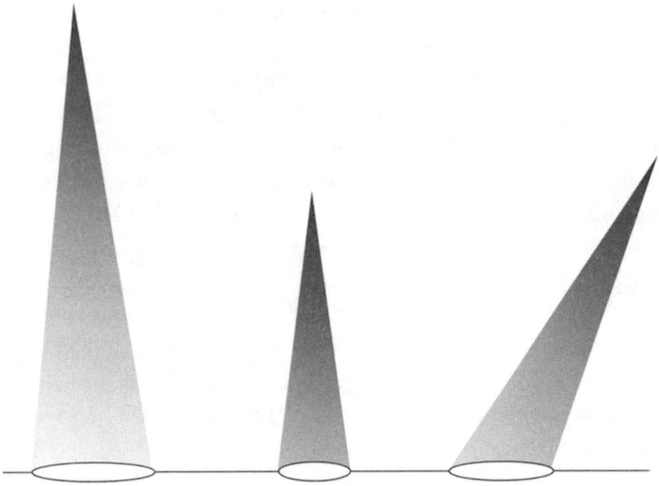

Abb. 2.23 Drei gleichartige kosmische Strahlen, die aus unterschiedlichen Richtungen und in verschiedenen Höhen auf ein Teilchen der Atmosphäre treffen. Die Intensität der grauen Schattierung oberhalb der Ellipse deutet an, wie viel wir von dem Teilchenschauer auf der Erdoberfläche beobachten. Dieses Bild verdeutlicht, dass man eigentlich mehr über die Höhe, den Winkel und weitere Details der kosmischen Teilchenschauer wissen müsste.

Zweitens benötigt man Verfahren, um sowohl die Richtung als auch die Höhe des Startpunkts des Schauers bestimmen zu können. Das erreicht man gewöhnlich durch sehr präzise Messung der Zeitpunkte, zu denen die Teilchen des Schauers den Boden erreichen. Es gibt aber auch noch andere Methoden.

Drittens, und hier kommt der LHC ins Spiel, muss man sehr genau verstehen, was passiert, wenn ein energiereiches Proton auf ein anderes Proton trifft. Ohne eine gute Theorie solcher Prozesse kommt man kaum über reine Vermutungen hinaus. Eines der Probleme ist, dass wir bisher noch keine guten experimentellen Bestätigungen unserer Vorhersagen haben, wie derart hochenergetische Protonen mit Materie interagieren. Mit dem LHC können wir unsere Theorien in Bereichen testen, die uns bisher noch nicht zugänglich waren. Auch wenn dies nicht das Hauptziel des LHC ist, werden uns die Experimente am LHCf in dieser Hinsicht ein großes Stück weiter bringen.

Wir haben in diesem Kapitel nur einen Bruchteil der Fragen angesprochen, die von den verschiedenen Detektoren um den LHC erkundet werden sollen. Das Higgs-Boson, die Supersymmetrie und die Quarkstruktur sind nur einige Hauptthemen. Rund 8000 Experimentalphysiker sind an diesen Projekten beteiligt. Da darf man durchaus erwarten, dass uns dieses Unternehmen eine beachtliche Menge an wertvollen wissenschaftlichen Ergebnissen bringen wird.

Was wird die nächste große Entdeckung sein? Ich weiß es nicht – vielleicht etwas, was ich in diesem Kapitel erwähnt habe, vielleicht aber auch etwas vollkommen Unerwartetes, eine große Überraschung. Wir werden sehen.

All diese faszinierenden physikalischen Theorien mögen interessant sein, doch nur das Experiment kann uns sagen, welche Theorie die richtige ist. In den nächsten zwei Kapiteln erfahren Sie mehr über die Ausrüstung, sowohl den Beschleuniger selbst als auch die Detektoren, mit denen wir in das aufregende und spannende Neuland der Wissenschaft vordringen werden.

3

Wie wir es machen

Der Large Hadron Collider

Forschung heißt, in Gassen zu laufen, um zu sehen, ob es Sackgassen sind.
Marston Bates

Die drängenden Fragen der modernen Physik in verständlicher Form zu beschreiben, ist sicherlich ein ehrenwertes Ziel. Wenn man jedoch die Apparaturen nicht kennt, mit denen wir diese Fragen angehen wollen, kann man kaum erahnen, welche Anstrengungen hinter dieser Suche stecken. Dieses Kapitel konzentriert sich auf den eigentlichen Teilchenbeschleuniger, den Large Hadron Collider. Mit ihm wollen wir in unbekanntes Terrain vorstoßen. Der LHC ist ein außerordentlich kompliziertes Gerät. Er hat einen Umfang von 27 km und umfasst 1232 Dipolmagneten, in denen 6900 km Kabel verbaut wurden. Damit könnte man eine Verbindung von München nach Detroit schaffen. Bevor wir auf die Besonderheiten des LHC eingehen, wollen wir uns mit einigen der physikalischen Prinzipien und technischen Ideen auseinandersetzen, auf denen ein moderner Teilchenbeschleuniger oder Speicherring beruht. Im ersten Teil dieses Kapitels behandeln wir die physikalischen Grundlagen, die bei einem modernen Speicherring Anwendung finden, und im zweiten Teil konzentrieren wir uns auf die Besonderheiten am LHC.

Die grundlegende Idee ist folgende: Die Protonen einer Protonenquelle sollen auf die unvorstellbare Geschwindigkeit von

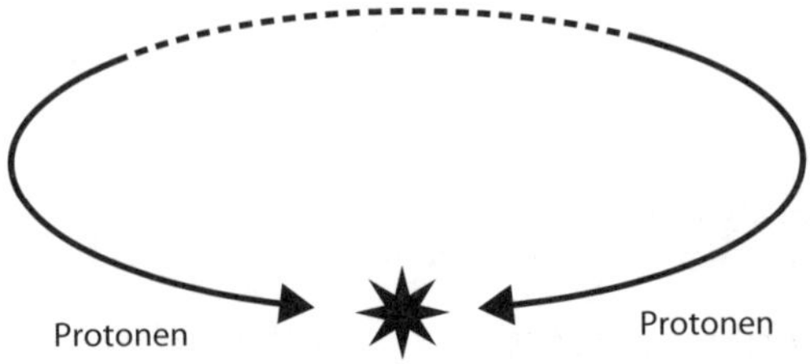

Abb. 3.1 In modernen Speicherringen werden die Teilchen auf gegenläufige Kreisbahnen gelenkt. Wenn diese Teilchenstrahlen (am LHC handelt es sich um Protonen) frontal aufeinandertreffen, entstehen die heftigsten Zusammenstöße, die an einem solchen Beschleuniger möglich sind, und die Wissenschaftler können die interessantesten physikalischen Prozesse untersuchen.

über einer Milliarde Stundenkilometer beschleunigt werden – anders gesagt, auf ungefähr 99,999 999 % der Lichtgeschwindigkeit. Dann wollen wir aus diesen Protonen einen Strahl erzeugen, der kaum breiter ist als ein menschliches Haar, und diesen Strahl wollen wir für rund einen Tag auf einer Kreisbahn halten (Abb. 3.1). In dieser Zeit wird jedes Proton des Strahls eine Strecke von 26 Milliarden Kilometern zurücklegen.

Dieses Vorhaben klingt bereits sehr entmutigend, doch es kommt noch schlimmer: Wir wollen zwei solcher Strahlen erzeugen, die zu bestimmten Zeiten und an ganz bestimmten Orten in dem Speicherring frontal zusammenstoßen sollen. Dabei soll das alles natürlich sehr einfach sein, in einem vertretbaren Kostenrahmen bleiben und schnell zur Verfügung stehen. Ich weiß nicht, wie es Ihnen ergeht, aber für mich klingt das Ganze sehr nahe am Unmöglichen. Und doch wird derzeit am CERN genau das in die Tat umgesetzt. Wenn Sie davon nicht beeindruckt sind, dann haben Sie das Ausmaß dieser Herkulesaufgabe nicht erfasst. Im Vergleich dazu war das Ausmisten des Augiasstalls ein Kinderspiel.

Die Beschleunigung

Fangen wir am Anfang an. Stellen Sie sich vor, Sie hätten einen Haufen Protonen, denen Sie eine möglichst hohe Geschwindigkeit verleihen wollen. Was tun? Eine Schleuder, ein guter Baseballspieler? Obelix, nachdem er ausnahmsweise Zaubertrank trinken durfte? All diese Vorschläge mögen ihre Reize haben, doch für die Realität müssen wir uns etwas Praktikableres einfallen lassen.

Wenn Sie einen ruhenden Gegenstand in Bewegung versetzen möchten, benötigen Sie eine Kraft. Im ersten Kapitel haben wir die vier Grundkräfte angesprochen. Nach der Stärke (von oben nach unten) geordnet sind dies die starke Kraft, die elektromagnetische Kraft, die schwache Kraft und die Gravitation. Jede dieser Kräfte wirkt unter bestimmten Voraussetzungen. Die starke Kraft etwa wirkt nur auf Teilchen mit einer Farbladung; da das Proton insgesamt farbneutral ist, können wir die starke Kraft für unseren Zweck vergessen. Die schwache Kraft macht ihrem Namen alle Ehre – sie ist wirklich schwach und wirkt nur über sehr kurze Reichweiten, womit sie ebenfalls wegfällt. Die elektromagnetische Kraft wirkt auf Teilchen mit einer elektrischen Ladung. Gut, das Proton ist elektrisch geladen. Die Gravitation schließlich wirkt besonders stark auf massive Teilchen, und Protonen besitzen eine (im Teilchenzoo) vergleichsweise große Masse. Außerdem hat die Gravitation eine große Reichweite, was uns auch gefällt. Leider haben wir jedoch bereits im ersten Kapitel bemerkt, dass die Gravitation derart schwach ist, dass sie zur Beschleunigung von Protonen kaum geeignet ist. Es verbleibt also die elektromagnetische Wechselwirkung. Speziell elektrische Felder eignen sich gut, um Protonen in Bewegung zu setzen.

Wie das geht, ist leicht erklärt. Denken Sie zunächst an einen Tennisball; wenn Sie ihn loslassen, wirkt auf seine Masse die Gravitation, und er fällt zu Boden (Abb. 3.2). Technisch nennen

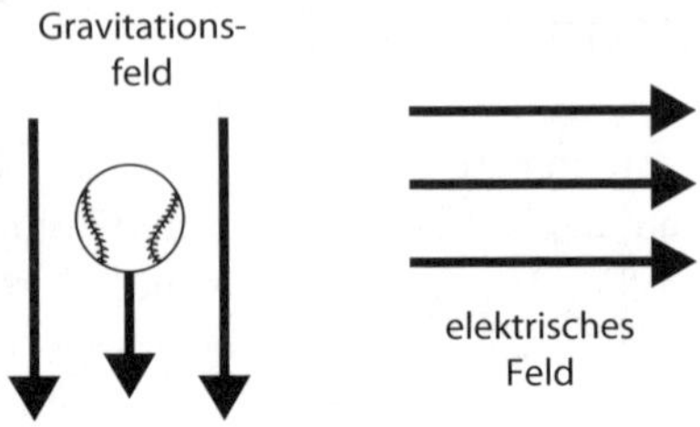

Abb. 3.2 Die Schwerkraft beschleunigt einen Tennisball nach unten. Demgegenüber kann ein elektrisches Feld ein geladenes Teilchen in jede gewünschte Richtung beschleunigen. Das liegt daran, dass wir die Richtung des elektrischen Feldes beliebig verändern können.

wir die Schwerkraft ein „Gravitationsfeld", um damit anzudeuten, dass sich ihre Wirkung über einen großen Bereich erstreckt.

In ähnlicher Weise reagiert die elektrische Ladung des Protons auf ein elektrisches Feld, und das Proton wird in Bewegung gesetzt. Einem elektrischen Feld können wir sogar jede gewünschte Richtung geben. Wir können also dafür sorgen, dass das Proton durch unseren Beschleuniger getrieben wird. Abbildung 3.2 verdeutlicht diese grundlegenden Punkte.

Wie erzeugen wir ein elektrisches Feld? Es gibt viele Möglichkeiten, allerdings eigenen sich nicht alle für einen Teilchenbeschleuniger. Um eine Idee zu bekommen, reiben Sie einen Luftballon an Ihrem Pullover und halten Sie ihn dann dicht über Ihren Arm. Die Härchen stellen sich auf, weil sie von dem elektrischen Feld des Ballons angezogen werden. Dieses Experiment funktioniert am besten an kühlen, trockenen Tagen.

Für einen Teilchenbeschleuniger erzeugt man ein elektrisches Feld am einfachsten, indem man zwei Metallplatten über Drähte mit einer Batterie verbindet (Abb. 3.3). Zwischen den beiden Platten entsteht ein elektrisches Feld – ein ganz einfacher Teilchenbeschleuniger.

Eine gewöhnliche 1,5-Volt-Monozelle erzeugt kein sehr starkes Feld, und entsprechend würde Ihr Proton nicht besonders

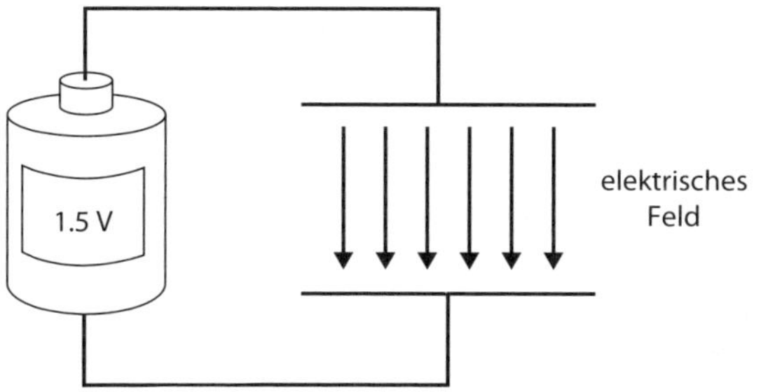

Abb. 3.3 Mit zwei parallelen Metallplatten, zwei Drähten und einer Batterie lässt sich leicht ein elektrisches Feld erzeugen.

schnell. Da wir es aber auf extreme Geschwindigkeiten abgesehen haben, müssen wir das technische Problem irgendwie lösen. Dazu gibt es zwei naheliegende Möglichkeiten. Erstens können wir einfach eine stärkere Batterie nehmen. Auf diesem Prinzip beruhten die alten Fernseher (auf denen die meisten meiner Generation die ersten Folgen von *Raumschiff Enterprise* oder *Gilligans Insel* gesehen haben) mit Bildröhren, die mit einer Spannung von über 10 000 V betrieben wurden.

Zweitens könnten wir wie in Abbildung 3.3 mehrere Beschleunigereinheiten hintereinanderschalten. Die erste Einheit würde das Teilchen auf eine geringe Geschwindigkeit bringen, die zweite auf eine etwas höhere Geschwindigkeit, die dritte noch mehr. Betrachten wir nochmals die Analogie zur Schwerkraft, so könnte beispielsweise das einzelne Beschleunigerteil in Abbildung 3.3 dieselbe Wirkung haben wie ein freier Fall einer Kugel aus einem Meter Höhe. Zwei solche Teile hätten dann dieselbe Wirkung wie ein Fall aus zwei Metern Höhe, und so weiter.

In modernen Teilchenbeschleunigern verwendet man beide Verfahren. Als dieses Buch in Druck ging (2011), konnte man technisch Felder erzeugen, deren Stärke einem Feld zwischen zwei Platten in einem Meter Abstand bei einer angelegten

Spannung von 50 000 000 V entspricht. Die Protonen sollen jedoch auf eine ganz bestimmte Energie beschleunigt werden. Daher müssen wir zunächst klären, wie die angelegte Spannung und die Energie eines Protons zusammenhängen. Bei Teilchenbeschleunigern verwendet man hier eine sehr bequeme Einheit. Statt mit Kilowattstunden, die Sie von den Stromrechnungen kennen, oder Joule wie im Physikunterricht, rechnet man in der Teilchenphysik mit *Elektronvolt* (kurz eV, gesprochen e-vau). Ein Elektronvolt ist die Bewegungsenergie eines Elektrons (oder Protons), nachdem es durch eine 1-Volt-Batterie beschleunigt wurde. Die Elektronen in den alten Fernsehern mit ihren rund 10 000 Volt Betriebsspannung wurden somit auf 10 000 eV beschleunigt. Der LHC, der schließlich einmal eine Strahlenergie von $7 \cdot 10^{12}$ eV (7 000 000 000 000 eV) haben soll, würde also Batterien mit einer Gesamtspannung von $7 \cdot 10^{12}$ Volt benötigen. Überlegen wir uns einmal, welche Länge ein einfacher Beschleuniger haben müsste. Nehmen wir beispielsweise die oben erwähnte, heute mögliche Beschleunigungsspannung von 50 Mio. Volt pro Meter, dann benötigten wir eine Batteriereihe von mehr als 140 km Länge. Technisch könnte man das realisieren, indem man 140 000 Module aus je zwei Platten und einer Batterie hintereinanderschaltet.

Good Vibrations

Alles, was ich Ihnen bisher über ein elektrisches Feld und seine Rolle bei der Beschleunigung eines Teilchens erzählt habe, ist richtig, wichtig und hoffentlich auch interessant. Ich habe nur eine Kleinigkeit vergessen. Die elektrischen Felder in einem Beschleuniger werden nicht durch Platten-Batterie-Module erzeugt. Das wäre theoretisch zwar machbar, aber es gibt einen einfacheren Weg zur Erzeugung starker elektrischer Felder. Zum besseren Verständnis machen wir einen kleinen intellektuellen Abstecher in die ländlichen Teile Amerikas und besuchen die alte Country-Jugband von meinem Onkel Eddy.

Zur Erklärung für alle, die nicht in Amerika auf dem Land aufgewachsen sind: Eine Country-Jugband ist die traditionelle Art, Country-Musik zu machen. In einer solchen Band gibt es verschiedene selbstgemachte Instrumente: ein Waschbrett, eine Maultrommel und eine phantasievolle Vorrichtung aus einer metallenen Badewanne, einem dicken Besenstiel und einer Schnur. Das für unsere Zwecke wichtigste Mitglied dieser Band ist jener, der über den Rand einer großen bauchigen Schnapsflasche bläst. Wenn er mit genau der richtigen Intensität bläst, hört man aus dem Bauch der Flasche einen tiefen Klang. Bläst er zu fest oder zu schwach, hört man nur das „Wind"geräusch. Der von dem Flaschenbauch ausgehende Klang ist wesentlich lauter als das Geräusch, das der Bläser selbst macht. Blasen Sie einmal über die Öffnung einer leeren Bierflasche, dann hören Sie es selbst.

Für den Teilchenbeschleuniger ist diese bauchige Flasche in der Jugband von Bedeutung, weil man mit einem ähnlichen Prinzip auch elektrische Felder erzeugen kann. Wenn man einen hohlen Metallbehälter von der richtigen Form (die technische Bezeichnung lautet Hohlraumresonator) mit Radiowellen „überbläst", erhält man sehr starke elektrische Felder. Der genaue Mechanismus ist etwas kompliziert, doch im Wesentlichen handelt es sich um dasselbe Prinzip wie bei der Schnapsflasche in der Band von meinem Onkel Eddy. Da man den metallischen Hohlraum mit Radiowellen „anbläst", nennt man das Ganze RF-Resonator (RF für Radiofrequenz).

Die passgenaue Konstruktion eines Hohlraumresonators für ein sehr starkes elektrisches Feld ist eine Kunst. Natürlich möchte man gerne in einem möglichst kleinen Volumen ein möglichst intensives Feld erzeugen. So wie die Mechaniker der Autorennställe jeden Trick ausnutzen, um die Höchstgeschwindigkeit der Wagen noch um einen Stundenkilometer zu steigern

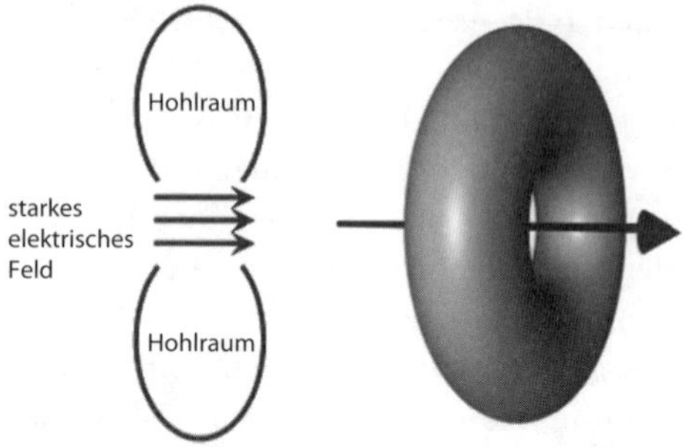

Abb. 3.4 Radiofrequenzbeschleuniger sind sehr elegante einfache Bauteile. (links) Ein zweidimensionaler Schnitt durch die vereinfachte Geometrie eines solchen Beschleunigerresonators, wobei sich das starke elektrische Feld in der Mitte der ringförmigen Struktur befindet; (rechts) eine dreidimensionale Darstellung des Hohlraumresonators.

oder die Kurvenlage um eine Winzigkeit zu verbessern, nutzen auch die Beschleunigerphysiker jeden technischen Trick, um den möglichst perfekten Hohlraum für das stärkste elektrische Feld zu erhalten.

Zum Glück brauchen Sie all diese Einzelheiten nicht zu kennen. Manche dieser Hohlräume haben die Form eines großen Donuts (Abb. 3.4). Die Radiowellen werden von der Seite in das Donut gelenkt, und die starken elektrischen Felder befinden sich dann im Mittelloch. Das passt gut, denn wir können unsere Teilchen durch die Mitte der Donuts lenken, wo das elektrische Feld am stärksten ist.

Dieser kleine Umweg zur Erzeugung elektrischer Felder erscheint Ihnen vielleicht etwas übertrieben, denn gewöhnlich würde man solche technischen Details in einem Buch dieser Art nicht erwähnen, doch dieser Umweg bringt uns zu einem Punkt, auf den wir noch zurückkommen werden.

Ein Klang ist eine Schwingung. Wenn Sie sich in der Nähe einer Orgelpfeife befinden (im Wesentlichen eine ausgefeilte Version der Schnapsflasche), können Sie diese Schwingungen bei tiefen Tönen tatsächlich fühlen. Auch bei den Radiowellen, mit denen die Hohlräume in den Beschleunigern angeregt werden, handelt es sich um Schwingungen (deshalb das „F" für „Frequenz" in RF). Das ist der Grund für unseren kleinen Umweg: Die elektrischen Felder in einem Teilchenbeschleuniger schwingen.

Achten Sie darauf, dass sich diese Situation etwas von dem einfachen elektrischen Feld (mit der Analogie zur Schwerkraft) unterscheidet, mit der wir ursprünglich begonnen hatten. Die Schwerkraft ist eine konstante Kraft, doch das elektrische Feld in einem Teilchenbeschleuniger ändert sich ständig. Es hat ein Maximum, wird null und kehrt sogar seine Richtung um (was wir hier außer Acht lassen werden, um die Sache nicht unnötig zu komplizieren). Deshalb müssen wir den Augenblick, in dem der Strahl durch das elektrische Feld tritt, sehr sorgfältig abpassen. Der Strahl sollte genau dann durch das Feld gehen, wenn es am stärksten ist, denn dann wird das geladene Teilchen am meisten beschleunigt. Aus diesem Grunde treten die geladenen Teilchen auch nur zu bestimmten Augenblicken durch das elektrische Feld.

Wir können uns diese Zusammenhänge folgendermaßen verdeutlichen (Abb. 3.5): Beobachten Sie einmal eine Surferin, wie sie plötzlich an Fahrt gewinnt. Sie werden feststellen, dass sie sich immer an einem bestimmten Punkt auf der Welle befindet, der etwas vor der Wellenspitze liegt. Das ist der optimale Punkt, an dem sie den größten Schub erfährt. Auf der Rückseite des Wellenbergs würde sich die Surferin überhaupt nicht bewegen, ebenso wenig unten im Wellental.

Diese einfache Beobachtung hat weitreichende Folgen. Angenommen, an einem Strand tummeln sich mehrere gute Surfer, die möglichst jede Welle ausnutzen wollen. Wenn mehrere Wellen vorbeikommen, schnappt sich jeder Surfer eine. Zwei Surfer kommen sich also nie näher als eine Wellenlänge. Ähnlich ist es bei den Teilchen: Die beschleunigten Teilchen, die

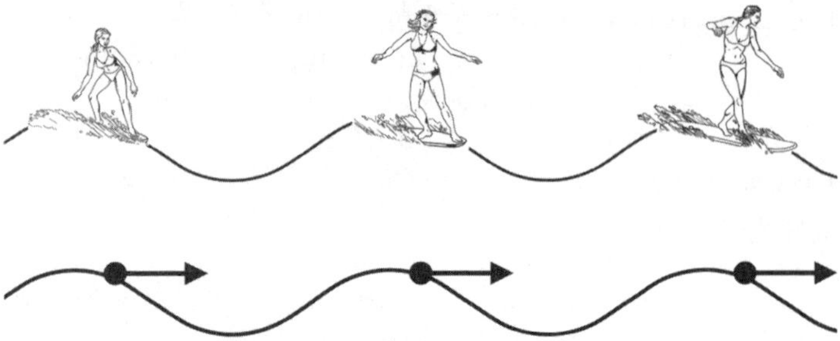

Abb. 3.5 Wenn man zur Beschleunigung von Teilchen schwingende elektrische Felder in Form von Radiowellen verwendet, beeinflusst dies die Form des Teilchenstrahls. So wie Surfer (oben) nur einen bestimmten Teil der Welle ausnützen können, können auch Teilchen (unten) nur durch einen bestimmten Teil des oszillierenden elektrischen Feldes beschleunigt werden. (Surfer: Zeichnung von Dan Claes)

auf einer Welle „reiten", sind von denen in einer Nachbarwelle getrennt. Der genaue Abstand hängt von der Art des Beschleunigers ab, doch beim LHC surfen die Teilchen auf Wellen mit einem Mindestabstand von 7,8 m. Allerdings müssen die Teilchen natürlich nicht auf *jeder* Welle reiten (beim Beschleuniger meines Laboratoriums werden die Teilchen nur in ungefähr jede zwanzigste Welle eingespeist). Wichtig ist aber, dass sie sich nicht näher kommen können als eine Wellenlänge. In Abbildung 3.5 erkennen Sie die räumliche Verteilung von Surfern und Teilchen.

Wir beenden nun unseren Abstecher und kommen wieder auf die Länge eines Beschleunigers zu sprechen. Wie erwähnt müsste ein Beschleuniger mit den Eigenschaften des LHC über 140 km lang sein. Das wäre eine besondere Herausforderung, insbesondere die Kosten: Wenn Sie die Länge eines Beschleunigers verdoppeln, verdoppeln Sie grob gerechnet auch seinen Preis. Es werden also alle Tricks ausgenutzt, mit denen man die Länge eines Beschleunigers beschränken kann (zumindest, solange der zusätzliche technische Aufwand nicht noch mehr kostet).

Immer im Kreis herum

In den 1940ern hatten die Wissenschaftler zu diesem Thema eine gute Idee. Sie bestand darin, einfach immer wieder denselben Beschleuniger zu benutzen. Eigentlich grenzt das an Zauberei. Stellen Sie sich vor, Sie könnten einen Ball aus einer Höhe von drei Metern fallen lassen, und wenn der Ball am Boden angelangt ist, befördern Sie ihn – Abrakadabra – unmittelbar wieder auf drei Meter Höhe, allerdings nun mit der Geschwindigkeit, die er am Boden bereits hatte. Wenn es Ihnen gelingt, diesen Trick zehnmal hintereinander zu wiederholen, könnten Sie einen Ball von einem drei Meter hohen Klettergerüst auf eine Geschwindigkeit bringen, die ohne Zauberei einen Turm von 30 m Höhe verlangen würde.

Gewöhnlich verlässt man sich im Physiklabor nicht gern auf Zauberei, denn Hasenfelle und Taubenfedern könnten höchstens Schaden anrichten. Zur Lösung dieses besonderen Problems kam man auf einen eher technischen Trick, das Synchrotron. (Vorläufertechnologien seit den 1930er-Jahren funktionieren ganz ähnlich.) Das Prinzip eines Synchrotrons lässt sich gut anhand eines Tetherballs erläutern.

Ein Tetherball hängt an einem Seil (Abb. 3.6), dessen anderes Ende an der Spitze einer Stange befestigt ist, die wiederum gut im Boden verankert sein muss. Wenn eine Person den Ball anschlägt, führt das Seil den Ball auf einer Kreisbahn um die Stange herum. Nachdem der Ball einmal herumgeflogen ist, kann die Person ihn durch einen erneuten Schlag weiter antreiben. Der Ball ist nun schneller und bewegt ein zweites Mal um die Stange herum. Wenn das Seil an der Stangenspitze so befestigt ist, dass es sich nicht um die Stange wickelt, können Sie den Ball im Prinzip sehr

Abb. 3.6 An einem Tetherball lassen sich einige besonders wichtige Eigenschaften eines Synchrotrons erläutern. Eine Person, die an ihrem Platz bleibt, beschleunigt den Ball durch einen Schlag (links). Das Seil führt den Ball wieder zu der Person zurück, die darauf den Ball durch einen erneuten Schlag weiter antreiben kann. Dieses Prinzip liegt einem Synchrotron zugrunde, bei dem es ein einziges beschleunigendes elektrisches Feld gibt, sowie Magnete, mit denen die Teilchen auf Kreisbahnen gehalten werden. (Zeichnung: Dan Claes)

schnell rotieren lassen, indem Sie Ihre Schläge mit der Kreisbahn des Balles synchronisieren (daher der Name Synchrotron).

In einem Teilchensynchrotron „schlägt" das elektrische Feld das Proton. Dem Seil des Tetherballs hingegen entsprechen Magnetfelder. Elektrische und magnetische Felder sind zwei Seiten einer Medaille, des Elektromagnetismus (siehe Kapitel 1); in der Technik finden Sie aber unterschiedliche Anwendungen.

Magnetfelder eignen sich für ein Synchrotron besonders gut, weil sich geladene Teilchen, wie beispielsweise Protonen, in einem Magnetfeld auf einer Kreisbahn bewegen. Abbildung 3.7

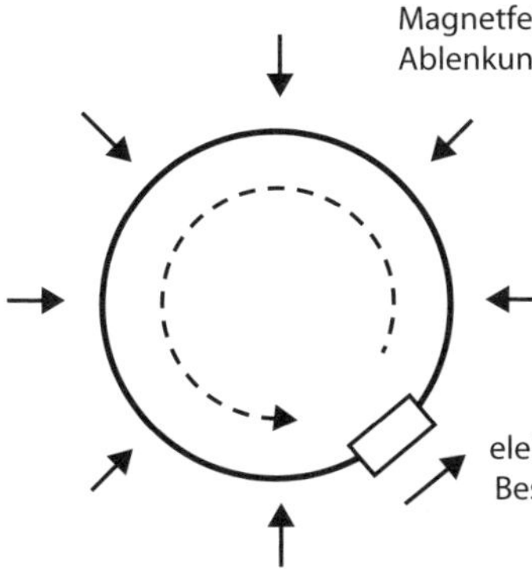

Abb. 3.7 Schema eines Synchrotrons. Ein elektrisches Feld beschleunigt die geladenen Teilchen. Magnete leiten die Teilchen auf einer Kreisbahn (durchgezogene Linie) wieder zum elektrischen Feld zurück, wo eine weitere Beschleunigung erfolgt. Der gestrichelte Pfeil gibt die Richtung der Teilchenbahnen an. Am LHC gibt es im Prinzip zwei Beschleuniger, die jeweils einen Teilchenstrahl erzeugen; diese Strahlen haben entgegengesetzte Umlaufrichtungen.

zeigt schematisch ein modernes Synchrotron. Über einen kurzen Abstand hinweg werden die Teilchen in einem elektrischen Feld beschleunigt und anschließend durch Magnetfelder auf einer Kreisbahn gehalten, auf der sie für eine erneute Beschleunigung wieder in den Bereich des elektrischen Feldes gelangen.

Elektromagnete

Wenn ich sage, die Teilchen in unseren Beschleunigern werden durch Magnete auf Kreisbahnen gehalten, haben die Leute oft unterschiedliche Vorstellungen von den Magneten, um die es hier geht. Einige denken dabei an die Magnete an ihrer Kühlschranktür, andere an die Hufeisenmagnete aus dem Physikunterricht. Natürlich erzeugen all diese Magnete auch Magnetfelder, aber in

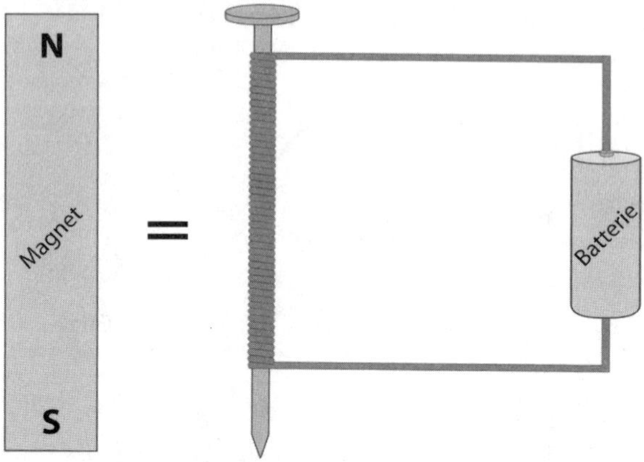

Abb. 3.8 Wickelt man einen einfachen Draht um einen Nagel und verbindet die Drahtenden mit einer Batterie, erhält man einen Elektromagneten, also einen Magneten, dessen Magnetfeld durch Elektrizität erzeugt wird. Der Nagel ist nicht notwendig, aber er verstärkt das Magnetfeld. (Zeichnung: Barry Panas)

Teilchenbeschleunigern kommt eine anspruchsvollere Variante zum Einsatz: Elektromagnete. Wie der Name sagt, werden die Magnetfelder in diesem Fall durch Elektrizität erzeugt.

Einen sehr einfachen Elektromagneten erhält man, indem man einen Draht mehrmals um ein Stück Eisen windet (Abb. 3.8) und dann die Drahtenden mit einer Batterie verbindet. Der elektrische Strom fließt durch den Draht und erzeugt dabei ein Magnetfeld. Der Eisenkern ist strenggenommen nicht notwendig, aber er wirkt wie ein Verstärker, er macht das Magnetfeld wesentlich intensiver. Sie können sich selbst einen Elektromagneten basteln, indem Sie einige Eisennägel mit einem Klebeband zusammenbinden und dieses Bündel mit einem Draht umwickeln. Je häufiger sich der Draht um die Nägel windet, umso besser, doch rund 20 Windungen sollten genügen. Schließlich verbinden Sie die Drahtenden mit einer Batterie. Nun sollten Sie mit dieser

Vorrichtung andere Nägel, Büroklammern oder ähnliche kleine Metallgegenstände hochheben können. Eine kräftigere Variante dieses Geräts verwendet man auf Schrottplätzen zum Heben und Transportieren von alten Autos.

Die Magnete in den Teilchenbeschleunigern sind vom Prinzip her sehr ähnlich. Zwar ist die Technik ausgefeilter, aber die meisten Elektromagneten bestehen aus nicht viel mehr als einer Drahtspule, einem Eisenkern und einer Spannungsquelle.

Weshalb verwendet man Elektromagnete? Zum einen können solche Magnete sehr starke Felder haben. Ein weiterer Grund ist, dass die Form des Eisenkerns beliebig gewählt werden kann und man die Drähte auch in beliebiger Weise um das Eisen wickeln kann. Auf diese Weise kann man die Form des Feldes gut beeinflussen; man kann entscheiden, wo es stark oder schwach sein soll. Der dritte und besonders wichtige Grund für die Verwendung von Elektromagneten ist ihre Regelbarkeit: Da man die Spannungsquelle und damit den elektrischen Strom regeln kann, ist auch das Magnetfeld stufenlos einstellbar. Man kann den Magneten abdrehen, bei voller Stärke laufen lassen oder auch einen mittleren Wert wählen.

Damit kommen wir zu einem wichtigen Punkt. Die eigentliche Quelle für das Magnetfeld ist der elektrische Strom, der durch die Spule fließt. Mehr Strom bedeutet auch ein stärkeres Magnetfeld – so einfach ist das. Allerdings lassen die meisten Materialien keinen beliebig starken Strom ungehindert hindurchfließen. Jedes Material hat einen charakteristischen elektrischen Widerstand. Selbst Kupfer, das man allgemein im Haushalt für elektrische Leitungen verwendet, weil sein elektrischer Widerstand so klein ist, lässt den Strom nicht ungehindert hindurch.

Kupfer eignet sich zwar sehr gut für Elektromagnete, noch besser wäre aber ein Material, das den elektrischen Strom noch weniger behindert. Es gibt tatsächlich eine Möglichkeit, den elektrischen Widerstand eines Materials herabzusetzen – ja, letztendlich sogar ganz abzuschalten.

Viel kälter geht es nicht

Im Jahre 1911 untersuchte der holländische Physiker Heike Kamerlingh Onnes die elektrischen Eigenschaften von verschiedenen Materialien bei Abkühlung. Seit längerem war bekannt, dass der elektrische Widerstand mit der Temperatur sinkt. Onnes war ein Spezialist für Kühlanlagen, und niemand konnte so tiefe Temperaturen erreichen wie er. Er war der Erste, dem es gelang, Helium so weit abzukühlen, dass es flüssig wurde. Helium(gas) kennen Sie aus Luftballons für Kinder. Flüssiges Helium ist die kälteste bekannte Flüssigkeit. Gasförmiges Helium wird erst bei einer Temperatur von –269 °C flüssig.

Für seine elektrischen Experimente kühlte Onnes Quecksilber ab und beobachtete das zunächst vollkommen normale elektrische Leitverhalten. So wurde der elektrische Widerstand mit sinkender Temperatur immer kleiner, wie er es auch erwartet hatte. Doch bei einer Temperatur von –269 °C passierte etwas Überraschendes: Plötzlich setzte das Quecksilber dem elektrischen Strom überhaupt keinen Widerstand mehr entgegen. Onnes hatte ein neues Phänomen entdeckt, die Supraleitfähigkeit. Bald darauf konnte er zeigen, dass auch viele andere Materialien bei ähnlich tiefen Temperaturen supraleitend werden. (Dass Helium bei derselben Temperatur flüssig wird, bei der Quecksilber supraleitend wird, ist reiner Zufall. Andere Materialien werden bei anderen Temperaturen supraleitend.)

Die Supraleitfähigkeit galt zwar viele Jahrzehnte lang als ein besonders interessanter Effekt und wurde 1957 theoretisch erklärt. Praktische Bedeutung bekam er aber erst so recht, als die Teilchenphysiker extrem starke Magnete benötigten. Durch einen sehr starken Elektromagneten muss sehr viel elektrischer Strom fließen; dazu ist es günstig, wenn der elektrische Widerstand des Leiters klein ist. Somit lag es nahe zu prüfen, ob sehr große Elektromagnete nicht aus Drähten aus supraleitendem Material hergestellt werden können.

Die technischen Herausforderungen waren enorm, konnten aber schließlich bewältigt werden. Im Jahre 1983 ging am Fermilab das Tevatron in Betrieb als erster großer Beschleuniger, bei dem die Magnete auf Supraleitung basierten. Überlegen wir uns einmal die Schwierigkeiten, die mit der Konstruktion eines solchen Magneten verbunden sind. Magnete, die der Strahlführung dienen, bezeichnet man als Dipole. Auf die Gründe werde ich im Zusammenhang mit der Beschreibung von anderen Magnettypen noch eingehen. Da es in diesem Buch um den LHC gehen soll, werde ich später meist die LHC-Magnete als Beispiel heranziehen. Weil diese jedoch komplizierter sind, möchte ich zunächst ein typischeres Beispiel beschreiben.

Abbildung 3.9 zeigt in einem zweidimensionalen Querschnitt durch einen Dipolmagneten die wichtigsten Eigenschaften. Durch die Mitte des Dipols verläuft ein Rohr, durch das der Teilchen-

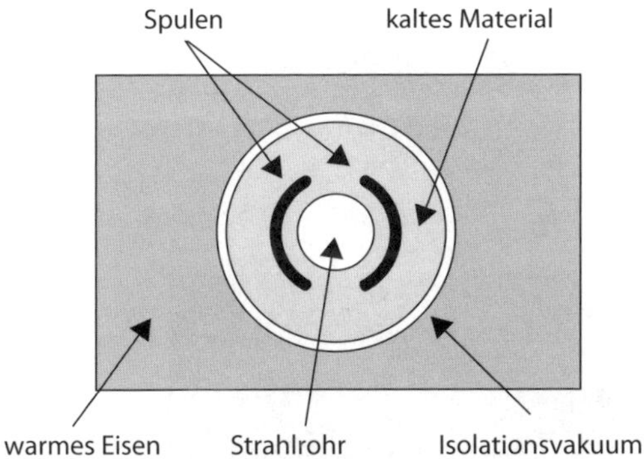

Abb. 3.9 Querschnitt durch einen Dipolmagneten. Im Mittelpunkt befindet sich ein Rohr, durch das die geladenen Teilchen ihre Bahnen ziehen können. Dieses Rohr ist von einer Spulenhalterung umgeben, welche die Drahtspulen stabilisiert und sie kühl hält. Von der Außenwelt sind diese Teile durch ein Vakuum abgetrennt und von einem Eisenblock umgeben, der dem Magnetfeld die gewünschte Form verleiht. In dieser Abbildung bewegt sich sowohl der Teilchenstrahl als auch der Spulenstrom entweder in das Papier hinein oder aus ihm heraus. (Zeichnung: Barry Panas)

strahl geführt wird. Aus diesem Rohr muss die Luft abgepumpt werden, sodass der Teilchenstrahl nicht auf Luftmoleküle trifft. Außerdem ist das Rohr von weiteren Hohlräumen umgeben, durch die flüssiges Helium fließen kann. Auf beiden Seiten des zentralen Hohlraums befinden sich die Drahtspulen, die im Strahlrohr das Magnetfeld erzeugen. Sie sind von Stabilisierungsbauteilen umgeben, die verhindern, dass sich die Spulen bewegen können; außerdem gibt es eine Reihe von Kühlrohren, die nach außen hin, je weiter man sich vom Mittelpunkt des Magneten entfernt, immer wärmeres Kühlmittel enthalten. Den Großteil des Magneten nimmt eine Eisenkonstruktion ein, die alles zusammenhält.

Abbildung 3.10 zeigt einen Querschnitt durch einen gängigen LHC-Magneten. Der Hauptunterschied zu dem gewöhnlichen

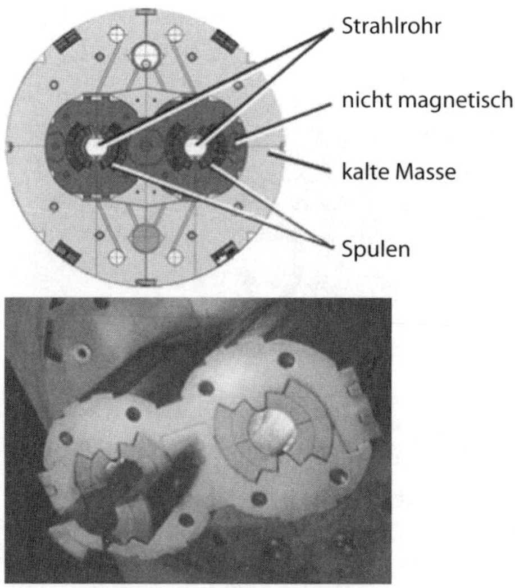

Abb. 3.10 Ein Beispiel für einen LHC-Dipolmagneten. Er ist etwas komplizierter als der in Abbildung 3.9, da es zwei Dipole gibt, einen für jeden Strahl. (oben) Schema; (unten) Foto des zentralen Teils eines tatsächlichen LHC-Dipols. (CERN)

Magneten (Abb. 3.9) besteht darin, dass es sich hier um einen „Zwillingsmagneten“ handelt: Es gibt *zwei* Magnete, die in den umgebenden Metallblock und die Kühlvorrichtung eingebettet sind. Dieser LHC-Magnet zur Strahlführung ist ungefähr 14 m lang und wiegt 35 t. Insgesamt gibt es 1232 solche Magnete am Beschleuniger. Die Spulen in der Magnetmitte bestehen aus kilometerlangen Drähten, die auf eine Temperatur von ungefähr –271 °C gekühlt werden. Da die äußere Fläche des Magneten jedoch Zimmertemperatur hat, muss das Zentrum von einer sehr effizienten Isolierung umgeben sein, wie eine High-Tech-Thermosflasche. Schon eine Skizze der wichtigsten Bauteile eines solchen Magneten lässt die besonderen technischen Herausforderungen erahnen, doch der tatsächliche Magnet ist noch weitaus komplizierter.

Teilchenstrahlen

Bisher stand im Vordergrund, wie wir Teilchen auf nahezu Lichtgeschwindigkeit beschleunigen und auf einer Kreisbahn halten können. Nun sollten wir uns daran erinnern, weshalb wir diese ganzen Anstrengungen auf uns nehmen. Wir möchten einen Strahl aus subatomaren Teilchen frontal auf einen zweiten solchen Strahl treffen lassen. Also überlegen wir uns, was eigentlich genau ein Teilchenstrahl ist.

Ein Teilchenstrahl besteht natürlich aus mehr als nur einem Teilchen. Die genaue Teilchenzahl kann von Beschleuniger zu Beschleuniger schwanken, doch es ist durchaus normal, zu einem gegebenen Zeitpunkt rund zehn Billionen Protonen im Beschleuniger zu haben. Und natürlich wird die Sache kompliziert, wenn man auf mehr als nur ein Teilchen achten muss. Denken Sie an den Verkehr auf einem Großstadtring. Wenn Sie sehr früh morgens alleine auf der Straße sind, ist alles kein Problem, doch zur Hauptverkehrszeit am Freitagabend sieht die Sache schon anders aus. Es wird anstrengend, wenn mehr als ein Auto (Teilchen) unterwegs ist.

Wir werden gleich darauf eingehen, wie die bisher erwähnten einfachen elektrischen und magnetischen Felder modifiziert werden müssen, um dem tatsächlichen Mehrteilchenstrahl gerecht zu werden. Zunächst betrachten wir jedoch den prinzipiellen Aufbau eines Teilchenstrahls. Die meisten Menschen müssen passen, wenn man sie bittet, einen Teilchenstrahl im LHC zu beschreiben. Doch selbst Leute, die schon über solche Dinge nachgedacht haben, denken meist an eine Art Wasserstrahl, der aus einem Gartenschlauch spritzt. Dieses Bild stimmt zumindest in Bezug auf die Tatsache, dass der Strahl an einem Punkt beginnt und sich im Prinzip endlos entlang einer geraden Linie erstreckt. Sie können auch einen Laserpointer betrachten. Wenn Sie den Strahl auf ihre Hand lenken, sehen Sie einen kleinen Lichtpunkt mit einem Durchmesser von wenigen Millimetern. Wenn Sie den Strahl nun auf eine entfernte Zimmerwand richten, sehen Sie immer noch einen kleinen Fleck von wenigen Millimetern Durchmesser.

Teilchenstrahlen sind jedoch nicht kontinuierlich. Zur Erläuterung, was ich unter kontinuierlich verstehe, denken Sie wieder an den Wasserschlauch. Wenn Sie den ganzen Strahl irgendwie plötzlich einfrieren könnten, würden Sie erkennen, dass er vom Anfang bis zum Ende durchgängig ist.

Beim Teilchenstrahl liegen die Dinge anders. Es gibt Lücken innerhalb des Strahls. Wenn Sie einen Teilchenstrahl „einfrieren" könnten, sähen Sie ein Teilchenbündel, dann eine große Lücke, dann wieder ein Teilchenbündel usw. Der Grund dafür sind die technischen Einzelheiten des beschleunigenden elektrischen Feldes, von denen wir im Zusammenhang mit den Wellenreitern gesprochen haben.

Für einen Teilchenstrahl ergibt sich folgende Struktur: Jede Teilchengruppe hat eine Länge von 0,3 m und einen Durchmesser von wesentlich weniger als einem Millimeter. Zwischen je zwei benachbarten Gruppen befindet sich eine Lücke von mehreren (bis mehreren hundert) Metern. Außerdem kann jede Gruppe aus rund hundert Milliarden Protonen bestehen. In Abbildung 3.11 ist das

Abb. 3.11 Ein Wasserstrahl (links) fließt ununterbrochen durch einen Gartenschlauch in einen Eimer. Demgegenüber ist ein Teilchenstrahl (rechts) unterbrochen und besteht aus dichten, aber voneinander getrennten Teilchengruppen. Diese unterbrochene Form des Teilchenstrahls beruht auf der Art, wie die Teilchen beschleunigt werden.

angedeutet. Die genauen Zahlen schwanken von Beschleuniger zu Beschleuniger. Am LHC gibt es 2808 Teilchengruppen, von denen jede rund 100 Milliarden Protonen enthalten soll. Zwischen zwei Gruppen besteht ein Mindestabstand von 7,8 m.

Für einen Teilchenbeschleuniger gibt es drei wichtige Kenngrößen: die Art der beschleunigten Teilchen, die Strahlenergie und die Anzahl der Zusammenstöße pro Sekunde. Je mehr Zusammenstöße es gibt, umso besser. Im LHC werden zwei Teilchenstrahlen (Teilchengruppen mit jeweils einigen hundert Milliarden Protonen) gegeneinander geschossen in der Hoffnung, dass möglichst oft zwei Protonen mit ausreichender Heftigkeit frontal zusammenstoßen und irgendetwas Interessantes passiert.

Fokussierung auf das Problem

Wie können wir die Wahrscheinlichkeit für einen heftigen Zusammenstoß zwischen zwei Protonen erhöhen? Der Trick besteht darin, den Querschnitt des Strahls so klein wie möglich

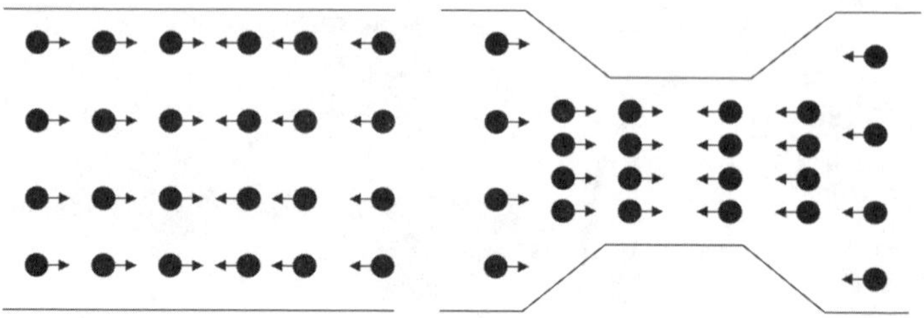

Abb. 3.12 Die Teilchen aus den jeweiligen Strahlen können zusammenstoßen, wenn die Teilchenstrahlen einander durchdringen. Wenn man die Strahlen noch fokussiert, sodass die Teilchen näher zusammenrücken, erhöht sich die Wahrscheinlichkeit für solche Zusammenstöße.

zu machen. Stellen Sie sich zwei Bienenschwärme vor, die sich begegnen und durcheinander hindurchfliegen. Wenn Sie zwei solche Schwärme steuern könnten und die Wahrscheinlichkeit für einen Frontalzusammenstoß zwischen zwei Bienen erhöhen wollten, was würden Sie tun? Sie würden die Bienen in jedem Schwarm irgendwie dazu zwingen, näher beieinander zu fliegen.

In Abbildung 3.12 sehen Sie, was passiert, wenn die Bienenschwärme in enger Formation fliegen. Da es zwischen benachbarten Bienen weniger Platz gibt, wenn sich die beiden Schwärme durchdringen, ist die Wahrscheinlichkeit für einen Frontalzusammenstoß größer. Natürlich wollen wir einen Teilchenbeschleuniger bauen, keinen Bienenbeschleuniger, doch die Grundidee bleibt dieselbe. Wenn wir heftige Zusammenstöße zwischen Protonen und die damit verbundene Chance auf wertvolle Information wahrscheinlicher machen wollen, können wir möglichst viele Protonen in den Beschleuniger stecken und/oder die Strahlen möglichst eng machen.

Bei Teilchenbeschleunigern verwendet man in diesem Zusammenhang eine Sprechweise, die sich an Licht und optische Linsen anlehnt. So sprechen wir von der Luminosität eines Strahls, ein

Begriff, der auch für die Helligkeit eines Lichtstrahls verwendet wird. Die Helligkeit eines Lichtstrahls lässt sich erhöhen, indem man die Lichtmenge erhöht oder indem man ihn mit einer optischen Linse fokussiert.

Das führt uns auf die Frage: Wie macht man Teilchenlinsen? Zur Beantwortung dieser Frage müssen wir nochmals auf die Magnete zu sprechen kommen. Wir hatten gesehen, dass die Führungsmagnete, welche die Teilchen auf einer Kreisbahn halten, Elektromagnete sind, die aus Drahtspulen und einem großen Eisenkern bestehen. Jeder dieser Führungsmagnete besitzt genau eine Drahtspule. Die fokussierenden Magnete, die wie eine Linse wirken, besitzen jedoch zwei Drahtspulen. Die technischen Bezeichnungen für diese beiden Magnettypen lauten *Dipol* (Führungsmagnete mit nur einer Spule) und *Quadrupol* (fokussierende Magnete mit zwei Spulen). Wir werden im Folgenden immer vereinfacht von Führungsmagneten und Fokussierungsmagneten sprechen.

Die supraleitenden Führungsmagnete sind zwar die größten und stärksten Magnete jedes Speicherrings, doch die Fokussierungsmagnete sind kaum weniger wichtig. Tatsächlich findet man bei den meisten Beschleunigern auch Magnete mit drei, vier und fünf Spulen. Fokussierungsmagnete sind deshalb so wichtig, weil sich einige Faktoren verschworen haben, den Strahl mehr als erwünscht zu verbreitern. Die einfachsten dieser Faktoren sind die winzigen Herstellungs- und Installationsfehler der Magnete, die sich nicht mit 100%iger Perfektion fertigen lassen.

Ein weiteres Problem ist, dass sich der Teilchenstrahl selbst zerstört. Am LHC besteht der Teilchenstrahl aus sehr vielen Protonen, also positiv geladenen Teilchen. Gewöhnlich ziehen Gegensätze sich an, vielleicht nicht immer in einer Partnerschaft, aber mit Sicherheit in der Elektrizität. Entgegengesetzt geladene Objekte ziehen einander an, und Objekte mit gleichnamigen elektrischen Ladungen stoßen einander ab. Die elektrische Abstoßung zwischen den Protonen des Strahls macht den Strahl wesentlich breiter, als es für optimale Zusammenstöße wünschenswert ist. Die Fokussierungsmagnete drücken den Strahl immer wieder zusammen, ähnlich wie eine Lupe das Sonnenlicht.

Um Ihnen eine Vorstellung von den Größenordnungen zu vermitteln folgen einige Rohdaten bezüglich der verschiedenen Magnetarten am LHC. Insgesamt sind 1232 Führungsmagnete gleichmäßig um den 27 km langen Umfang des Beschleunigers verteilt. Außerdem gibt es 858 Fokussierungsmagnete und zusätzlich noch 7210 kleinere „Korrekturmagnete", also insgesamt 9300 Magnete. Diese komplizierteren Magnete korrigieren Abweichungen, hauptsächlich weil nicht alle Protonen im Beschleuniger genau dieselbe Energie haben, aber auch aus anderen Gründen. Diese drei Arten von Magneten arbeiten zusammen wie ein Team von Erzieherinnen in einem Kindergarten, das eine Gruppe von Kindern in möglichst geordneter Form einen Weg entlang lenken möchte: „Nach links! Geradeaus! Bleibt zusammen! Hallo! Bitte zurück in die Reihe! Jawohl, ich spreche mir dir!"

Bisher haben wir vom LHC gesprochen, als ob es sich um einen einzigen großen Kreisbeschleuniger handelte. In gewisser Hinsicht stimmt das auch, und trotzdem ist es irreführend. Genauer gesagt beherbergt das CERN eine ganze Schar an Beschleunigern, die alle etwas mit dem LHC zu tun haben. Wer heute in der Hochenergiephysik Experimente machen möchte, benötigt mehrere Beschleuniger, aus demselben Grund, aus dem ein Wagen mehrere Gänge hat. Jeder Beschleuniger lässt sich mit einem Gang im Auto vergleichen. Sollten Sie Erfahrungen mit einem Schaltgetriebe haben, wissen Sie, dass man einen Wagen durchaus im höchsten Gang aus dem Stand beschleunigen kann, doch das ist sehr schwierig und man läuft Gefahr, den Wagen abzuwürgen. Es ist wesentlich einfacher und auch effektiver, den Wagen über mehrere Gänge zu beschleunigen, wobei jeder Gang dafür sorgt, dass die Drehzahl des Motors und die Radgeschwindigkeit optimal aufeinander abgestimmt sind.

Ähnlich ist es bei Beschleunigern. Am LHC sollen Protonen auf nahezu Lichtgeschwindigkeit (300 000 km/s) beschleunigt werden. Im Prinzip könnte man das mit einem einzigen Beschleuniger erreichen, der dann den gesamten Energiebereich abdecken müsste. Aus technischen, praktischen, zeitlichen und finanziellen Gründen wäre das jedoch eine sehr schlechte Wahl. Es ist weitaus effizienter, mehrere Beschleuniger zu haben, von denen jeder auf eine bestimmte Energie abgestimmt ist. Der erste Beschleuniger könnte das Proton beispielsweise aus der Ruhe auf eine Geschwindigkeit von 1 % der Lichtgeschwindigkeit bringen, der zweite von 1 % auf 10 %, der dritte von 10 % auf 80 % usw. Eine solche „Kette" von Beschleunigern macht den LHC zu einem komplexen System, und der eigentliche Large Hadron Collider ist dabei nur das letzte Glied in dieser Kette mit der höchsten Energie. Doch ohne all die anderen Beschleuniger wäre der LHC kaum mehr als ein sehr teurer Tunnel, der die Schweiz mit Frankreich verbindet.

Eine kurze Geschichte des CERN

Man muss kein Historiker sein, um zu wissen, dass die frühen 1940er-Jahre eine schreckliche Zeit für Europa waren. Bis 1944 die Landung der Alliierten in der Normandie mit dem nachfolgenden verzweifelten Stellungskrieg die Wende im Zweite Weltkrieg brachte, überrannten die finsteren Scharen der deutschen Eroberer den größten Teil des Kontinents. In endlosen Reihen fuhren Züge ostwärts zu grauenvollen Lagern, deren Namen sich in unser kollektives Bewusstsein einbrannten. Welle auf Welle gossen britische Bomber Feuer über Hamburg, bis die Luft selbst zu brennen schien. Die Stadt wurde in Schutt und Asche gelegt, und 43 000 Menschen starben in einer Nacht. Über England tobten Luftschlachten in einem Todestanz. Die Rote Armee legte Berlin in Trümmer. Europa krümmte sich unter einem Krieg, dessen Schrecken, Zerstörungskraft und Leid weder zuvor noch danach je übertroffen wurde.

Der alles verzehrende Konflikt endete im Mai 1945. Dann kamen die Nürnberger Prozesse. Sämtliche Führer der Achsenmächte wurden von den siegreichen Alliierten ihrer Verbrechen gegen die Menschlichkeit angeklagt, überführt und zum Tode verurteilt. Die Taten waren derart abscheulich und grauenvoll, dass man einen neuen Namen dafür brauchte. Der Kontinent war in Stücke zerrissen.

Vor diesem Hintergrund ist es für mich erstaunlich, wie im Jahre 1949, gerade einmal vier Jahre später, der Physiker und Nobelpreisträger Louis de Broglie ein neues, gesamteuropäisches Physiklaboratorium vorschlagen konnte, an dem Sieger wie Besiegte des großen Krieges gleichermaßen beteiligt sein sollten. Drei Jahre später einigten sich elf europäische Regierungen, ein zunächst provisorisches „Conseil Européen pour la Recherche Nucléaire“ (Europäischer Rat für Kernforschung), kurz CERN, zu schaffen. Nachdem der Gründungsvertrag am 29. September 1954 durch die Mitgliedstaaten ratifiziert worden war, verschwand der provisorische Status, und die heutige Bezeichnung „Europäische Organisation für Kernforschung“ wurde geprägt. Das Akronym CERN blieb allerdings erhalten.

Die Unterzeichnerstaaten des Vertrags waren Belgien, Dänemark, Frankreich, die Bundesrepublik Deutschland, Griechenland, Italien, die Niederlande, Norwegen, Schweden, die Schweiz, Großbritannien und Jugoslawien, ein Staat mehr als die ursprünglichen elf. Die Waffen ruhten noch nicht einmal ein Jahrzehnt, als so zumindest für das wissenschaftliche Europa der Heilungsprozess begann. Besonders überraschend ist vielleicht die Tatsache, dass die Wähler in den Unterzeichnerstaaten die Sache unterstützten.

Im Jahre 1952 entschied man sich für Genf als den Standort des neuen Labors, und 1957 nahm der erste Teilchenbeschleuniger am CERN seinen Betrieb auf: ein 600-MeV-Synchrozyklotron. Die Energie dieses ersten Beschleunigers war also ungefähr 10 000-mal kleiner als die Energie des LHC.

Der Wert eines Beschleunigers mit dieser Energie bestand in erster Linie darin, dass es ihn überhaupt gab. Immerhin begann damit die mehr als 50-jährige Geschichte des CERN, das seither zu den führenden Beschleunigerlabors der Welt zählt. Im Jahre 1959 katapultierte sich das CERN an die Spitze der Teilchenphysik, als es das 28-GeV-Proton-Synchrotron (PS) in Betrieb nahm – damals der energiereichste Teilchenbeschleuniger der Welt und heute noch Teil des LHC-Komplexes.

Die frühen Beschleuniger hatten eines gemein: Sie arbeiteten mit einem festen Target, was einfach bedeutet, dass der Teilchenstrahl auf ein stationäres (also ruhendes) Ziel geschossen wurde. Denken Sie zum Vergleich an eine feste Zielscheibe an einer Wand, oder, da wir von Teilchenbeschleunigern sprechen, an die Steinschleuder, mit der David den Goliath erschlagen haben soll. Für die weniger bibelfesten Leser: Eine Schleuder ist eine Lederschlinge, mit der man einen Stein in kreisförmige Bewegung versetzt. Sobald der Brocken eine hohe Geschwindigkeit erreicht hat, wird die Schlinge losgelassen. Dann fliegt das Geschoss in gerader Linie auf sein Ziel zu – in Davids Fall war das die Stirn von Goliath.

Bei einem festen Target wird also ein Teilchenstrahl beschleunigt, wie wir es zu Beginn dieses Kapitels besprochen haben, und die geladenen Teilchen werden auf ein ruhendes Ziel gelenkt. Dieses Ziel kann alles Mögliche sein, aber typischerweise handelt es sich um einen Behälter mit flüssigem Wasserstoff.

Am LHC hingegen gibt es keine festen Targets. Das C in LHC steht für „Collider", also eine „Kollisionsmaschine". Hier werden zwei gegenläufige Teilchenstrahlen so gelenkt, dass sie frontal aufeinandertreffen.

Was sind die Vorteile von kollidierenden Strahlen gegenüber Experimenten mit festen Targets? Die Nachteile jedenfalls sind offensichtlich: Zwei Strahlen so aufeinander zu schießen, dass sie sich frontal treffen, ist sehr schwer, wohingegen man bei einem festen Target den Strahl einfach nur auf ein Ziel lenken muss, das beliebig groß sein kann. Wozu also ein Collider?

Der Grund ist die Energie. Wenn ein Geschoss auf ein ruhendes Ziel trifft, fliegen fast alle Bruchstücke in Flugrichtung des Projektils davon. Stellen Sie sich vor, Sie schießen mit einem Gewehr auf eine Wassermelone. Wenn die Kugel auftrifft, platzt die Frucht auseinander, und die meisten Stücke fliegen nach hinten weg. Prallen zwei (ähnliche) Geschosse jedoch direkt aufeinander, bleiben sie einfach stehen wie zwei Autos bei einem Frontalzusammenstoß. In einem solchen Fall kann die gesamte Stoßenergie etwas „Interessantes" anrichten (zum Beispiel die beiden Autos gründlich zerdrücken). Für die Teilchenphysik bedeutet „interessant", dass sich neue und seltene physikalische Phänomene zeigen.

Der Unterschied in der verfügbaren Energie ist überraschend groß. Der LHC betreibt zwei Teilchenstrahlen mit jeweils 7 Billionen Elektronvolt (Teraelektronvolt, TeV) Energie. Wenn sich zwei Teilchen aus entgegengesetzt gerichteten Strahlen frontal treffen, stehen 14 TeV Energie zur Verfügung, mit denen wir hoffentlich Neues entdecken werden. Würde stattdessen einer dieser Strahlen auf ein ruhendes Proton treffen, stünden noch nicht einmal die 7 TeV zur Verfügung, sondern lediglich 0,1 TeV, also weniger als 1 % der Energie, die man bei einem Frontalzusammenstoß hat. Abbildung 3.13 verdeutlicht die grundlegenden Unterschiede zwischen einem ruhenden Target und den Möglichkeiten des Frontalzusammenstoßes an gegenläufigen Speicherringen.

Der LHC ist die neueste Version eines Proton-Proton Speicherrings, wie er zum ersten Mal 1965 konzipiert wurde. Der ISR (*Intersecting Storage Rings* – „sich kreuzende Speicherringe") ging 1971 in Betrieb und hatte eine verfügbare Stoßenergie von 0,062 TeV. Die Detektoren am ISR waren bei weitem nicht so ausgefeilt wie die am LHC, sodass der ISR eher ein Triumph der Be-

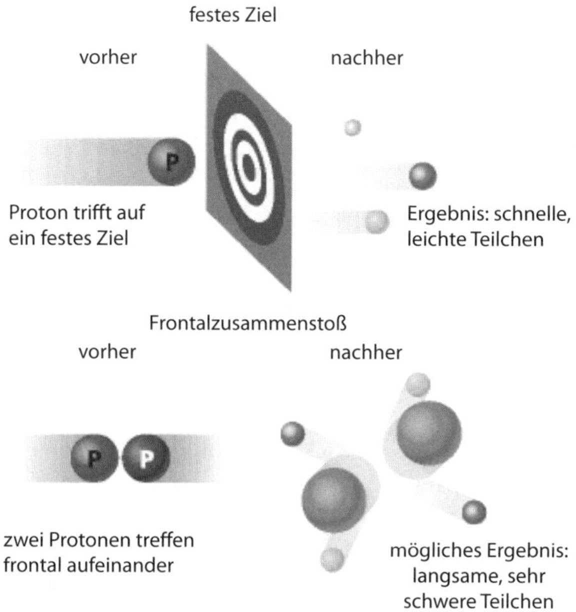

Abb. 3.13 Wenn ein Teilchenstrahl auf ein ruhendes Target gelenkt wird (oben), wird ein Großteil der Energie für die Bewegung der Bruchstücke verbraucht. Wenn jedoch zwei Teilchen mit gleichen Energien frontal gegeneinanderstoßen (unten), können die beiden Teilchen zum plötzlichen Halt kommen, und die gesamte Energie steht zur Erzeugung neuer physikalischer Phänomene zur Verfügung. (Particle Data Group, Lawrence Berkeley Laboratory)

schleunigertechnik wurde als ein Erfolg für die Physik. Der ISR hielt beispielsweise den Weltrekord für die Stahlintensität an den Kollisionspunkten bis zum Jahre 2004, als das Tevatron am Fermilab in den USA diesen Rekord brechen konnte – volle 20 Jahre, nachdem der ISR seinen Betrieb eingestellt hatte.

Im Jahre 1971 begannen am CERN die Planungen für einen neuen Beschleuniger, das SPS (*Super Proton Synchrotron*) mit einem Umfang von sieben Kilometern. In Betrieb genommen wurde das SPS im Jahre 1976. Es war zunächst für eine Energie von 0,3 TeV ($3 \cdot 10^{11}$ eV) geplant, doch die Beschleunigerspezialisten am CERN schafften es schließlich, die Maschine bei 0,5 TeV laufen zu lassen; das entspricht ungefähr 7 % der Energie des LHC. Das SPS-Projekt konnte vorzeitig fertiggestellt werden, kostete weniger als geplant und spielt immer noch eine wichtige Rolle innerhalb des LHC-Komplexes.

Das SPS ist heute einer der Vorbeschleuniger in der LHC-Kette, allerdings wurde es zwischenzeitlich etwas umgebaut – zu einem Speicherring. Das alleine war noch nichts wirklich Neues, denn schließlich beruhte schon das ISR auf diesem Prinzip. Doch während einer der beiden Strahlen des SPS Protonen enthielt (immer noch nichts Neues), bestand der andere Strahl – hier kommt die Innovation! – aus Antimaterie-Protonen! Das Tevatron am Fermilab in Amerika ist zwar augenblicklich der beste Protonen-Antiprotonen-Collider, doch er war nicht der Erste, und möglicherweise hätte am Fermilab auch nicht alles so reibungslos geklappt, wenn das Sp$\bar{p}$S (*Super Proton-Antiproton Synchrotron*) nicht den Weg gewiesen hätte.

Das nächste erwähnenswerte Datum für unsere stürmische Reise durch die Geschichte des CERN ist das Jahr 1981, als der Bau des LEP (*Large Electron Positron Collider*) mit einem Umfang von 27 km genehmigt wurde. Der Beschleuniger war so konzipiert, dass Elektronen und Positronen (Anti-Elektronen) eine Energie erreichten, bei der man besonders viele Z-Bosonen erzeugen konnte. In Kapitel 1 haben Sie erfahren, dass das Z-Boson eines der Überträgerteilchen der schwachen Kraft ist.

Im Jahre 1989 ging der LEP in Betrieb und funktionierte einfach fantastisch. Vier konkurrierende Experimente haben Präzisionsmessungen zu den Eigenschaften der Z-Teilchen durchgeführt, die vielleicht nie übertroffen werden. Mein persönlicher Favorit unter den LEP-Experimenten ist eine Messung, die allgemein als Beweis für die Existenz von drei und nur drei Teilchengenerationen angesehen wird. (Wie besprochen, entspricht eine Teilchengeneration einer „Kopie“ der subatomaren Teilchen. Zur I. Generation gehören das Up- und Down-Quark, das Elektron und das Elektron-Neutrino.) Genau gesagt zeigte diese Messung, dass es nur drei leichte Neutrinos gibt. Theoretisch sind also weitere Generationen mit schweren Neutrinos denkbar. In jedem Fall erbrachte diese Messung ein wichtiges Puzzleteil für unser Bild vom Teilchenzoo. Ich wünschte nur, ich wüsste, was diese Messung eigentlich bedeutet. Auf die Gefahr hin, mich zu wiederholen: Das Universum versucht, uns irgendetwas sehr Fundamentales mitzuteilen. Wenn irgendwann jemand verstanden hat, was das ist, werde ich mir an die Stirn klopfen und sagen: „Ach so! Ich wünschte, ich wäre darauf gekommen!“

Eine kleine Anekdote soll den Aufwand verdeutlichen, der in die Konstruktion und den Betrieb des Beschleunigers gesteckt wurde. Um die Daten des Beschleunigers richtig interpretieren zu können, mussten die Wissenschaftler am CERN die Stoßenergie sehr genau festlegen. Nachdem der Beschleuniger und die Experimente angelaufen waren, beobachtete man etwas überaus Merkwürdiges: Die Energie des Strahls veränderte sich im Laufe eines Tages, und zwar offenbar in zwei Zyklen, zwischen denen rund 12,5 Stunden lagen, weshalb sich die Zeiten, zu denen die größten Energieabweichungen gemessen wurden, täglich eine Stunde verschoben. Das war ein sehr seltsamer Effekt. Die Geräte wurden nochmals genau untersucht, man kratzte sich die Köpfe, auch mancher Kraftausdruck war zu hören. Schließlich hatte ein einfallsreicher Grübler das lang ersehnte Aha-Erlebnis. Es zeigte sich, dass die geheimnisvollen Energieschwankungen mit den Gezeiten zusammenhingen. Die Anziehungskraft des Mondes hebt und senkt die Erde um ungefähr 0,3 m. Dadurch schwankte der Radius des 27 km langen Rings des LEP-Beschleunigers zyklisch um ungefähr 1 mm. Das entspricht einer relativen Änderung von ungefähr 0,00001 %, die sich da bemerkbar machte.

Viele hundert Präzisionsmessungen wurden am LEP durchgeführt, und man suchte auch nach neuen Phänomenen, zum Beispiel dem Top-Quark. Die Ehre dieser Entdeckung musste man allerdings 1995 ans Fermilab abtreten. Bevor der LEP im November 2000 vom Netz genommen werden sollte, fuhr man die Energien noch höher und erreichte schließlich ungefähr das Doppelte von dem, wofür es ursprünglich konzipiert worden war. Die Idee war einfach: Man wollte die Geräte ohnehin abschalten, und da gab es nichts zu verlieren. Ich kann mir gut vorstellen, wie die Beschleunigerspezialisten am CERN ihre Meldung an den Kontrollraum gaben: „Captain, … das Hauptenergiefeld wurde überbrückt … ich weiß nicht, wie lange es durchhält, aber Sie kriegen Ihren Antrieb.“[1] Und tatsächlich, es funktionierte. Manchmal frage ich mich, wie viele der Beschleunigerspezialisten Schotten waren.

Die Daten, die der LEP in seinen letzten Monaten produzierte, schienen anzudeuten, dass man möglicherweise das Higgs-Boson gefunden hatte. Heute gilt diese Interpretation nicht mehr als sicher, aber es war immerhin ein schwungvolles Ende für den LEP. Die Erkenntnisse aus den vier Experimenten spielen auch heute noch eine herausragende Rolle, wenn über das Higgs-Boson gesprochen wird.

Der LEP ging im Jahre 2000 außer Betrieb, und die Gründe hängen direkt mit diesem Buch zusammen: Es wurde abgeschaltet, weil heute der LHC im LEP-Tunnel wohnt. Das Alte wurde durch das Neue ersetzt, und eine neue Ära hat begonnen.

Lange zuvor schon hatte der Rat des CERN beschlossen, dass die Zukunft der europäischen Teilchenphysik der LHC sein sollte, und zwar im LEP-Tunnel. Diese schwerwiegende Entscheidung im Dezember 1991 läutete gleichzeitig die Totenglocke für den LEP. Besiegelt wurde dieses Schicksal im Jahre 1994, als der

---

[1] Ein Gruß an James Doohan – alias Scottie – und Gene Roddenberry, den geistigen Vater von Star Trek!

Rat die Baugenehmigung erteilte. Das Ende vor Augen, nutzten die vier LEP-Experimente die verbliebene Zeit mit großem Gewinn. Ein größeres Lob kann man in einem Nachruf kaum aussprechen.

Die Zeit zwischen 2000 und 2005 war durch eine fieberhafte Aktivität gekennzeichnet. Der LEP und die vier Experimente mussten abgebaut und entfernt und die Bauteile für den LHC zusammengetragen werden. Im Jahre 2005 wurden die ersten Führungsmagnete installiert. Bis 2006 waren alle Magnete produziert, und der letzte Führungsmagnet wurde am 26. April 2007 an seinen Platz gestellt.

Nach dieser rasanten Reise durch die 50-jährige Geschichte des CERN kommen wir nun zum eigentlichen Thema dieses Kapitels: dem LHC-Komplex.

Einige technische Details

Das CERN nimmt ein vergleichsweise kleines Gebiet an der Grenze zwischen Frankreich und der Schweiz ein. Von den meisten Beschleunigern am CERN liegt der größte Teil innerhalb dieses Gebiets. Für den LHC selbst gilt dies nicht. Er bricht aus dem Bereich des CERN aus und verläuft in einem großen Bogen durch Frankreich und die Schweiz. Genauer gesagt: Er erstreckt sich unterhalb dieser Landschaft in einer mittleren Tiefe von 100 m. Die genaue Tiefe schwankt zwischen 45 und 175 m, je nach der Nähe zu den Ausläufern des Jura. Für reine Oberflächenbewohner ist der Beschleuniger daher nicht sichtbar. Die Menschen, die friedlich auf dem Ring leben, wissen oft gar nichts von den Protonen, die unter ihren Füßen in rasantem Tempo ihre Kreise ziehen. Abbildung 3.14 zeigt die Umgebung des CERN aus der Vogelperspektive, und Abbildung 3.15 skizziert die unterirdische Natur des LHC-Rings.

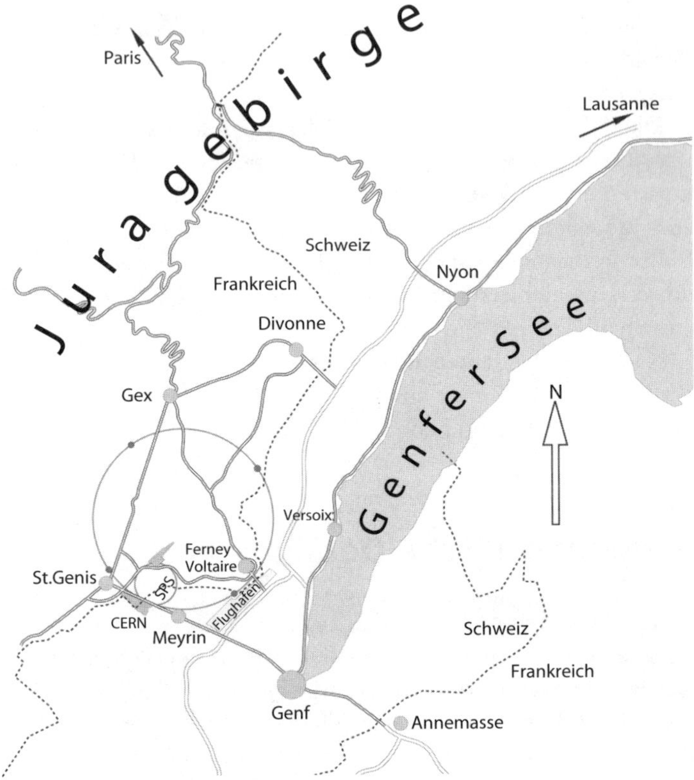

Abb. 3.14 Satellitenbild der Umgebung des LHC außerhalb von Genf. Der 27 km lange Ring verläuft unter der schweizerisch-französischen Grenze (gepunktete Linie). Die Berge des Jura erstrecken sich links oben. (CERN)

Der LHC-Komplex besteht aus fünf verschiedenen Beschleunigern sowie weiteren Geräten, die dem ersten wirklichen Beschleuniger vorausgehen. Vor der eigentlichen Teilchenbeschleunigung müssen die Protonen zunächst erzeugt werden. Dazu verwendet

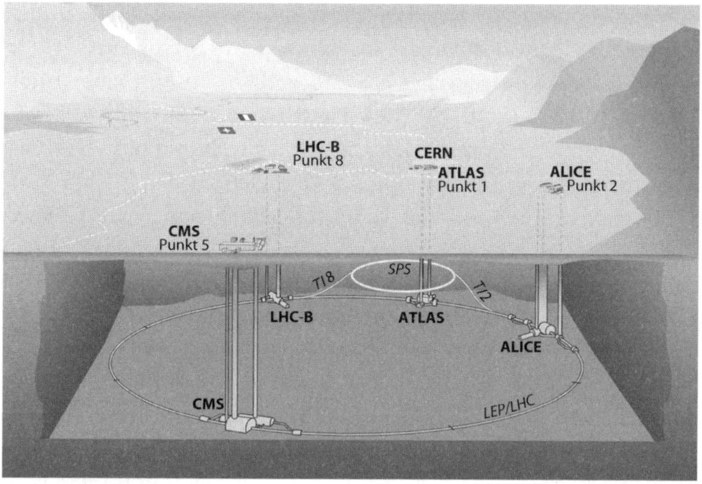

Abb. 3.15 Der LHC-Komplex mit den verschiedenen Experimenten. Die Längen in vertikaler Richtung sind nicht maßstabsgetreu, denn die Detektoren befinden sich rund 90 m unterhalb der Oberfläche, der Ring hat aber einen Umfang von 27 km. Es gibt acht Punkte am LHC, an denen man Detektoren aufbauen könnte, wobei gegenwärtig die Punkte 1, 2, 5 und 8 genutzt werden. TL bezeichnen die Übergänge zwischen dem Super Proton Synchrotron (SPS) und dem LHC. (CERN)

man gewöhnliche Wasserstoffatome, die aus einem Proton und einem Elektron bestehen, und entzieht ihnen die Elektronen. Dies geschieht mit einem Duoplasmatron, dessen Name wie aus einer Science-Fiction-Geschichte aus den 1930er-Jahren klingt. Das Duoplasmatron liefert Protonen mit einer Energie von 100 000 eV ($1 \cdot 10^5$ eV). Diese mickrige Energie entspricht einer Geschwindigkeit von rund 1,5 % der Lichtgeschwindigkeit oder immerhin über 4300 km/s.

Der erste richtige Beschleuniger, in den die Protonen auf ihrer Reise gelangen, ist Linac 2. Ein Linac (kurz für *linear accelerator*, Linearbeschleuniger) ist ein – wie der Name sagt – geradliniger Beschleuniger aus elektrischen Feldern, die alle in dieselbe Richtung wirken. Ein Proton tritt mit vernachlässigbarer Energie in den 78 m langen Linearbeschleuniger ein und verlässt ihn mit einer Energie von 50 MeV ($5 \cdot 10^7$ eV; MeV ist die Abkürzung für Megaelektronvolt oder Millionen Elektronvolt). 50 Mio. klingt zwar viel, aber es ist immer noch wenig im Vergleich zu den 70 000 MeV ($7 \cdot 10^{12}$ eV, 7 TeV), die der LHC schließlich haben wird. Wenn ein Proton den Linearbeschleuniger verlässt, hat es ungefähr den millionstel Teil seiner Endenergie. Seine Geschwindigkeit beträgt nach dem Linearbeschleuniger aber immerhin schon 31 % der Lichtgeschwindigkeit.

Aus dem Linearbeschleuniger wird das Proton in den ersten Kreisbeschleuniger gelenkt, den Proton Synchrotron Booster (PSB), einen Ring mit einem Umfang von ungefähr 157 m. Der PSB erhöht die Energie des Protons von 50 MeV auf 1400 MeV oder 1,4 GeV ($1{,}4 \cdot 10^9$ eV; GeV bedeutet Gigaelektronvolt oder Milliarden Elektronvolt). Die Geschwindigkeit des Protons beim Verlassen des PSB beträgt 91,6 % der Lichtgeschwindigkeit.

Der nächste Beschleuniger ist das PS, früher einmal der energiereichste Beschleuniger der Welt, heute lediglich noch eine Etappe auf dem Weg zum LHC. Der Ring des PS hat einen Umfang von 610 m und erhöht die Protonenenergie auf 25 GeV ($2{,}5 \cdot 10^{10}$ eV). Wenn das Proton das PS verlässt, hat es eine Geschwindigkeit von 99,93 % der Lichtgeschwindigkeit.

Der vorletzte Beschleuniger ist das SPS, an dem ursprünglich die *W*- und *Z*-Bosonen entdeckt wurden (s. Kapitel 1). Dieser vierte Beschleuniger hat einen Umfang von 6,2 km und bringt die Energie der Protonen auf 450 GeV ($4{,}5 \cdot 10^{11}$ eV). Die Protonen haben nun erstaunliche 99,9998 % der Lichtgeschwindigkeit und sind bereit, in den LHC gespeist zu werden.

Der fünfte und letzte Beschleuniger ist der LHC selbst. Der LHC übernimmt die Protonen vom SPS und erhöht ihre Energie auf die vollen 7 TeV ($7 \cdot 10^{12}$ eV), für die der LHC entworfen wurde. Die Geschwindigkeit der Protonen beträgt nun 99,999 9991 %

der Lichtgeschwindigkeit. Das ist so schnell, dass für eine Person in einem der LHC-Experimentierzentren ein Photon nur noch 2,7 m/s schneller ist als ein LHC-Proton. Vielleicht ist Ihnen aufgefallen, dass die Geschwindigkeit der Protonen in diesem letzten Beschleuniger gar nicht mehr so viel größer ist als bereits im PS, obwohl ihre Energie rund 300-mal höher ist. Dies hängt mit Einsteins spezieller Relativitätstheorie zusammen, die beschreibt, wie sich Dinge bei sehr hohen Geschwindigkeiten verhalten; viele von Ihnen finden es vermutlich merkwürdig.

In allen Kreisbeschleunigern, mit Ausnahme des letzten, haben die Teilchenstrahlen eine bestimmte Umlaufrichtung, d. h. sie kreisen entweder im Uhrzeigersinn oder entgegen dem Uhrzeigersinn. Nur der LHC enthält zwei Teilchenstrahlen, die in entgegengesetzte Richtungen kreisen. In Abbildung 3.16 erken-

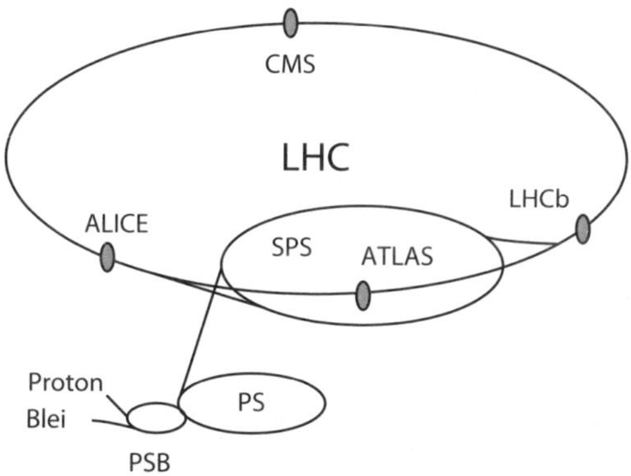

Abb. 3.16 Schematische Darstellung des LHC-Komplexes, wobei die Beschleuniger durch ihre Akronyme gekennzeichnet sind. Die kleinen Ovale bezeichnen die vier großen Experimente, die wir in Kapitel 4 eingehender besprechen. Alle fünf Beschleuniger sind eingezeichnet: (1) „Proton" und „Blei" bezeichnen den ersten (linearen) Beschleuniger und seine Strahlen, (2) PSB ist der Proton Synchroton Booster, (3) PS ist das Proton Synchrotron, (4) SPS ist das Super Proton Synchrotron und (5) ist der LHC-Speicherring selbst.

nen wir zwei verschiedene Punkte, an denen die Protonen vom SPS an den LHC übergeben werden können. Am SPS werden die Protonen nur im Uhrzeigersinn beschleunigt, aber sie können dem LHC für beide Umlaufrichtungen zugeführt werden. Das ist nur eine der unzähligen technischen Raffinessen dieser komplizierten Anlage.

Die elektrischen Felder von jedem der fünf Beschleuniger werden durch RF-Hohlraumresonatoren erzeugt, wie wir sie besprochen haben. Außerdem verfügen alle Beschleuniger außer dem Linac 2 über Führungsmagnete. Statt nun auf sämtliche Einzelheiten der verschiedenen Beschleuniger einzugehen, möchte ich mich auf den LHC beschränken.

Schon die nüchternen Daten zur Charakterisierung des LHC bilden eine lange Liste von beeindruckenden Zahlen. Jeder der gegenläufig rotierenden Protonenstrahlen wird durch acht RF-Resonatoren beschleunigt. Jeder dieser RF-Resonatoren erhöht die Energie eines Protons um 2 MeV, d. h. jeder Strahl erhält bei einer Umrundung insgesamt 16 MeV Energie. Gäbe es keine anderen Einflüsse, hätte ein Protonenstrahl somit nach 400 000 Umrundungen seine Endenergie erreicht. Da ein Strahl in jeder Sekunde über 10 000 Umrundungen ausführt, wäre diese Beschleunigungsphase nach nur 40 s vorbei.

Tatsächlich dauert die Beschleunigungsphase wesentlich länger – insgesamt rund 20 min. Zum Teil liegt das daran, dass die elektrischen Ströme in den verschiedenen Magneten langsam hochgefahren werden müssen, damit die Magnetfelder mit zunehmender Strahlenergie stärker werden. Zur Kontrolle der zunehmenden Strahlenergie müssen die Magnetfelder ständig adjustiert werden, damit die Teilchenstrahlen innerhalb des Strahlrohrs bleiben (das, wie schon besprochen, einen Durchmesser von wenigen Zentimetern hat und 27 km lang ist).

Die Führungsmagnete können ein Magnetfeld von 8,3 Tesla erzeugen, was ungefähr dem 170 000-fachen des Erdmagnetfelds entspricht. Dieses unglaubliche Magnetfeld erreicht man durch einen 11 800 Ampere starken Strom durch den Draht der Führungsmagneten. Die Hauptsicherung in meinem Haus ist für einen Strom von höchstens 100 Ampere ausgelegt; jeder einzelne Führungsmagnet verbraucht also so viel Strom wie 120 Haushalte. Der Strom, den die 1232 Führungsmagnete gemeinsam verbrauchen, könnte eine kleine Stadt aus rund 150 000 Haushalten versorgen. Die elektrische Leistung des gesamten LHC-Komplexes beträgt zu Spitzenzeiten ungefähr 120 Mio. Watt.

Bei einer derart hohen elektrischen Leistung liegt die Frage nahe, wie viel Energie in den Magneten steckt. Es sind insgesamt erstaunliche 11 Milliarden Joule. Um Ihnen eine Vorstellung von der Größenordnung zu vermitteln: Dies entspricht ungefähr der Energiemenge in zweieinhalb Tonnen TNT, allerdings ist diese Energie über die gesamten 27 km verteilt. Es entspricht auch der Bewegungsenergie eines 400-Tonnen-Jumbo-Jets (Boeing 747) mit fast doppelter Schallgeschwindigkeit.

Jeder Führungsmagnet ist ungefähr 14 m lang und wiegt rund 35 t. Die Spulen für den elektrischen Strom müssen auf –271 °C gekühlt werden. Die Drähte in diesen Spulen bestehen aus einer supraleitenden Niob-Titan-Legierung und haben eine entfernte Ähnlichkeit mit den Drähten unserer Haushaltsgeräte. Wenn Sie das Stromkabel von einer Tischlampe durchschneiden, sehen Sie, dass jeder der zwei oder drei Drähte aus feineren Strängen besteht, die wie in einem Seil miteinander verschlungen sind. Bei den supraleitenden Drähten am LHC besteht jeder Draht aus mehreren Strängen, die ihrerseits nochmals aus feinen Fasen bestehen. Die Gesamtlänge der Stränge, die in den Führungsmagneten am LHC verlegt sind, würde rund sieben Mal um den Äquator passen. Würde man alle Fasern hintereinanderlegen, würde die Gesamtlänge fünf Mal von der Erde zur Sonne und zurück reichen, und dann wäre immer noch genug für einige Reisen zum Mond übrig.

Die Kühlung dieser Magnete erfordert eine gewaltige Menge an Kühlmittel. Insgesamt werden 10 800 t Flüssigstickstoff benötigt sowie 120 t flüssiges Helium. Der gesamte Kühlprozess dauert ungefähr sechs Wochen. Während dieser Zeit werden die 37 000 t Magnetmaterial von Zimmertemperatur auf unter –271 °C abgekühlt. Das sind ein paar Grad weniger als die Temperatur im freien Weltraum.

Es dauert ungefähr viereinhalb Minuten, eine ausreichende Menge an Protonen vom SPS in den LHC zu speisen, und weitere 20 min, diese auf ihre maximale Energie zu beschleunigen. Anschließend kann man für 10–20 h mit den beiden Strahlen experimentieren und sie innerhalb der Detektoren zur Kollision bringen. Damit der Teilchenstrahl so lange überleben kann, muss in den Strahlrohren ein sehr reines Vakuum vorliegen. Ohne dieses Vakuum würde der Strahl auf die Luftmoleküle im Rohr treffen und sofort verschwinden. Das Vakuum innerhalb des Strahlrohrs ist zehn Billionen Mal dünner als gewöhnliche Luft (10^{-13} bar für die technisch Interessierten, zehnmal weniger als auf dem Mond). Das ist eines der besten Vakua, die man auf der Erde erzeugen kann. Vielleicht noch beeindruckender ist das Gesamtvolumen, das am LHC leergepumpt werden muss: 6500 m^3. Das entspricht ungefähr dem Volumen des Mittelschiffs einer Kathedrale.

Zum Abschluss möchte ich noch ein paar Einzelheiten zur Struktur des LHC-Strahls selbst ansprechen. Bei unserer Diskussion über die Wellenreiter hatten wir schon erwähnt, dass der Strahl aus einzelnen Protonengruppen besteht, wobei je zwei dieser Gruppen mindestens 7,6 m auseinanderliegen. Das entspricht dem Abstand zwischen zwei benachbarten Wellenbergen innerhalb des elektrischen Beschleunigerfeldes. Natürlich können benachbarte Gruppen auch weiter voneinander entfernt sein. Wenn nicht alle Wellen Protonengruppen enthalten, ist der Abstand zwischen benachbarten Gruppen ein ganzzahliges Vielfaches des obigen Wertes, je nachdem, wie viele Wellen übersprungen werden.

Betrachten wir eine einzelne Protonengruppe, die am LHC aus ungefähr 100 Milliarden (10^{11}) Protonen besteht. Die tatsächliche

Form einer solchen Gruppe ähnelt entfernt einem ungekochten Spaghettistrang: Sie ist ungefähr 30 cm lang, allerdings wesentlich dünner als ein Millimeter. Der Strahl enthält insgesamt 2808 dieser Protonengruppen, die in gegenläufigen Umlaufrichtungen gespeichert und schließlich an vier Punkten des LHC-Kreises fokussiert und zum Zusammenstoß gebracht werden.

Abgesehen davon, dass die tatsächliche Strahlbreite ungefähr 100-mal kleiner ist als eine Spaghettinudel, erhält man ungefähr folgendes Bild: Der LHC-Strahl besteht aus rund 3000 Spaghettisträngen, die jeweils einen Abstand von rund 7,6 m haben und sich mit 99,999 9991 % der Lichtgeschwindigkeit auf einem Kreis von 27 km Umfang bewegen. Ein Vergleich der Zahlen zeigt, dass bei dem angegebenen Abstand rund 3800 Wellenlängen den gesamten Kreisumfang ausfüllen. Wenn es also nur 2808 Protonengruppen gibt, ist der Beschleuniger nicht vollständig aufgefüllt. Es gibt eine konzentrierten Bereich, in dem die Gruppen jeweils 7,6 m voneinander entfernt sind, und dazwischen eine vergleichbar große Lücke. Diese Lücke dient mehreren Zwecken. Die außerordentlich kurze Zeit, während der sich keine Protonen in einem Detektor befinden, nutzt der Detektor, um sich zu erholen und wieder zurückzusetzen.

Die Energie, die in diesen Strahlen steckt, ist riesig, auch wenn sie nur 3 % der Energie in den Magneten entspricht. Doch dieser Teilchenstrahl verläuft durch die Mitte der verschiedenen um den Ring verteilten Detektoren. Die Geräte in Strahlnähe sind teilweise sehr empfindlich, und daher wird großen Wert darauf gelegt, dass der gesamten Strahl in kürzester Zeit in einen großen Absorber gelenkt werden kann, sobald auch nur leise Anzeichen dafür auftreten, dass die Beschleunigeroperateure die Kontrolle über den Strahl verlieren könnten. Der Strahl enthält so viel Energie, dass er leicht die empfindlichen Bestandteile der Teilchendetektoren zerstören könnte, wenn er nicht sorgfältig überwacht wird. Nur um Ihnen eine Vorstellung davon zu geben, von welcher Energie wir hier sprechen: Es geht um 350 Mio. Joule.

Das entspricht der Bewegungsenergie von einem 400-t-Nahverkehrszug bei einer Geschwindigkeit von 160 km/h und reicht aus, um eine halbe Tonne Kupfer zum Schmelzen zu bringen. Zum Schutz der Ausrüstung kann diese Energie in weniger als einer tausendstel Sekunde in einen Stapel aus Graphitabsorbern gelenkt werden. Man muss sich das so vorstellen, als ob die Explosionskraft einer ziemlich großen konventionellen Fliegerbombe (keine Atombombe) absorbiert werden soll.

Die zwei gegenläufig rotierenden Strahlen umkreisen den LHC-Speicherring etwas mehr als 10 000-mal pro Sekunde. In jedem der Detektoren wird es pro Sekunde ungefähr 800 Mio. Kollisionen geben, von denen jedoch die meisten vergleichsweise uninteressant sind. Während der 10–20 h, die der Strahl im Speicherring ist, legt er rund 16 Mrd. Kilometer zurück. Das entspricht einer Reise zum Neptun und wieder zurück. Die ganze Zeit über befindet sich der Strahl, nicht zu vergessen, in einem Rohr mit einem Durchmesser von wenigen Zentimetern. Wie auch immer man es betrachtet, der LHC ist ein technisches Wunderwerk.

Auch noch Bleistrahlen

Bevor wir dieses Kapitel beenden, müssen wir noch einen Punkt besprechen, den wir bisher nur kurz gestreift haben. Der LHC kann mehr, als gegenläufige Protonenstrahlen zur Kollision zu bringen. Er kann auch schwere Ionen beschleunigen, also Atomkerne, die von all ihren Elektronen befreit wurden.

Man könnte am LHC viele Schwerionen beschleunigen, doch er wurde so konzipiert, dass er für Bleikerne besonders geeignet ist. Ein Bleikern besteht aus 82 Protonen und 126 Neutronen. Die Beschleunigung der Bleiionen erfolgt ähnlich wie bei den Protonen, sodass wir nur die Hauptunterschiede ansprechen werden.

Reines Blei wird auf ungefähr 538 °C erhitzt. Ein durch das Blei gelenkter elektrischer Strom schlägt einige Elektronen heraus. Jedes neutrale Bleiatom enthält 82 Elektronen. Durch den Strom werden typischerweise rund 30 Elektronen pro Atom entfernt, selten mehr. Die Überreste werden von einem anderen Linearbeschleuniger, Linac 3, beschleunigt und durch eine dünne Kohlenstofffolie gelenkt, die nochmals rund 20 Elektronen pro Atom entfernt. Damit genügend Blei für die vielen interessanten Kollisionen vorhanden ist, wird der Strahl in einen Speicherring gelenkt, den *Low Energy Ion Ring* (LEIR).

Sobald sich eine ausreichende Menge an Blei in LEIR befindet, wird der Strahl in den PS gebracht, wo das Blei beschleunigt und durch ein weiteres Target geschossen wird. Dabei werden auch die letzten rund 30 verbliebenen Elektronen abgestreift. Die nackten Bleikerne werden über das SPS in den LHC gelenkt, wo sie auf 2,8 TeV pro Nukleon beschleunigt werden. Wie schon erwähnt, werden die Protonen am LHC auf rund 7 TeV beschleunigt. Zunächst hat es also den Anschein, als ob die Bleistrahlen am LHC weniger Energie haben als die Protonenstrahlen. Doch da jeder Bleikern insgesamt 208 Protonen und Neutronen enthält, beträgt die Strahlenergie eines Bleikerns 575 TeV. Es handelt sich in diesem Fall um die heftigsten Kollisionen, die jemals aufgezeichnet wurden, und bei denen die Energie über einen schweren Atomkern verteilt ist. Für ungefähr einen Monat im Jahr wird der LHC Schwerionen beschleunigen.

Welchen Maßstab auch immer man anlegt, der LHC ist ein außergewöhnlich komplexes Instrument. Er wurde dafür gebaut, eine bisher noch nie erreichte Energiemenge in einem kaum vorstellbar winzigen Volumen zu konzentrieren. Doch egal, wie technisch beeindruckend der LHC auch sein mag, wenn man die Kollisionen nicht irgendwie aufzeichnen kann, ist das ganze Unternehmen sinnlos. Im nächsten Kapitel besprechen wir deshalb die Detektoren.

4

Wie wir etwas sehen

Die gigantischen Detektoren

Die Tragödie der Wissenschaft – das Erschlagen einer schönen Hypothese durch eine hässliche Tatsache.

Thomas Huxley

Unzählige Teilchen ziehen ihre Kreise tief in der Erde unter den Wiesen, Feldern und Dörfern nördlich von Genf, und gelegentlich stoßen zwei dieser Teilchen zusammen. Der ganze Aufwand zur Beschleunigung dieser Teilchen wäre umsonst, wenn wir die Kollisionen zwischen den Protonen nicht aufzeichnen könnten. Wir verwenden dazu etwas, das man als ultraschnelle High-Tech-Fotografie bezeichnen könnte. Durch die Auswertung der Aufzeichnungen von Millionen oder sogar Milliarden Zusammenstößen erfahren wir, wie Protonen unter solchen Bedingungen reagieren können. Es gibt sehr häufige Ereignisse, aber auch sehr seltene, und wenn wir verstanden haben, weshalb die häufigen Ereignisse so häufig sind und die selten so selten, haben wir auch viel über das Verhalten von Materie und Energie unter extremen Bedingungen bis hin zur Geburt des Universums gelernt.

Wie also zeichnet man die Kollisionen an einem großen Teilchenbeschleuniger wie dem LHC auf? Man benötigt dazu eine gigantische Ausrüstung mit einem Gewicht von mehreren tausend bis zehntausend Tonnen. Bei den erwarteten Zusammenstößen am LHC treten zwei Teilchen (Protonen) in den Kollisionsbereich ein, und sehr viele Teilchen (es können zwischen rund

10 und 500 sein) kommen aus dem Kollisionsbereich heraus. Die Vorgänge bei einer solchen Kollision lassen sich aus den Spuren und Arten der herauskommenden Teilchen ablesen. Da der eigentliche Zusammenstoß innerhalb eines unvorstellbar kurzen Augenblicks erfolgt, können wir ihn gewöhnlich nicht direkt beobachten. Wir sehen lediglich die Überreste, aus denen wir dann die Antworten auf unsere Fragen herauslesen müssen. Die Untersuchung von Teilchenkollisionen gleicht der Spurensicherung an einem Tatort.

In gewisser Hinsicht steht ein Experimentalphysiker vor einem ähnlichen Problem wie ein Kriminaltechniker, der eine Bombenexplosion aufklären soll. Der Spezialist schaut sich die Einzelheiten einer Explosion gewöhnlich nicht aus der Nähe an – zumindest nicht, wenn er weitere Aufträge haben möchte –, sondern untersucht ihre Einwirkungen auf die Umgebung. Er gewinnt aus Brandflecken, dem angerichteten Schaden, den Überresten und der Eindringtiefe von Splittern in bekannte Werkstoffe einen recht guten Eindruck von dem, was vorgefallen ist. Chemische Analysen liefern weitere Informationen.

In ähnlicher Weise untersucht ein Teilchenphysiker die Kollisionen, indem er das Kollisionszentrum mit einem Detektor umgibt, der aus bekannten und sehr sorgfältig ausgewählten Komponenten besteht. Aus den Reaktionen der Kollisionsprodukte mit den Komponenten des Detektors lässt sich auf ihre Energie, ihre Bahnkurve und ihren Ursprung schließen. Mit dem richtigen Detektor lassen sich zumindest einige Teilchen eindeutig identifizieren. Diese Informationen kann man wie die Teile eines Puzzles zusammenlegen, und mit jedem neuen Teil wird das Bild der eigentlichen Kollision klarer.

Wir beginnen dieses Kapitel mit den einfachen Komponenten und den technischen Überlegungen, die beim Entwurf eines modernen Detektors eine Rolle spielen. Anschließend beschreiben wir die Hauptdetektoren am LHC genauer. Dabei werden wir auf die beiden Detektoren ATLAS und CMS etwas ausführlicher eingehen als auf die Detektoren ALICE und LHCb. TOTEM und LHCf gehören in gewisser Hinsicht zu ATLAS und CMS und werden nur nebenher erwähnt.

Bevor wir auf die allgemeinen Verfahren und die technischen Einzelheiten eingehen, müssen wir etwas zu den Teilchen sagen, die wir in jedem Fall nachweisen wollen. Es gibt buchstäblich Hunderte davon, doch wir müssen nicht alle besprechen, um die wichtigen Punkte nachvollziehen zu können. Über eine Hand voll Teilchen sollten wir aber mehr wissen: das Elektron, das Photon, das Myon, das Neutrino und die Hadronen. Elektronen und Photonen sind allgemein bekannt und begegnen uns auch im Alltag: Elektronen kennen wir aus dem elektrischen Strom, und aus Photonen besteht das Licht. Elektronen und Photonen dringen allgemein nicht sehr tief in einen Detektor ein.

Myonen und Neutrinos sind zwar weniger bekannt, aber wir sind ihnen in Kapitel 1 bereits begegnet. Myonen sind eine Art schwere Elektronen, die allerdings wesentlich schwächer mit einem Detektor reagieren und gewöhnlich sogar einfach hindurchfliegen, wobei sie nur einen kleinen Teil ihrer Energie verlieren. Neutrinos haben keine elektrische Ladung, fast keine Masse und spüren nur die schwache Kraft. Sie gehen unbehelligt durch einen Detektor hindurch, ohne jede Wechselwirkung. Gewöhnlich nimmt ein Detektor sie überhaupt nicht direkt wahr, sondern wir können nur indirekt auf sie schließen.

Als Hadronen bezeichnet man zusammengefasst alle Teilchen, die aus Quarks bestehen. Protonen und Neutronen sind die bekanntesten Hadronen, allerdings findet man sie als Endprodukte von Teilchenstößen nur vergleichsweise selten. Besonders häufig treten dagegen *Pionen* auf. Sie haben nur 15 % der Masse eines Protons; für viele Überlegungen können wir sie uns wie leichte Protonen vorstellen. Hadronen reagieren mit gewöhnlicher Materie intensiver als Myonen, aber weniger intensiv als Elektronen. Daher dringen sie tiefer in einen Detektor ein als Elektronen und Photonen, allerdings nicht so tief wie Myonen und Neutrinos.

Das unterschiedliche Verhalten dieser Teilchen in Materie spielt für ihre Identifikation eine wichtige Rolle.

Meist ist es wichtig, den Entstehungspunkt eines Teilchens ausfindig zu machen. Manchmal werden sehr seltene Teilchen erzeugt, die (im Maßstab der Teilchenphysik) ziemlich lange leben, nämlich einige billionstel Sekunden. Energiereiche Teilchen legen in dieser Zeit immerhin einige Millimeter oder sogar Zentimeter zurück, bevor sie zerfallen. Teilchen mit solch vergleichsweise langen Lebensdauern treten bevorzugt in den seltenen physikalischen Prozessen auf, und daher möchte man sie möglichst genau festnageln können. Man erkennt solche Ereignisse daran, dass die Bahnkurven der Teilchen aus einem Ereignis nicht alle an dem Punkt beginnen, an dem die Protonen zusammengestoßen sind. Den rekonstruierten Ausgangspunkt eines Teilchens nennt man „Vertex". Besonders interessant sind für die Physiker solche Vertizes, die nicht mit dem Kollisionspunkt zusammenfallen. In Abbildung 4.1 erkennt man, wie die Signatur eines langlebigen Teilchens aussehen kann.

Es gibt viele raffinierte Verfahren, die Identität von Teilchen zu bestimmen, doch wir brauchen nicht alle zu kennen. Hinter

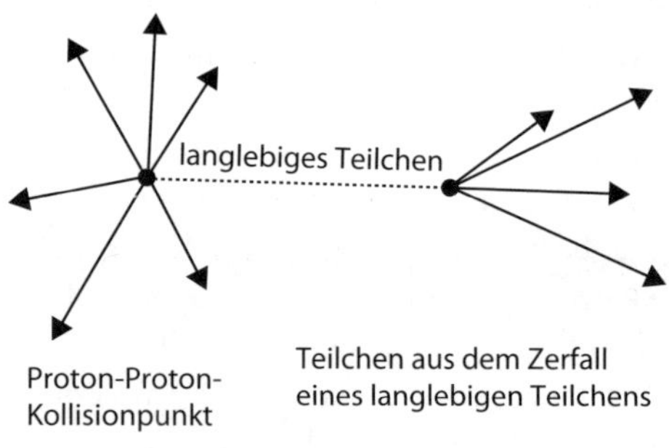

Abb. 4.1 Langlebige Teilchen können sich eine größere Strecke von dem gemeinsamen Ursprungspunkt (Vertex) wegbewegen. Wenn man daher Teilchen beobachtet, die von einem anderen Punkt herzukommen scheinen als dem Vertex, kann man auf langlebige Teilchen schließen.

den teilweise technischen Bezeichnungen stecken oft sehr einfache Ideen. Auf die folgenden Stichworte möchte ich der Reihe nach etwas genauer eingehen: magnetische Ablenkung, Ionisation, Teilchenschauer, Übergangsstrahlung und Tscherenkow-Strahlung.

Magnetische Ablenkung

Das erste Verfahren kennen wir bereits: die Ablenkung geladener Teilchen in einem Magnetfeld. In Kapitel 3 haben wir über Kreisbeschleuniger gesprochen, die aus einem kurzen Beschleunigungsbereich bestehen sowie aus vielen Magneten, deren einziger Zweck es ist, die Protonen für die nächste Beschleunigungsphase auf eine Kreisbahn zu lenken. Der wichtige Punkt ist, dass geladene Teilchen in einem Magnetfeld einer kreisförmigen Bahnkurve folgen.

Unter Zuhilfenahme dieser Tatsache lassen sich bestimmte Eigenschaften geladener Teilchen aus einer Kollision messen, was bei ihrer Identifikation hilft. Ein Kreis ist eine einfache geometrische Form. Der einzige Unterschied zwischen verschiedenen Kreisen ist die Größe. Wir müssen also die Größe einer Kreisbahn (in Form des Radius oder des Umfangs) mit einer wichtigen Teilcheneigenschaft in Beziehung setzen; dafür bietet sich der Impuls an. Die Alltagserfahrung sagt uns, dass der Impuls mit der Geschwindigkeit zusammenhängt: Je höher die Geschwindigkeit, umso größer ist der Impuls eines Körpers.

Bei sehr hohen Energien ist der Zusammenhang zwischen Geschwindigkeit und Impuls etwas komplizierter (unser einfaches Bild ist trotzdem nicht sinnlos). Bei den heftigen Teilchenkollisionen an modernen Beschleunigern verhält sich der Impuls eher wie die Energie eines Teilchens. Da uns der Begriff Energie vertrauter ist, entschuldige ich mich bei meinen Physikerkollegen und spreche im Folgenden statt vom Impuls einfach von der

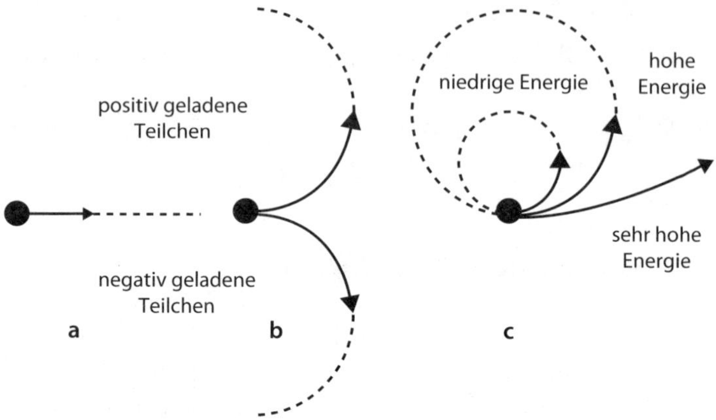

Abb. 4.2 Die Wirkung eines Magnetfelds auf unterschiedliche Teilchen. (a) Ein Magnetfeld lenkt ein neutrales Teilchen nicht ab; (b) ein Magnetfeld lenkt geladene Teilchen ab, wobei Teilchen mit entgegengesetzten Ladungen in entgegengesetzte Richtungen abgelenkt werden; (c) Teilchen mit niedriger Energie bewegen sich auf einem Kreis mit kleinem Radius, Teilchen mit hoher Energie beschreiben Kreise mit großem Radius.

Energie. Aus der Größe der Kreisbahn eines geladenen Teilchens in einem Magnetfeld können wir also die Energie des Teilchens bestimmen: Je größer der Kreis, umso größer die Energie.

Abbildung 4.2 verdeutlicht erstens, wie die Energie eines Teilchens mit der Größe seiner Kreisbahn zusammenhängt. Man erkennt aber noch eine zweite wichtige Eigenschaft. Teilchen mit entgegengesetzten elektrischen Ladungen (beispielsweise ein Elektron und ein Positron, also ein Anti-Elektron) werden in entgegengesetzte Richtungen abgelenkt. Wenn sich ein positiv geladenes Teilchen auf seiner Bahnkurve entgegen dem Uhrzeigersinn bewegt, dann bewegt sich ein negativ geladenes Teilchen im Uhrzeigersinn.

In Abbildung 4.3 sieht man ein Beispiel für eine vergleichsweise einfache Teilchenkollision. Fünf Teilchen mit unterschied-

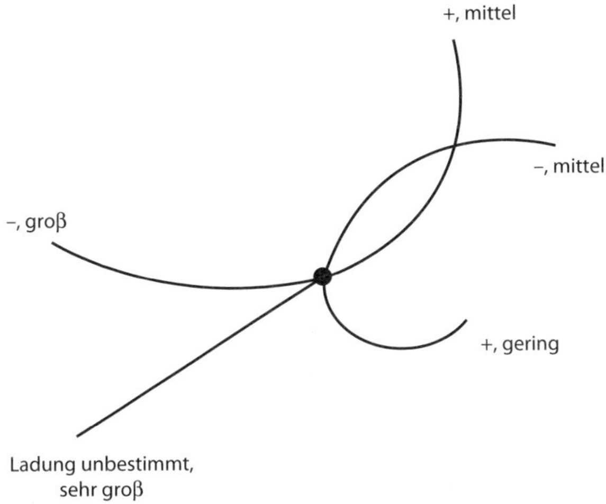

Abb. 4.3 Die Teilchen aus einem gemeinsamen Kollisionspunkt können in einem Magnetfeld unterschiedlich abgelenkt werden. In der Abbildung beziehen sich die Zeichen + und – auf die elektrische Ladung und die Attribute auf die Energiemenge der Teilchen. Man beachte, dass die Richtung der Ablenkung und die unterschiedliche Krümmung der Spuren mit der Ladung und der Energie der Teilchen zusammenhängen.

lichen Energien und Ladungen verlassen den Kollisionspunkt. Aus den Krümmungen der Teilchenbahnen im bzw. entgegen dem Uhrzeigersinn können wir ablesen, dass wir es mit zwei positiv und zwei negativ geladenen Teilchen zu tun haben. Die Energie des fünften Teilchens ist so hoch, dass man nicht entscheiden kann, ob seine Bahn im oder entgegen dem Uhrzeigersinn gekrümmt ist. Daher wissen wir auch nicht, ob das Teilchen eine positive oder negative elektrische Ladung trägt.

Damit erkennen wir eine wichtige Einschränkung für dieses Verfahren. Wenn ein Teilchen eine so hohe Energie hat, dass man nicht mehr entscheiden kann, in welche Richtung seine Bahnkurve gekrümmt ist, bewegt es sich auf einer nahezu geraden Linie.

Dann kann man nicht mehr entscheiden, ob der Kreis nur riesig, sehr riesig oder aber superriesig ist, und deshalb ist es unmöglich, die Energie des Teilchens zu ermitteln.

Diese Überlegungen zeigen, dass wir ein Teilchen aus seiner Ablenkung im Magnetfeld am besten identifizieren können, wenn seine Energie nicht zu groß ist. Doch wie bestimmt man die Energie von sehr energiereichen Teilchen? Gerade weil der LHC der größte Beschleuniger ist, der jemals gebaut wurde, ist diese Frage besonders wichtig. Glücklicherweise gibt es ein Verfahren, das umso besser funktioniert, je höher die Energie eines Teilchens ist, nämlich die Beobachtung von Teilchenschauern. Bevor wir jedoch auf dieses Verfahren eingehen, betrachten wir zunächst das zweite Verfahren auf unserer Liste: die Ionisation.

Ionisation

Bei der magnetischen Ablenkung fanden wir einen Zusammenhang zwischen der Bahn eines Teilchens und seiner Energie. Wir haben bisher jedoch noch nicht besprochen, wie wir die Teilchen überhaupt sehen können. Dazu brauchen wir die Ionisation.

Wenn ein geladenes Teilchen durch Materie hindurchfliegt, stößt es gegen deren Atome. Anders jedoch als bei Kegeln, wo die Kugel die Kegel physikalisch treffen muss, um sie umzukippen, besitzt das geladene Teilchen ein elektrisches Feld, welches das Teilchen weit über seine materielle Ausdehnung hinaus umgibt. Wenn nun ein Teilchen durch die Materie fliegt, rüttelt sein elektrisches Feld auch an den Atomen des Materials, die es nicht direkt trifft.

Da man sich das zunächst nur schwer vorstellen kann, wollen wir uns einige Analogien aus dem Alltag überlegen. Wenn Sie einen Magneten in die Nähe von Eisennägeln halten, werden die Nägel angezogen, auch wenn der Magnet sie gar nicht berührt. Man könnte auch an einen schweren Lastwagen denken, der rasant über eine Straße fährt, auf der Zeitungspapier und Kunststoffbecher herumliegen. Der Fahrtwind des Lastwagens weht die Abfälle umher, selbst wenn der Lastwagen sie physikalisch nicht berührt. Ähnlich ist es mit dem elektrischen Feld, das ein geladenes Teilchen umgibt. Wenn dieses im Grunde genommen sehr ausgedehnte Objekt (das geladene Teilchen mit seinem elektrischen Feld) durch das Material schießt, stößt es gegen die Atome der Umgebung. Bei jedem Stoß wird das geladene Teilchen ein wenig langsamer, wie eine Bowlingkugel, die durch einen mit Kegeln angefüllten Raum rollt. Eigentlich ist damit schon alles Wichtige zum Thema Ionisation gesagt: Ein geladenes Teilchen bewegt sich durch einen Körper, trifft gegen die Atome des Körpers und wird dabei langsamer.

Noch etwas müssen wir über die Ionisation wissen: Die Menge an Energie, die ein Teilchen auf seinem Weg durch das Material verliert, ist proportional zu der zurückgelegten Strecke. Angenommen, das Teilchen verliert pro Zentimeter Wegstrecke eine Energieeinheit. Dann verliert es die dreifache Menge an Energie, wenn es die dreifache Strecke zurückgelegt hat; nach 15 cm hat es entsprechend 15 Energieeinheiten verloren usw. Misst man umgekehrt die Wegstrecke, die ein Teilchen zurückgelegt hat, kennt man auch seine Energie. Um bei unserem Beispiel zu bleiben: Wenn das Teilchen 100 cm durch den Körper zurückgelegt hat und dann zur Ruhe kommt, wissen wir, dass es zu Beginn 100 Einheiten Energie hatte.

Nach diesen technischen Erörterungen können wir uns überlegen, was wir mit der Ionisation anfangen können. Im Grunde genommen lässt sich dieses Phänomen mit einer Vollbremsung beim Auto vergleichen. Der Energieverlust durch die Ionisation entspricht dem Energieverlust des Autos durch die Reibung zwischen den Reifen und der Straße. So, wie man aus der Länge der Bremsspur die Geschwindigkeit ablesen kann, mit der sich das Auto bewegte, bevor man auf die Bremsen stieg (die Energie muss also anfänglich recht hoch gewesen sein), so kann man aus der Eindringtiefe eines geladenen Teilchens auf seine ursprüngliche Energie schließen.

Wie tief dringt ein Teilchen, das nur durch Ionisation abgebremst wird, typischerweise in einen Körper ein? Neben der Energie des

Teilchens spielt natürlich auch das Material des Körpers eine Rolle. Ein Teilchen mit einer vergleichsweise geringen Energie (10 GeV) dringt in Eisen ungefähr 7,6 m tief ein. Die Kollisionsenergie am LHC beträgt 14000 GeV. Dabei werden sehr viele Teilchen mit der niedrigen Energie von rund 10 GeV auftreten, es wird aber auch vergleichsweise viele Teilchen geben, die das Zehnfache dieser Energie haben. Um diese Teilchen zu stoppen, bräuchte man somit einen Eisenblock von der Größe eines Fußballfelds.

Solche Ausmaße in der Ausrüstung kann sich die moderne Teilchenphysik nicht leisten. Wollte man tatsächlich um den Kollisionspunkt eine Eisenkugel mit einem Durchmesser von 180 m legen, so würde diese, ausgehend von den Preisen im Jahre 2007, ungefähr so viel kosten wie der Zehnjahreshaushalt der Vereinigten Staaten. Es muss eine andere Lösung geben. Wie angekündigt, kommen wir damit zu den Teilchenschauern.

Teilchenschauer

Natürlich ist alles, was wir bisher über die Ionisation gesagt haben, richtig, aber für einige Teilchen ist damit noch nicht Schluss – sie sind außerdem an andersartigen Wechselwirkungen beteiligt. Gemeint sind hauptsächlich Elektronen, Photonen und Hadronen (die Letzteren sind, wie Sie wissen, die Teilchen, die Quarks enthalten). Wenn diese Partikel nahe an einem Atom vorbeifliegen, werden sie nicht nur durch die Ionisation abgebremst, sondern können sozusagen neue Teilchen hervorbringen. Fliegt ein Elektron sehr nahe an einem Atomkern vorbei, „spuckt" es ein Photon aus: Ein Teilchen (das Elektron) kommt an, zwei Teilchen (Elektron und Photon) fliegen davon. Wenn ein Photon einem Atomkern sehr nahe kommt, kann es verschwinden, und stattdessen erscheint ein Elektron und ein Positron: Ein Teilchen kommt an, zwei fliegen davon.

Jetzt kommt der springende Punkt: Wenn aus dem einen Teilchen zwei Teilchen werden, behält jedes (ungefähr) die Hälfte der

Energie. Da die Eindringtiefe eines Teilchens in Materie mit seiner Energie zusammenhängt, ist sie für die beiden Tochter-Teilchen nur noch ungefähr halb so groß wie für das Mutter-Teilchen.

Damit sich ein Teilchenschauer entwickelt, müssen sich die Tochter-Teilchen weiter vermehren. Das geschieht, wenn sie ihrerseits auf Atomkerne treffen. So werden aus einem Teilchen zunächst zwei, dann vier, acht, sechzehn und so weiter, in manchen Fällen bis zu zehntausend Teilchen. Je mehr Teilchen es werden, desto geringer ist die Energie jedes einzelnen Teilchens; und je geringer diese Energie ist, umso weniger Material braucht man, um das Teilchen vollkommen zu absorbieren, sodass man seine Energie messen kann. Das Prinzip der Entwicklung eines Teilchenschauers ist in Abbildung 4.4 angedeutet.

Hadronen erzeugen ebenfalls Teilchenschauer, allerdings sind die Einzelheiten etwas komplizierter. Kurz zusammengefasst: Hadronenschauer halten länger an und dringen tiefer in Materie ein. Die Eindringtiefe der elektromagnetischen Elektronen und Photonen in ein dichtes Material wie ein Metall beträgt grob einige Zentimeter, die von Hadronen ungefähr einen Meter.

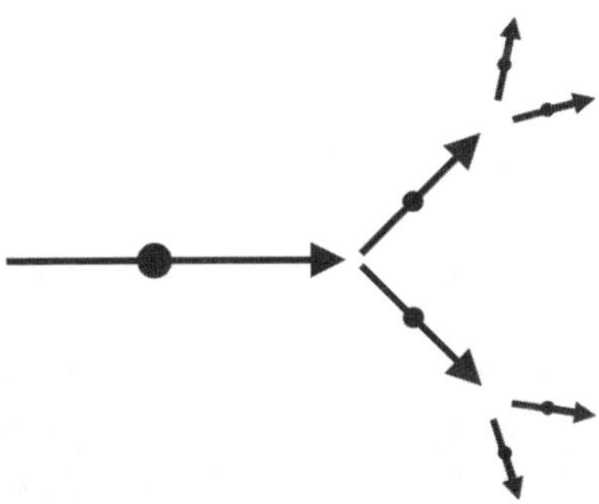

Abb. 4.4 Teilchenschauer. Aus einem Teilchen werden zwei Teilchen mit weniger Energie. Dieser Prozess wiederholt sich und die Anzahl der Teilchen nimmt zu, während die Energie der einzelnen Teilchen abnimmt.

Nachdem wir nun die Ionisation und die Entwicklung von Teilchenschauern kennen, überlegen wir, wie man zwischen verschiedenen Teilchen unterscheiden kann. Wir betrachten einen einfachen Detektor mit zwei Komponenten: einem Gas, in der die Ionisation gemessen wird, und einem Festkörper, in dem sich Schauer entwickeln. (Wir werden später noch darauf eingehen, wie man die Ionisation misst.) Die wesentlichen Punkte der Identifikation seien hier für fünf Teilchenarten aufgezählt: Neutrinos, Myonen, Photonen, Elektronen und Hadronen. Neutrinos sind elektrisch neutral und erzeugen keine Schauer. Photonen sind elektrisch neutral und bewirken schnelle Schauer, ebenso wie die elektrisch geladenen Elektronen. Hadronen können sowohl elektrisch neutral als auch geladen sein, und ihre Schauer sind langsamer. Schließlich haben wir noch Myonen, die elektrisch geladen sind und keine Schauer hervorrufen.

Abbildung 4.5 können wir entnehmen, dass elektrisch geladene Teilchen im Gasbereich des Detektors eine Spur hinterlassen, neutrale Teilchen nicht. Im Feststoffbereich des Detektors findet man je nach Teilchenart einen Schauer. Durch die Signaturen der Teilchen in den beiden Detektorkomponenten können wir ihre Identität erstaunlich verlässlich bestimmen.

Ein schwaches blaues Leuchten

Bevor wir uns den speziellen Eigenschaften der Detektoren zuwenden, möchte ich noch zwei sehr nützliche Effekte beschreiben: die Tscherenkow-Strahlung und die Übergangsstrahlung. Fast jeder, der sich überhaupt für Naturwissenschaft interessiert, weiß, dass sich nichts schneller als Licht bewegen kann. (Manch wunderliche Briefe und E-Mails, die ich jeden Monat bekomme, deuten allerdings darauf hin, dass dieses Gesetz nicht von allen akzeptiert wird.) Streng genommen sollte man sagen, dass sich nichts schneller als Licht im Vakuum bewegen kann. In einem

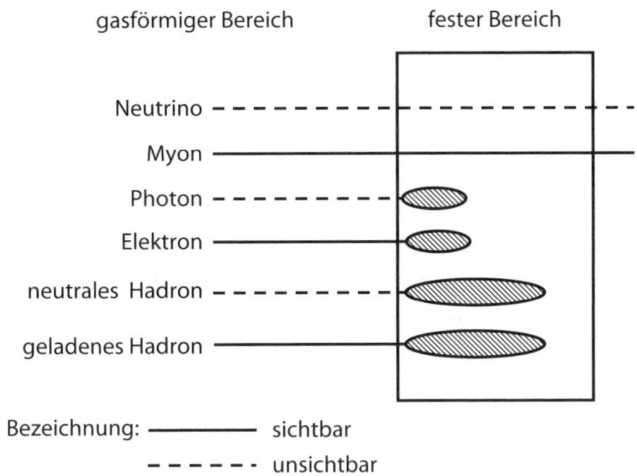

Abb. 4.5 An den unterschiedlichen Spuren, die sie in Materie hinterlassen (Ionisation im Gas oder Schauer im Festkörper), kann man die Teilchen unterscheiden. Die schattierten Ellipsen deuten Schauer an; „sichtbar" und „unsichtbar" beziehen sich auf die Wahrnehmung des Teilchens in diesem Detektor.

Medium breitet sich Licht langsamer aus, zum Beispiel in Plexiglas nur ungefähr zwei Drittel so schnell, wie im leeren Raum. Viele optische Phänomene, unter anderem auch die Funktionsweise von Linsen und Prismen, beruhen auf dieser Tatsache.

Die Tatsache, dass sich Licht in Glas langsamer ausbreitet als im Vakuum, lässt, wie Sie gleich sehen, ein Schlupfloch in der Sache mit der Lichtgeschwindigkeit als unüberschreitbarem Maximum: Wenn Licht auf Glas trifft, wird es sofort langsamer (und sofort wieder schneller, sobald es das Glas verlässt). Der Mechanismus, der für dieses Abbremsen sorgt, wirkt aber nur auf das Photon und auf kein anderes Teilchen. Somit kann sich folgende Situation ergeben:

Angenommen, zwei sehr energiereiche Teilchen – ein Elektron und ein Photon – fliegen im Vakuum nebeneinander her. Wie viel Energie das Elektron auch besitzen mag, das Photon ist stets schneller. Hat das Elektron eine sehr hohe Energie, bleibt der Vorsprung vielleicht nur klein, aber er ist vorhanden.

Nun treffen diese beiden Teilchen auf eine Glasplatte. Das Photon wird sofort langsamer und hat nur noch rund zwei Drittel seiner vorherigen Geschwindigkeit, doch die Geschwindigkeit des Elektrons bleibt nahezu unverändert. Innerhalb des Glases ist das Elektron somit schneller als das Photon! In einem solchen Fall passiert etwas Ähnliches wie beim Überschallknall. Ein Überschallknall tritt auf, wenn sich zum Beispiel ein Flugzeug schneller durch die Luft bewegt als der Schall in derselben Luft. Ist die Geschwindigkeit eines elektrisch geladenen Teilchens innerhalb von Glas größer als die Lichtgeschwindigkeit in diesem Medium, wird kein Knall ausgesendet, sondern ein Blitz. Wenn man dieses Licht beobachtet, weiß man, dass ein sehr energiereiches elektrisch geladenes Teilchen durch das Glas getreten ist. Das Phänomen bezeichnet man als Tscherenkow-Strahlung oder Tscherenkow-Licht.

Tscherenkow-Strahlung und Schauerbildung lassen sich zu einem sehr effizienten Teilchennachweis kombinieren, worauf wir später noch zurückkommen werden. Stellen Sie sich vor, Sie haben einen Block aus Bleikristall(glas), wie man es früher für besonders teure Kronleuchter verwendet hat. Anders als gewöhnliches Glas, das im Wesentlichen aus geschmolzenem, abgekühltem Sand besteht, enthält Bleikristall – wie der Name sagt – eine ziemlich große Menge Blei. Wie schon erörtert, kann ein Elektron, das einem Atomkern sehr nahe kommt, ein Photon erzeugen. Sofern dieses Photon seinerseits sehr dicht an einem anderen Atom vorbeifliegt, kann es ein Elektron-Positron-Paar erzeugen. Schließlich können sich diese Tochter-Teilchen in der Nähe weiterer Atome selbst wieder vermehren. Dabei entsteht, wie Sie wissen, ein Teilchenschauer. Nun haben wir das Ganze aber innerhalb von Glas. Da die Teilchen in dem Schauer sehr schnell sind (schneller als das Licht in diesem Glas), emittieren die Elektronen und Positronen Tscherenkow-Licht, das gesammelt und zur weiteren Datenverarbeitung in einen elektrischen

Impuls umgewandelt werden kann. Ein Block aus Bleiglas und ein empfindliches elektrisches Auge können auf diese Weise die Energie von Elektronen und Photonen messen.

Übergangsstrahlung

Als letzte Detektortechnologie wollen wir noch die Übergangsstrahlung beschreiben. Wie der Name andeutet, handelt es sich um eine Strahlung, die durch einen Übergang ausgelöst wird. Um welchen Übergang handelt es sich?

In einem Medium wie Glas ist ein elektrisch geladenes Teilchen von einem elektrischen Feld umgeben, das sowohl von der Ladung des Teilchens als auch von der Art des Mediums abhängt. Es kann sich deshalb ändern, wenn das Teilchen aus einem Medium in ein anderes übertritt (beispielsweise aus Luft oder Kunststoff in eine Flüssigkeit). Bei diesem Übergang emittiert das geladene Teilchen ein Röntgenphoton. Röntgenstrahlung kann man zwar nicht sehen, aber sie hat genügend Energie, um in dem Material der Umgebung eine Ionisation auszulösen. Die Grundidee ist in Abbildung 4.6 dargestellt.

Wenn man Art und Form der Materialien geeignet wählt, kann man genau feststellen, an welcher Stelle das geladene Teilchen

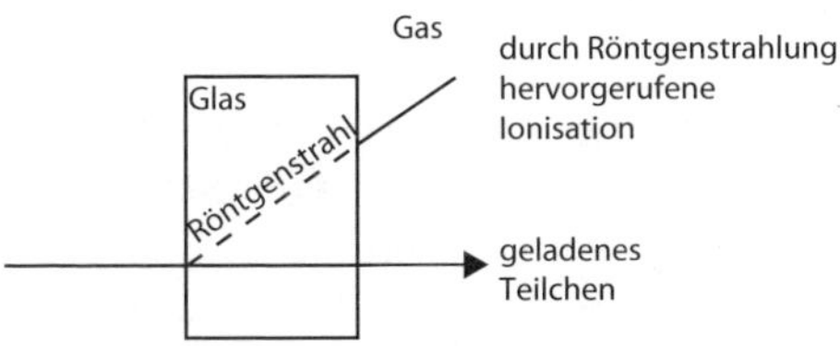

Abb. 4.6 Übergangsstrahlung entsteht, wenn ein geladenes Teilchen von einem Medium in ein anderes tritt. Bei diesem Übergang wird Röntgenstrahlung emittiert. Der Nachweis erfolgt über die Ionisation eines Gases.

von einem Medium ins andere getreten ist. Da die Übergangsstrahlung außerdem von der Geschwindigkeit des Teilchens abhängt, kann man zwischen schnellen Teilchen (wie leichten Elektronen) und langsameren Teilchen (wie schweren Hadronen) unterscheiden. Diese Technologie wird am LHC bei den Detektoren ATLAS und ALICE verwendet, und wir werden noch genauer darauf eingehen, wenn wir auf die Besonderheiten der einzelnen Detektoren zu sprechen kommen.

Wir haben nun einiges über die Prinzipien, die in den Detektoren der Teilchenphysik angewandt werden, gelernt: Ablenkung im Magnetfeld, Ionisation, Teilchenschauer, Tscherenkow-Strahlung und Übergangsstrahlung. Unser Ziel ist es jedoch, möglichst viel über die Teilchen zu erfahren, die bei einer Kollision entstehen. Besonders wichtig sind dabei: ihr Ursprung (gewöhnlich der Kollisionspunkt), ihre Bahnkurve, ihre elektrische Ladung, Energie und Identität. Nun ist es an der Zeit, diese Ideen zusammenzubringen. Offensichtlich gibt es ebenso viele verschiedene Technologien wie Forscher, die bereitstehen, um die Messungen vorzunehmen. Deshalb beschränken wir uns hier auf die Verfahren, die bei den LHC-Detektoren tatsächlich zur Anwendung kommen.

Wir konzentrieren uns am besten wieder auf wenige verschiedene Teilchenarten: ein Elektron, ein Photon, ein Positron (Anti-Elektron mit der entgegengesetzten Ladung), ein Myon, ein Neutrino sowie elektrisch geladene und neutrale Hadronen.

Abbildung 4.7a fasst alles zusammen, was man über die besagten Teilchen herausfinden kann: ihre Identität, ihre elektrische Ladung und ihre Energie. Natürlich liefert uns unser Detektor nicht dieses allumfassende Wissen, von den Teilchenphysikern auch „thruth level“ genannt. Wenn wir im Folgenden anwenden, was wir über Detektoren gelernt haben, gewinnen wir eine Vorstellung davon, was die Physiker tatsächlich sehen.

Was uns vor allem interessiert, ist, wie erklärt, die elektrische Ladung und die Energie der Teilchen. Eines der oben besprochenen Verfahren ist die Ablenkung der Teilchen im Magnetfeld, wobei geladene Teilchen auf Kreisbahnen gebracht werden. Die Größe des Kreises hängt von der Energie des Teilchens ab, und Teilchen mit entgegengesetzten Ladungen werden in entgegengesetzter Richtung abgelenkt.

Betrachten wir die Wirkung eines Magnetfelds auf die Teilchen in Abbildung 4.7a (4.7b): Das energiearme Elektron und das Positron werden sehr stark abgelenkt. Das positiv geladene Hadron mit einer mittleren Energie wird mittelmäßig ablenkt, die Bahnkurve des hochenergetischen Myons hingegen krümmt sich nur schwach. Die anderen Teilchen sind elektrisch neutral und spüren den Einfluss des Magnetfelds nicht.

Damit ist der erste Schritt getan, um die Streuung bei einer Teilchenkollision zu verstehen. Ein Problem haben wir jedoch vernachlässigt: Wir haben die Bahnkurven der Teilchen noch nicht wirklich beobachtet. Dazu greifen wir wieder in unsere Trickkiste. Zur Sichtbarmachung von Bahnkurven brauchen wir die Ionisation. Wie oben erklärt, kommt es zur Ionisation, wenn ein elektrisch geladenes Teilchen beim Durchdringen von Materie mit deren Atomen interagiert. Die Wirkung des vorbeifliegenden Teilchens lässt sich mit verschiedenen Verfahren beobachten.

Aus Gründen, um die wir uns nicht weiter kümmern wollen, möchte man in einem Ionisationsdetektor möglichst wenig Material haben (sonst wird das Ganze ziemlich schnell kompliziert). Deshalb arbeitet man mit vielen dünnen Schichten, die durch ein Medium geringer Dichte, beispielsweise ein Gas oder Vakuum, getrennt sind.

In unserem einfachen Beispiel umgeben wir den Kollisionspunkt mit mehreren Materialschichten in Form konzentrischer Kreise. In Abbildung 4.7c wurde der Ionisationsdetektor installiert. Er zeichnet den Durchgang elektrisch geladener Teilchen auf, neutrale Teilchen „sieht“ er nicht. Positionen, an denen ein geladenes Teilchen nachgewiesen wurde, sind in der Abbildung durch einen Punkt markiert.

Elektrisch geladene Teilchen können wir also nachweisen. Für die neutralen müssen wir ein weiteres Mal in die Trickkiste grei-

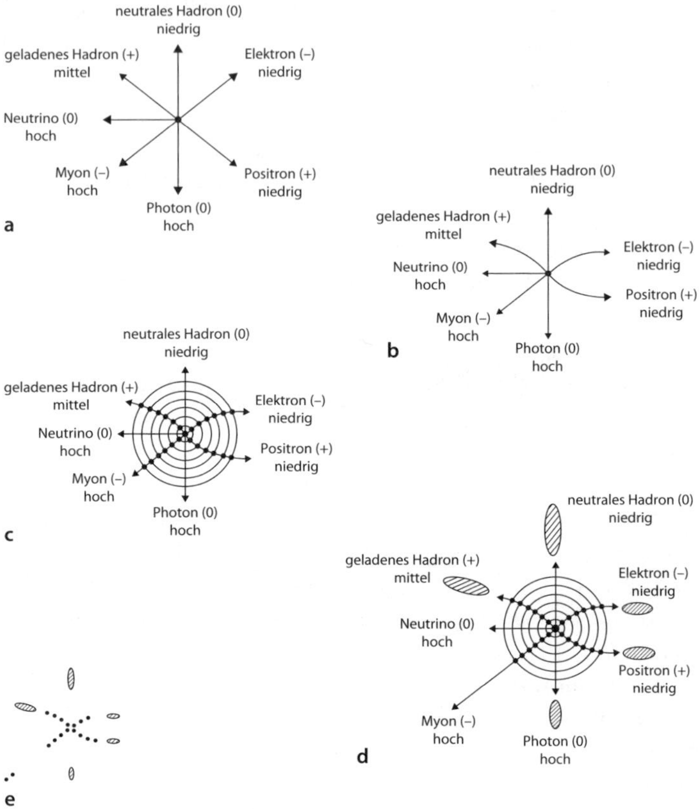

Abb. 4.7 (a) Nach einer Teilchenkollision verlassen verschiedene Teilchen den gemeinsamen Ursprungspunkt, den sogenannten Primärvertex. In dieser Zeichnung sind jeweils die Identität der verschiedenen Teilchen, ihre elektrische Ladung und ihre Energie angegeben. (b) Dasselbe Bild wie in (a), allerdings sieht man noch den Einfluss eines Magnetfelds. (c) Dieselbe Situation wie in (b), wobei noch ein typischer Ionisationsdetektor vorhanden ist. Die dickeren Punkte deuten an, wo die geladenen Teilchen den Detektor durchquert und ein Signal hinterlassen haben. Man beachte, dass neutrale Teilchen bisher noch nicht beobachtet werden können.

fen: Teilchenschauer. Wie wir gesehen haben, können verschiedene Teilchen ihre Energie ziemlich rasch an ein dichtes Material abgeben, indem sie Schauer erzeugen. Bei Elektronen, Positronen und Photonen entstehen vergleichsweise kurze Schauer, wohingegen hadronische Teilchen längere Schauer auslösen.

Schauerdetektoren, technisch als (elektromagnetische oder hadronische) Kalorimeter bezeichnet, bestehen meist aus dicken Platten aus einem dichten Material (meist einem Metall). Es ist wichtig, dass die Platten dick sind; wenn der Detektor zu dünn wäre, könnte der Schauer auf der anderen Seite austreten, und damit würde ein Teil der Energie nicht nachgewiesen.

In Abbildung 4.7d sehen wir die Wirkung eines solchen Kalorimeters. Die Eindringtiefe eines Schauers hängt in erster Linie von der Art des Teilchens ab, das den Schauer auslöst. Neutrinos sehen wir immer noch nicht. Myonen lösen keine Schauer aus, sondern treten einfach durch das dichte Material hindurch (und zwar geradlinig, da dort kein Magnetfeld anliegt), wobei sie sich nur durch Ionisationseffekte bemerkbar machen. Um Myonen sicher nachzuweisen, werden gewöhnlich noch Ionisationsdetektoren außerhalb der Kalorimeter installiert, manchmal (aber nicht immer) mit Magnetfeld. Für unser einfaches Beispiel legen wir dort ein Magnetfeld an.

Abbildung 4.7e zeigt uns die fertige Detektoranordnung, wobei alle Informationen über Ladung, Energie und Identität der Teilchen, von denen die Spuren stammen, weggelassen wurden. Die

---

(d) Dieselbe Situation wie in (c) mit zusätzlichen Kalorimetern. Die schraffierten Ellipsen deuten einen Schauer an, wobei die Größe der Ellipse die Eindringtiefe der Teilchen angibt. Die hadronischen Schauer dringen tiefer ein als die rein elektromagnetisch ausgelösten. (e) zeigt dasselbe Bild wie (d), allerdings ohne die explizite Information. Die drei zusätzlichen Treffer in den Myon-Ionisationsdetektoren (unten links) außerhalb der eigentlichen Schauermessgeräte stammen von Myonen. Man vergleiche Bild (e) (was der Experimentator sieht) mit Bild (a) (was wir zu beobachten versuchen).

experimentell arbeitenden Teilchenphysiker haben nun die Aufgabe, aus dem, was sie im Detektor sehen (Abb. 4.7e), rückzuschließen auf das, was tatsächlich da war (Abb. 4.7a).

Bisher haben wir die Detektoren allgemein beschrieben. Nun wollen wir mehr ins Detail gehen. Die beiden Hauptfragen sind: Wie messen wir den Ort eines Teilchens, und was sind die wesentlichen Komponenten eines Kalorimeters? Wir beginnen mit der ersten Frage.

Ionisationsdetektoren

Die meisten Detektoren, die in der Lage sind, den Ort eines Teilchens zu messen, beruhen auf Ionisation: Elektrisch geladene Teilchen durchdringen ein Material und stören die Elektronenanordnung; diese Störung wird irgendwie nachgewiesen. Die Frage ist dann, an welcher Stelle das Teilchen in das Material eingetreten ist. Sie zu beantworten, gibt es etliche Möglichkeiten. Meist stellt man einfach sehr viele kleine Ionisationsdetektoren getrennt voneinander auf und wertet das Muster der getroffenen Detektoren aus. Daraus kann man die Teilchenbahn rekonstruieren.

Stellen Sie sich vor, der Detektor bestünde aus Trinkhalmen. In jedem Röhrchen befindet sich ein Material, das ionisiert werden kann und dessen Ionisation man nachweisen kann. Nebeneinandergelegt bilden die Röhrchen eine Ebene wie in Abbildung 4.8a.

Jeder Halm meldet uns, wenn er getroffen wurde, wobei es nicht so wichtig ist, an welcher Stelle genau das Teilchen hindurchgetreten ist. Aus diesen Signalen können wir schon einiges über den Ort des Teilchens erfahren. Wenn wir die Trinkhalme in vielen Ebenen übereinanderlegen, können wir den Weg des Teilchens rekonstruieren. Abbildung 4.8b zeigt mehrere Ebenen in der Seitenansicht, woraus Sie das Prinzip erkennen.

Aus Abbildung 4.8 geht ein wichtiger Punkt hervor. Die Information, die wir über den Ort der Teilchen gewinnen können,

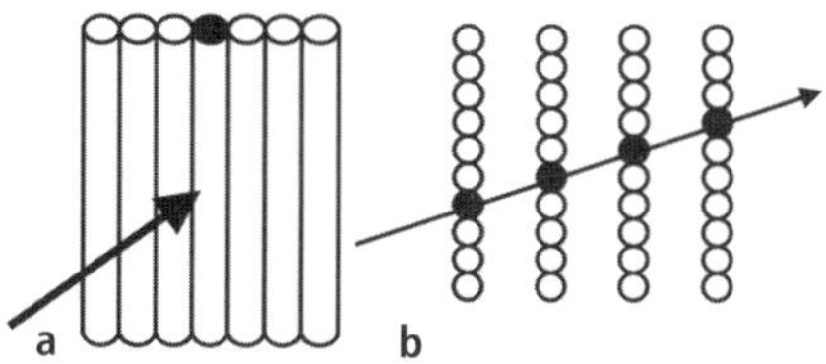

Abb. 4.8 Ein typischer Ionisationsdetektor. Die einzelnen Detektorelemente werden von einem geladenen Teilchen durchdrungen und signalisieren den Durchgang des Teilchens. (a) Frontansicht einer einzelnen Schicht und (b) Seitenansicht mehrerer Schichten.

ist durch die Ausdehnung (Dicke) der einzelnen Strohhalme begrenzt. Anders gesagt: Dickere Strohhalme messen den Ort weniger genau als dünne. Also sollte man die Strohhalme so dünn machen, wie es technisch eben möglich ist, oder? Wie so oft, lautet die Antwort: Ja, aber … – und dieses „aber" betrifft das leidige Problem der Kosten. Jeder Strohhalm muss mit einem eigenen elektronischen Schaltkreis ausgelesen werden, und jeder Schaltkreis erhöht die Ausgaben. Letztendlich entscheiden sich die Wissenschaftler für einen Kompromiss: Wenn sehr genaue Messungen für den Erfolg des Experiments notwendig sind, bauen sie kleine Detektoren und nehmen die hohen Kosten in Kauf, doch wenn es die Umstände erlauben, verwenden sie dickere Strohhalme und geben ihr Geld für wichtigere Dinge aus.

Normalerweise bestehen Detektoren nicht aus Strohhalmen (obwohl es welche gibt, aber selten); stattdessen greifen die Wissenschaftler auf Metalldrähte oder Silizium zurück.

Wenn Sie die Strohhalme durch Drähte ersetzen, erhalten Sie eine Anordnung, die einer Harfe ähnelt. Die Drähte befinden sich in einem Behälter, der mit einem nach bestimmten Gesichtspunkten ausgewählten Gas gefüllt ist. Wenn ein Teilchen durch die Drahtebene fliegt, registriert der Draht, dem es am nächsten kommt, seinen Durchgang. Der Abstand zwischen benachbarten Drähten hängt vom Detektor ab; 1-2 cm sind normal. Durch eine ausgefeilte Elektronik können Detektoren, die nach diesem Prinzip arbeiten, den Ort eines Teilchens mit einer Genauigkeit von wenigen zehntel Millimetern bestimmen.

Für noch genauere Messungen muss man Silizium einsetzen. In den vergangenen Jahrzehnten sind die Computerchips immer kleiner geworden. Die entsprechende Technologie lässt sich auch für Teilchendetektoren einsetzen. In Siliziumdetektoren bestehen die Strohhalme aus Siliziumstreifen, die nur wenige Zentimeter lang sind und so schmal, dass 20 von ihnen nebeneinander auf einen Millimeter passen. Seit einigen Jahren ist es wirtschaftlich und technisch möglich, kleine quadratförmige „Punkte" aus Silizium mit Seitenlängen von 0,05 mm herzustellen. (Der kostspielige Teil dabei ist allerdings, diese winzigen Detektoren mit Instrumenten zu verbinden.)

Ich habe oben erwähnt, dass manche Detektoren tatsächlich so etwas Ähnliches wie Strohhalme enthalten, gefüllt mit einem ionisierbaren Material. Wenn geladene Teilchen durch diese Röhrchen fliegen, wird Übergangsstrahlung im Röntgenbereich ausgesendet. Die Röntgenstrahlung ionisiert das Material in den Röhrchen, und auf diese Weise lassen sich die Teilchen nachweisen. Der ATLAS-Detektor arbeitet mit dieser Technik.

Der Aufbau eines Schauerdetektors

Kommen wir nun zu den Schauerdetektoren (Kalorimetern). Alle Kalorimeter haben eines gemein: Sie bestehen aus einem dichten Material. Zwei Verfahren sind besonders gebräuchlich: Sampling-Kalorimeter und homogene Kalorimeter.

Der Name „Sampling-Kalorimeter" bezieht sich darauf, dass die Energiemessung (Kalorimetrie) hier nur eine repräsentative Stichprobe (ein „sample") der Teilchenenergie erfasst. Prinzipiell besteht ein solcher Detektor aus übereinandergestapelten Metallplatten, jeweils getrennt durch einen Stoff, in dem sich die

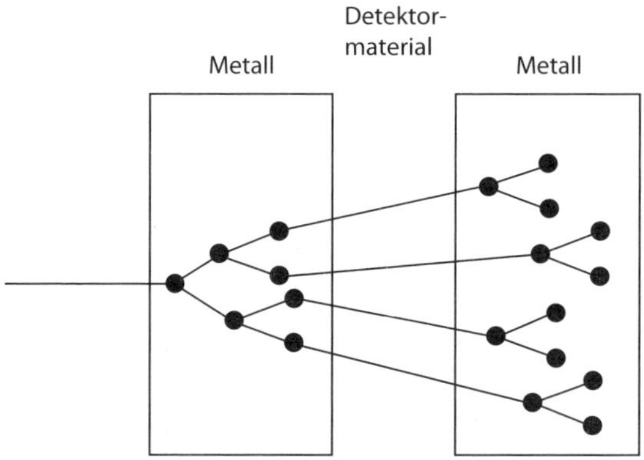

Abb. 4.9 Bei einem Sampling-Kalorimeter entsteht der größte Teil des Schauers in dem sehr dichten Metall, wohingegen der tatsächliche Nachweis in dem vergleichsweise dünnen Material zwischen den Metallplatten erfolgt.

Ionisationsenergie leicht messen lässt. Das kann ein Gas, eine Flüssigkeit oder ein Feststoff sein, dessen Dichte geringer sein muss als die des Metalls. Ein typischer Detektor dieser Art besteht aus einer wenige Zentimeter dicken Stahlplatte, gefolgt von rund einem Zentimeter des Nachweismaterials. Dieses Muster kann sich rund 50-mal wiederholen, wobei die Parameter (Schichtdicke, Art des Materials) von Detektor zu Detektor verschieden sein können.

Abbildung 4.9 zeigt das Prinzip eines Sampling-Kalorimeters. Hochenergetische Teilchen erzeugen durch Wechselwirkung mit den Atomen des dichten Metalls einen Teilchenschauer. Diese Schauerteilchen treten durch das aktive Detektormaterial hindurch, wo die Ionisation aufgezeichnet wird. In der nächsten Metallschicht werden neue Schauer ausgelöst. Mit jeder neuen Schicht nimmt die Energie der einzelnen Schauerteilchen ab – bis zu einem Punkt, an dem keine Schauer mehr entstehen. Diese Teilchen werden dann einfach absorbiert und der Schauer endet. Der gesamte Prozess dauert einige Milliardstel Sekunden.

Die zweite Klasse von Schauerzählern sind die homogenen Kalorimeter. Im Gegensatz zu einem Sampling-Kalorimeter besitzt ein homogenes Kalorimeter keine innere Struktur; der Detektor ist also homogen, daher der Name. Damit ein homogener Detektor sowohl das notwendige Metall zur Schauererzeugung enthält als auch den Schauer nachweisen kann, braucht man wieder einen Trick. Diesmal ist es ein metallhaltiges Glas, in den meisten Fällen Bleikristall – tatsächlich derselbe Stoff, aus dem alte Dekantierkaraffen oder die Kronleuchter in den Tanzsälen edler Hotels bestehen. Bleikristallglas ist ein ideales Material für einen Teilchendetektor.

Ein Detektor aus Bleiglas beruht auf einem etwas anderen Prinzip als ein Sampling-Kalorimeter. Ein hochenergetisches Teilchen tritt in das Glas ein und bewegt sich darin schneller als Licht (dass das möglich ist, wurde weiter oben bereits erklärt). Unter diesen Umständen emittiert es Tscherenkow-Licht. Das Teilchen trifft auf ein Bleiatom und löst einen Schauer aus. Auch die Tochterteilchen in dem Schauer bewegen sich schneller als das Licht in diesem Glas und emittieren Tscherenkow-Licht. Die Tochterteilchen treffen wiederum auf Bleiatome und der Schauer wächst an. All diese Teilchen emittieren Tscherenkow-Licht. Da der Detektor aus Glas besteht, breitet sich das Tscherenkow-Licht darin aus; an der Grenze des Glases ist ein Kollektor installiert, der Lichtpulse in elektrische Pulse umwandelt. Mit Metallglasdetektoren weist man hauptsächlich Elektronen, Positronen und Photonen nach.

Die „Oide": Solenoide und Toroide

Damit Sie verstehen, was hinter zwei wenig bekannten Begriffen in den Namen von LHC-Detektoren steckt, müssen wir einen kleinen Abstecher machen. Es geht um die Erzeugung von Magnetfeldern. Die Magnete der modernen Teilchenphysik sind Drahtspulen verschiedener Formen, die von einem Strom durchflossen werden, der ein Magnetfeld erzeugt. Verschiedene Formen von Spulen produzieren verschiedene Magnetfelder, die wiederum die Teilchen in unterschiedliche Richtungen ablenken. Die beiden häufigsten Formen für die Wicklung der Drähte sind der Solenoid und der Toroid. Beim Solenoid wird der Draht ähnlich einer Spiralfeder um die Außenseite des Kerns gewunden, beim Toroid wird der Draht wie um ein Donut gewickelt. Ein solenoidales Magnetfeld lenkt die Teilchen in der Ebene senkrecht zum Teilchenstrahl ab, ein toroidales Magnetfeld lenkt sie aus der Strahlrichtung heraus. Abbildung 4.10 verdeutlicht diese etwas verwirrenden Begriffe.

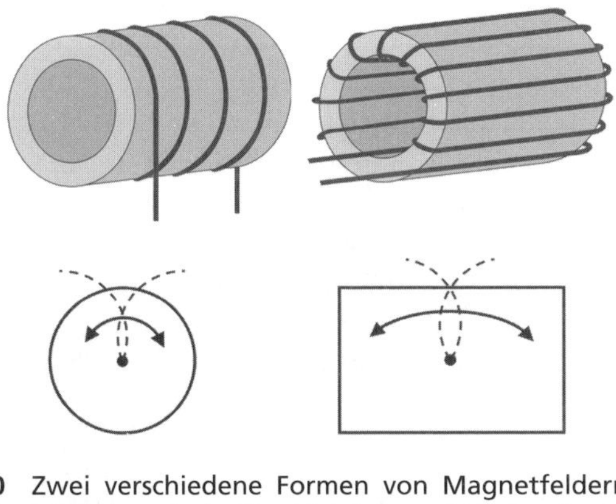

Abb. 4.10 Zwei verschiedene Formen von Magnetfeldern: ein Solenoid (oben links) und ein Toroid (oben rechts). In einem Solenoid werden geladene Teilchen in der Ebene senkrecht zur Zylinderachse abgelenkt. Auf sie blickt man in einer Frontalansicht (unten links). Das Magnetfeld eines Toroids lenkt die Bahnkurven geladener Teilchen in einer Ebene parallel zur Zylinderachse ab, auf die man von der Seite des Toroids schaut (unten rechts). (Zeichnung: Barry Panas)

Die Detektoren am LHC

Nachdem wir die einzelnen Bestandteile eines typischen Detektors besprochen haben, können wir auf einige besondere Eigenschaften der Detektoren am LHC eingehen. Zwei Universaldetektoren sind für die Untersuchung der energiereichsten Proton-Proton-Kollisionen bestimmt, CMS und ATLAS. Zwei weitere Detektoren können bestimmte Phänomene bei geringeren Energien untersuchen, LHC forward (LHCf) und TOTEM. In gewisser Hinsicht sind Letztere den beiden Hauptdetektoren „angehängt". Außerdem gibt es zwei Spezialdetektoren, die mit Blick auf eigene Fragen entworfen wurden: LHCb soll Kollisionen untersuchen, bei denen Bottom-Quarks erzeugt werden, und ALICE ist für die Kollisionen von Schwerionen zuständig (wenn zum Beispiel Bleikerne mit nahezu Lichtgeschwindigkeit frontal aufeinandergeschossen werden).

Der Rest dieses Kapitels beschreibt die Detektoren am LHC nun einzeln. Es geht dabei auch um Details, insbesondere die Größe der Detektoren und die Anzahl bestimmter Bauteile. Sollten Sie an diesen Einzelheiten nicht interessiert sein, können Sie den Rest dieses Kapitels überspringen. Die bisher besprochenen Grundelemente sind in unterschiedlicher Weise in allen LHC-Detektoren vertreten, und wenn Sie dem bisher Gesagten gefolgt sind, haben Sie eine recht gute allgemeine Vorstellung von der Arbeitsweise dieser Detektoren. Wir treffen uns in diesem Fall zu Beginn von Kapitel 5 wieder, wo es um die „Höhen und Tiefen" solcher Unternehmungen gehen wird.

CMS (Compact Muon Solenoid)

CMS verdankt seinen Namen drei Eigenschaften: Er ist vergleichsweise klein (C für *compact*), eignet sich besonders zur Untersuchung von Myonen (M für *muon*), und sein Herz ist ein solenoidales (S für *solenoid*) Magnetfeld. Natürlich ist „kompakt“ ein relativer Begriff: Der Detektor hat eine Höhe von drei Stockwerken. Wenn wir ATLAS mit CMS vergleichen, wird die Wahl der Bezeichnung „kompakt“ etwas verständlicher.

Der Aufbau von CMS (wie der der meisten modernen Teilchendetektoren an Speicherringen, so auch ATLAS und ALICE) gleicht einer Zwiebel mit mehreren Schichten ineinandergeschachtelter Detektortypen. Aus einfachen technischen Gründen haben diese Detektorschichten grob die Form eines Zylinders, was an eine Konservendose erinnert. Die einzelnen Zylinder vertreten unterschiedliche Detektortechnologien. Sie sind ineinander verschachtelt wie Matrjoschka-Puppen.

Abbildung 4.11 zeigt den CMS-Detektor. Er ist 19,8 m lang, hat einen Durchmesser von 14,6 m und wiegt 12 500 t. Er be-

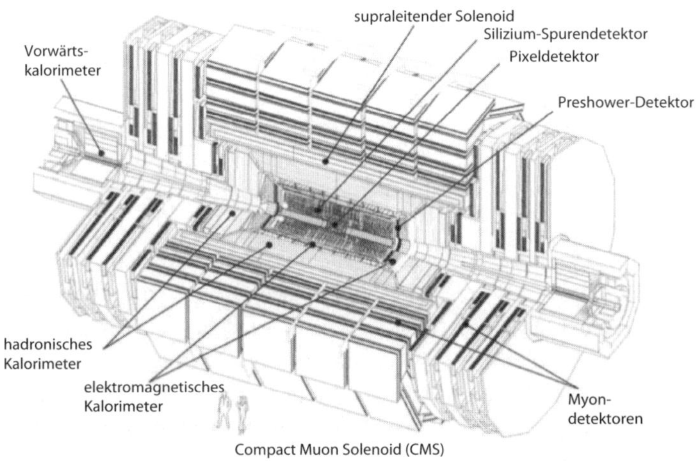

Abb. 4.11 Ein Blick auf den CMS-Detektor mit seinen verschiedenen Teilen. Man beachte zum Vergleich die Größe der Personen. (CERN und CMS Collaboration)

steht aus sechs verschiedenen Schichten im Zentralbereich (an der Seitenfläche der Dose, die man auch als „Barrel" bezeichnet) und fünf Schichten im Kappenbereich (Deckel und Boden der Dose). Die Schichten des Barrels sind: zwei verschiedene Arten von Siliziumdetektoren; ein elektromagnetisches Kalorimeter zur Messung der Energie der Elektronen, Positronen und Photonen; ein hadronisches Kalorimeter zur Messung der Energie der hadronischen Teilchen; ein Magnet, und schließlich ein System zum Nachweis von Myonen. Die Kappendetektoren haben die gleiche Struktur, allerdings fehlt der Magnet.

Schauen wir uns die einzelnen Detektoren an. In diesem Zusammenhang ist der Sprachgebrauch oft etwas verwirrend, denn eigentlich bezeichnet man die gesamte Ausrüstung für ein Experiment in der Teilchenphysik als einen Detektor. Andererseits besteht jedes Experiment aus vielen verschiedenen Teilsystemen, die jeweils einem besonderen Zweck dienen. Spricht man von einem „Teildetektor", so sind diese Teilsysteme gemeint, allerdings wird der Begriff „Detektor" oft sowohl für das gesamte System als auch für die einzelnen Teilsysteme verwendet.

Die Silizium-Spurendetektoren von CMS sind bezüglich ihrer technischen Kennwerte einfach umwerfend und derzeit einzigartig. Sie befinden sich in einem zylindrischen Volumen mit einer Länge von ungefähr 5,8 m und einem Durchmesser von etwas weniger als 2 m. Dieses Volumen ist nicht einfach mit Silizium angefüllt, sondern enthält abwechselnd Silizium- und Luftschichten. Jede einzelne Siliziumschicht hat eine Dicke von einem Bruchteil eines Millimeters und sitzt auf einem Zylinder aus einem kohlenstofffaserverstärkten Kunststoff. Wegen ihrer Widerstandsfähigkeit werden Kohlefaserwerkstoffe auch in modernen Leichtflugzeugen verbaut. Benachbarte Zylinder haben einen Abstand von einigen Zentimetern.

Der Spurendetektor setzt sich aus zwei verschiedenen Teilsystemen zusammen, eines aus sehr kleinen Siliziumdetektoren und eines aus noch kleineren Siliziumdetektoren. Das innere System bezeichnet man als Pixeldetektor, weil es nur noch „Pünktchen“ (Pixel) aus Silizium enthält. Wenn Sie sich einen Pixel vorstellen wollen, denken Sie an eine altmodische Fernsehbildröhre: Wenn man sehr genau hinschaute, konnte man erkennen, dass das Bild aus Pixeln aufgebaut war.

Die Pixel des CMS-Siliziumsystems sind aber noch viel kleiner. Unter dem Mikroskop kann man sehen, dass jeder Quadratmillimeter des Pixeldetektors etwa 60 einzelne Detektoren enthält. Insgesamt umfasst der Detektor ungefähr 66 Millionen solcher Pixel. Diese unvorstellbar große Zahl von Detektoren befindet sich auf drei Zylindern, die ungefähr 1m lang sind und deren Radius zwischen knapp 5 und 10 cm liegt.

Der zweite (äußere) CMS-Siliziumdetektor ist wesentlich größer: Er ist 5,8 m lang und besteht aus zehn Zylindern mit Radien zwischen rund 20 cm und 1 m. Er enthält aber nicht etwa noch mehr Siliziumdetektoren als der Pixeldetektor, sondern „nur“ zehn Millionen einzelne – dafür längere – Detektoren. (Ich weiß nicht, wie es Ihnen ergeht, aber ich finde es komisch, „nur“ und „Millionen“ in einem Atemzug zu verwenden.) Sie heißen Silizium-Mikrostreifen-Sensoren, denn es handelt sich um 0,15 mm breite, etwa 10 cm lange Streifen. In einer Welt ohne Rohstoffmangel hätten wir einen einzigen großen Pixeldetektor gebaut, aber in unserer Welt war er zu teuer. Wie weiter oben schon allgemein gesagt, baut man einen sehr feinen Detektor an den Stellen ein, wo er unverzichtbar ist, und einen etwas gröberen Detektor an den Stellen, wo man damit leben kann.

Die CMS-Siliziumdetektoren überdecken eine riesige Fläche. Würde man alles im CMS verbaute Silizium auf einer Fläche ausbreiten, könnte man damit den Boden eines zweistöckigen amerikanischen Durchschnittshauses bedecken. Mit etwas Glück bleibt ein kleiner Bereich ausgespart, von dem aus man sein Kunstwerk betrachten kann.

Wie Ihr Computer einen Ventilator braucht, muss auch der CMS-Detektor gut gekühlt werden. Wenn Silizium zu warm wird, fließt darin zu viel Strom; außerdem müssen die Siliziumdetektoren natürlich an eine Stromquelle angeschlossen werden, wobei sie sich durch ihren Widerstand genauso erwärmen, wie Sie es von Ihren Haushaltsgeräten kennen. Eine vorteilhafte Arbeitstemperatur für die Silizium-Bauelemente ist –12 °C.

Die nächste Schicht auf unserem Weg von innen nach außen wären normalerweise die Spulen des Elektromagneten. Beim CMS treffen wir jedoch zunächst auf das Kalorimeter, mit dem die Energie der Elektronen und Photonen gemessen wird – also ein elektromagnetisches Kalorimeter, ECAL für *electromagnetic calorimeter*.

Das ECAL ist ein Beispiel für ein homogenes Kalorimeter. Allerdings besteht das ECAL am CMS nicht aus gewöhnlichem Bleiglas, wie im allgemeinen Teil besprochen, sondern aus Blöcken aus Bleiwolframat ($PbWO_4$ für die Liebhaber chemischer Formeln). Bleiwolframat hat einige interessante Eigenschaften. Oberflächlich betrachtet, könnte man die Blöcke im CMS für gewöhnliches, wenn auch sehr klares Glas halten. Jeder von ihnen enthält aber 98 Masseprozent Metall. Ein Block ist ungefähr 2,5 cm hoch und breit sowie 25 cm lang.

Abbildung 4.12 zeigt die Anordnung der Blöcke um den Kollisionspunkt. Das ECAL hat die Grundform eines Zylinders, des-

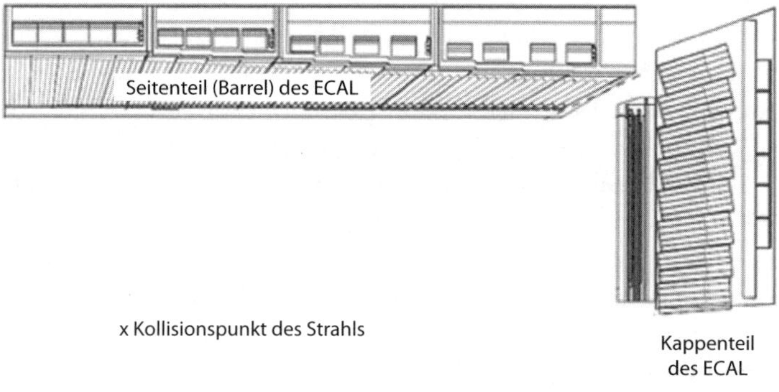

Abb. 4.12 Seitenansicht des elektromagnetischen Kalorimeters ECAL. Dargestellt ist nur ein Viertel des Detektors. Die Rechtecke stehen für die Bleiwolframat-Blöcke. (CERN und CMS Collaboration)

sen Seitenfläche (Barrel) und Deckflächen (Kappe) aus Blöcken bestehen. Der Barrel enthält insgesamt 61 200 Blöcke, die beiden Deckflächen zusammen 14 648, das sind insgesamt 75 848 Blöcke mit einem Gesamtgewicht von rund 90 t.

Die nächste Schicht des CMS-Detektors ist das hadronische Kalorimeter HCAL. Wie mehrfach erwähnt, sind Hadronen diejenigen Teilchen, die aus Quarks bestehen. Die bekanntesten Hadronen sind das Proton und das Neutron. Bei den hochenergetischen Kollisionen in der Teilchenphysik findet man von allen Hadronen am häufigsten Pionen, in gewisser Hinsicht eine leichte Form von Protonen.

Das HCAL ist ein Sampling-Kalorimeter. Wie das ECAL besitzt es eine zylindrische Form mit einem Barrel und Teilen an den Kappenenden. Im Wesentlichen besteht es aus Messing, an einigen Stellen wurde auch Stahl verwendet. Das Messing stammt aus über einer Million russischen Marinegeschützhülsen aus dem Zweiten Weltkrieg. Wie schon besprochen, ist ein Sampling-Kalorimeter aus abwechselnden Schichten von Metall und einem Material aufgebaut, in dem die Ionisationsenergie gemessen werden kann. Im HCAL wird in diesem dünnen Material die Ionisationsenergie zunächst in Licht umgewandelt, das anschließend in elektrische Signale überführt wird. Der lichterzeugende Stoff ist ein Kunststoff, der so ähnlich aussieht wie Plexiglas. Wir haben also abwechselnd Messingplatten mit einer Dicke von 5–8 cm und Kunststoffplatten mit einer Dicke von rund 0,3 cm.

Wie erwähnt, besteht das ECAL aus vielen Bleiwolframat-Blöcken. Wenn man weiß, welcher Block getroffen wurde, kann man den Ort rekonstruieren, an dem ein Elektron oder Photon eingedrungen ist. Das HCAL funktioniert ähnlich – die Schichten aus Metall und Kunststoff bilden auch eine Art Blöcke, nämlich je 2592 im Barrel und an den Endflächen des CMS-HCAL. Ein zusätzliches Kalorimeter in unmittelbarer Strahlnähe enthält Stahlplatten zur Erzeugung der Schauer und Quarz für die Messungen.

Weil man sich dafür entschied, sämtliche Kalorimeter von CMS innerhalb der Magnetspulen zu legen, ist das HCAL nicht ganz so dick wie ansonsten üblich. Bei einem dickeren hadronischen Kalorimeter hätte auch der umgebende Magnet dicker gebaut werden müssen. Aus Kostengründen kam dies jedoch nicht in Frage; stattdessen wurden an der Außenseite des Magneten einige weitere Kalorimeterschichten (*tail catcher*) angebracht, um auch noch die Ausläufer der hadronischen Schauer zu erwischen. Der „Schwanz" (*tail*) eines hadronischen Schauers besteht aus den wenigen seltenen Teilchen, die ungewöhnlich tief in Materie eindringen.

Zwischen dem HCAL und dem *tail catcher* befindet sich der in Abbildung 4.13 dargestellte CMS-Magnet, ein Zylinder mit einem Innenradius von 2,9 m, einem Außenradius von 3,2 m und einer

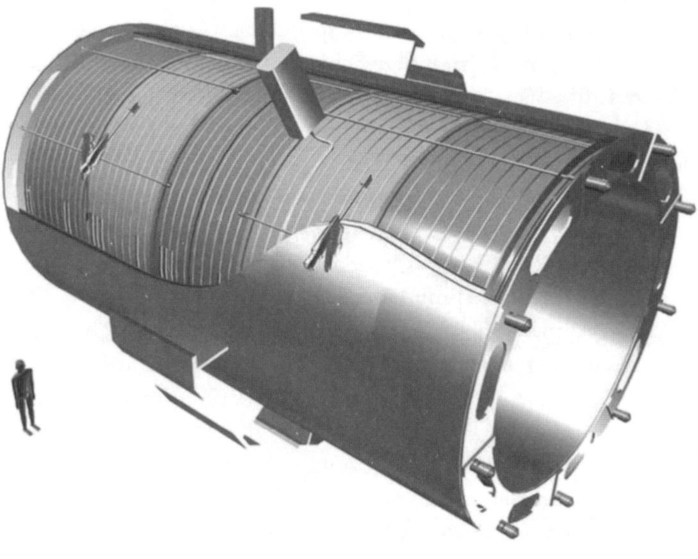

Abb. 4.13 Der Solenoid-Magnet von CMS ist der größte jemals hergestellte Magnet dieser Art. (CERN und CMS Collaboration)

Länge von ungefähr 12 m. Durch seine 2168 Drahtwindungen fließt der Strom, der das Magnetfeld erzeugt. Das Magnetfeld von CMS ist sehr intensiv, ungefähr 80 000-mal stärker als das Magnetfeld der Erde.

Um dies zu erreichen, müssen rund 19 500 A Strom durch den Draht fließen. Zum Vergleich: Die meisten Wohnhäuser benötigen weniger als 100 A. Alleine der CMS-Magnet verbraucht damit so viel Strom wie eine kleine Vorstadtgemeinde. In dem Magnetfeld steckt eine enorme Menge Energie (2,7 Mrd. Joule!) – damit könnte man 18 t Gold schmelzen. Um zu verhindern, dass der Draht unter dieser gewaltigen Stromlast einfach verdampft, muss man mit supraleitenden Drähten arbeiten, die sich nicht erwärmen, weil der Strom darin widerstandsfrei fließt. Um die Supraleitung zu ermöglichen, müssen die Drähte allerdings auf –269 °C abgekühlt werden.

All diese technischen Daten bedeuteten für die CMS-Techniker eine enorme Herausforderung. Überlegen wir uns, was die Zahlen bedeuten: Für einen Strom dieser Größenordnung mussten spezielle Verkehrungen getroffen werden, wobei das CMS-Experiment über ein eigenes Umspannwerk verfügt. Ein weiteres Problem war, dass die Kabel des Magneten zwar extrem kalt sein müssen, die Magnetaußenseite aber Zimmertemperatur haben muss. Den Magneten müssen Sie sich daher vorstellen wie eine riesige Thermoskanne, die sich eigentlich nur hinsichtlich der Größe von Ihrer Kaffeekanne unterscheidet.

Bei der Konstruktion des CMS-Magneten war außerdem zu berücksichtigen, dass ein großer Elektromagnet einen Hang zur Selbstzerstörung zeigt. Das Magnetfeld wird durch Ströme erzeugt, aber auf Ströme wirkt im Magnetfeld eine Kraft. Auf diesem Prinzip beruht der Elektromotor. Wenn also durch Drähte ein starker Strom fließt, um ein Magnetfeld zu erzeugen, wirkt auf diese Drähte ständig eine Kraft, die sie zu verschieben versucht. Pro 30 cm Drahtlänge in den Spulen wirkt da immerhin eine Kraft, die dem Gewicht eines Mittelklassewagens (2–3 t) entspricht. Insgesamt bestehen die Spulen wohlgemerkt aus rund 40 km Draht!

Außerhalb des Magneten befinden sich noch mehrere Myondetektoren. Da mit Ausnahme der Myonen alle Teilchen innerhalb der Kalorimeter zum Halt kommen, ist das Myonsystemen vergleichsweise harmlosen Belastungen ausgesetzt. Im Gegensatz zu den Detektoren in Strahlnähe, in die rund 40 Mio. Mal pro Sekunde Tausende von Teilchen hineinfliegen, sehen die Myondetektoren nur wenige Teilchen.

Trotzdem bietet das Myonsystem seine eigenen Herausforderungen. Es ist von allen Teildetektoren das mit Abstand größte System. Im Bereich des Barrels schwankt sein Radius zwischen 3,5 und 7 m, und es hat eine Länge von 6 m. An den Endkappen liegt die Länge zwischen 5,5 und 10 m und der Radius zwischen 1,4 und 6,7 m.

Das Myonsystem besteht aus vier dicken Eisenplatten, unterbrochen von vier Schichten ortsmessender Ionisationsdetektoren. Jede dieser vier Schichten besteht selbst wieder aus vielen kleineren Schichten. Insgesamt besitzt das Myonsystem ungefähr 830 000 Einzeldetektoren. Abbildung 4.14 zeigt einen maßstabsgetreuen Querschnitt durch das CMS-System.

ATLAS

Der zweite große Detektor am LHC, auf den wir genauer eingehen werden, ist ATLAS (für *A Toroidal LHC ApparatuS*). Er soll im Wesentlichen dieselben Kollisionen untersuchen wie CMS, allerdings ist er anders aufgebaut. Da niemand wirklich weiß, welche neuartigen physikalischen Phänomene wir am LHC beobachten werden, schien es vernünftig, zwei konkurrierende Detektoren zu haben, die auf unterschiedlichen Technologien beruhen.

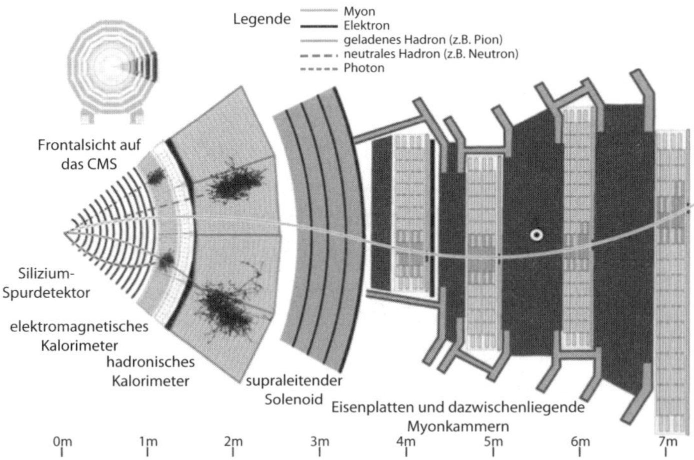

Abb. 4.14 Frontalansicht des CMS-Detektors mit den wichtigsten Komponenten und einer schematischen Darstellung ihrer Reaktion auf die verschiedenen Teilchenarten. Ein Myon wird links vom Solenoid-Magneten in Uhrzeigerrichtung abgelenkt und rechts von ihm (also nach der Durchquerung) entgegen dem Uhrzeigersinn, weil sich nun die Richtung des Magnetfelds umgedreht hat. Die untere Skala gibt die Größen in Metern an. Die Linienknäuel stehen für realistische Schauer in den elektromagnetischen und hadronischen Kalorimetern. Jede Linie entspricht einem einzelnen Teilchen des Schauers. (CERN und CMS Collaboration)

Auch wenn die Detektoren sich in ihrem Aufbau deutlich unterscheiden, gibt es gewisse Ähnlichkeiten. Das ist nicht überraschend, wenn man sich überlegt, dass beide Detektoren letztendlich dasselbe tun sollen: Sie sitzen an einer Stelle, an der zwei Protonenstrahlen aufeinandertreffen, und suchen in den rund 20 Kollisionen, die nahezu 40 Mio. Mal pro Sekunde stattfinden, nach Dingen, die noch nie zuvor gesehen wurden. Grob gesagt handelt es sich bei beiden Detektoren um große Zylinder mit einem Barrel und zwei Endkappen. Im Zentrum beider Detektoren befinden sich Siliziumdetektoren in einem Magnetfeld;

das Silizium ist von Kalorimetern umgeben, in denen die Energie gemessen wird, gefolgt von Myondetektoren.

Im Detail unterscheiden sich die beiden Detektoren erheblich, und zwar zuerst in der physikalischen Größe. ATLAS ist wesentlich größer als CMS: CMS ist 19,5 m lang und 14,5 m breit, ATLAS ist 45 m lang und 22,5 m breit und hat somit sechsmal mehr Volumen als CMS. Trotzdem ist ATLAS leichter: Er wiegt rund 7000 t (im Vergleich zum CMS mit 12 500 t).

Abbildung 4.15 zeigt den Aufbau von ATLAS. Er ist größer, weil ein Schwerpunkt auf Myonmessungen liegt: Bei ATLAS könnten die Myondetektoren eigenständig arbeiten, wohingegen am CMS die Myondetektoren nur in Zusammenarbeit mit den Silizium-Spurendetektoren die Eigenschaften der Myonen, die bei den Kollisionen erzeugt wurden, messen können. Die Zukunft wird zeigen, welches der beiden Systeme das bessere ist.

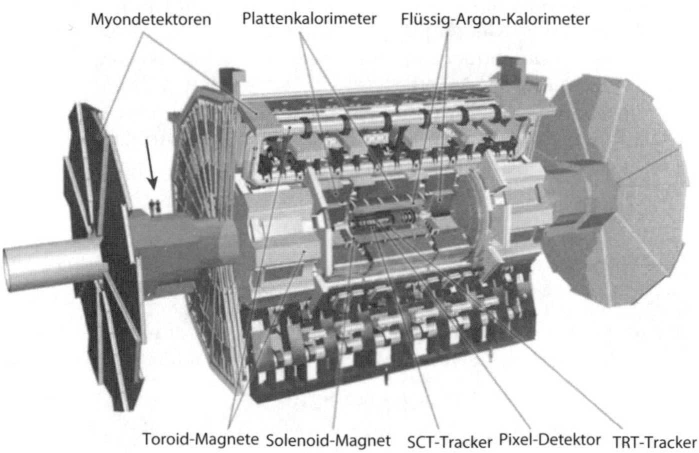

Abb. 4.15 ATLAS mit seinen Komponenten. Zum Größenvergleich beachte man die beiden winzigen Personen auf der linken Seite (auf der „Achse" zwischen den beiden Myondetektoren) sowie zwei weitere Personen unten vor dem Detektor. (CERN und ATLAS Collaboration)

Im Kern des ATLAS-Detektors befinden sich ebenfalls Siliziumpixel mit einer Größe von ungefähr 0,05 × 0,4 mm. Der Pixeldetektor umfasst drei Zylinderlagen mit einem Radius von 5–25 cm und einer Länge von etwas über einen Meter. Der ATLAS Pixeldetektor besitzt 80 Mio. Pixel, also etwas mehr als die 66 Mio. von CMS.

Um den Pixeldetektor herum haben die ATLAS-Techniker einen zweiten Siliziumdetektor gebaut, dessen Einzelelemente (wie beim CMS) deutlich größer sind: Die Siliziumstreifen haben eine Breite von 0,08 mm und eine Länge von 13 cm, insgesamt sind es 6 Mio. einzelne Streifen. Der Radius des Zylinders liegt zwischen 0,3 und 0,6 m, seine Länge beträgt rund 5,5 m.

Bis zu diesem Punkt sind ATLAS und CMS sehr ähnlich aufgebaut. Anstelle eines weiteren siliziumbasierten Detektors finden wir bei ATLAS aber nun auf unserem Weg nach außen einen Übergangsstrahlungs-Detektor (*transition radiation detector*). mit einem Radius von 0,6–1 m und einer Länge von 5,5 m. Im Wesentlichen besteht er aus 0,7 m langen und 4 mm dicken Röhrchen (unseren „Strohhalmen"). Acht dieser Rohre hintereinandergelegt überdecken die Länge des Detektors. Für die Ausfüllung des gesamten Volumens benötigt man 350 000 Rohre.

Die Rohre enthalten ein Gasgemisch, hauptsächlich Xenon. Geladene Teilchen, die hindurchtreten, ionisieren das Gas und können so nachgewiesen werden. Außerdem erzeugen sehr schnelle Teilchen (meist Elektronen) zusätzlich Röntgenstrahlung, die das Xenongas ebenfalls ionisiert, wodurch das Signal noch intensiver wird. Weiß man, welche Rohre getroffen wurden, lässt sich die Bahnkurve eines geladenen Teilchens durch diesen Bereich rekonstruieren. Zusätzlich untersucht man noch, welche der Rohre ein stärkeres und welche ein schwächeres Signal geben. Daran kann man erkennen, welche der Bahnkurven von Elektronen verursacht wurden.

Während man sich bei CMS für den ungewöhnlichen Weg entschied, nach den Spurendetektoren die Bleiwolframat-Kalorimeter ECAL folgen zu lassen, schlug die ATLAS-Gruppe einen eher konservativen Weg ein: Die nächste Schicht von ATLAS ist der zentrale Solenoid-Magnet, der dem CMS-Magneten ähnelt. Er hat einen Radius von etwas mehr als 1 m, eine Dicke von rund 10 cm und eine Länge von 5 m. Die Spulendrähte winden sich 1173-mal um die Außenseite des Zylinders und führen knapp 8000 A Strom. Dadurch entsteht ein Magnetfeld, das ungefähr 40 000-mal stärker ist als das Magnetfeld der Erde, also halb so stark wie das Magnetfeld im Inneren des CMS-Detektors.

Im Anschluss an den Magneten folgen das elektromagnetische und das hadronische Kalorimeter, beide in der üblichen Geometrie mit Barrel und Endkappen. Das elektromagnetische Kalorimeter ist ein Sampling-Kalorimeter mit Blei zur Erzeugung der Schauer und gekühltem flüssigem Argon zur Messung der Schauerenergie. Das elektromagnetische Kalorimeter am ATLAS hat 175 000 Einzeldetektoren, also mehr als doppelt so viele wie das ECAL vom CMS.

Die hadronischen Kalorimeter von ATLAS sind (wie jene von CMS) Sampling-Kalorimeter. Im Barrel befinden sich abwechselnd Schichten aus Eisen und Kunststoff zum Nachweis der Ionisation, wohingegen sich an den Endkappen Schichten aus Kupfer und flüssigem Argon abwechseln. Die hadronischen Kalorimeter am ATLAS bestehen aus insgesamt rund 19 600 Einzeldetektoren.

Den größten Unterschied zum CMS-Detektor finden wir in den äußeren Schichten, den Myondetektoren von ATLAS. Da gibt es zunächst die großen Toroid-Magnete, die ATLAS auch seinen Namen gaben. Die äußeren ATLAS-Magnete sind wirklich wuchtig: Im mittleren Barrel-Bereich haben sie eine Länge von 24 m und einen radialen Abstand zwischen 4,6 und 9,8 m. An den Endkappen sind die Toroide 4,8 m lang, das radiale Volumen liegt zwischen 0,75 und 5,5 m. In beiden Fällen fließt durch die Magnete ein Strom von 20 500 A.

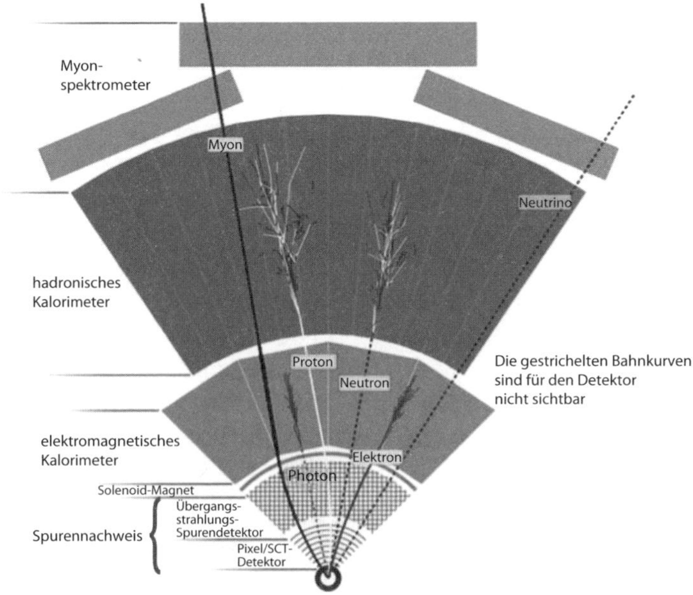

Abb. 4.16 Seitenansicht des ATLAS-Detektors mit den wichtigsten Komponenten und ihren Reaktionen auf die verschiedenen Teilchentypen. (CERN und ATLAS Collaboration)

Vergleichbar beeindruckend ist das Myonen-Nachweissystem. Mit verschiedenen Methoden wird die von den Myonen verursachte Ionisation aufgezeichnet. Das Myonsystem von ATLAS besitzt rund 1,1 Mio. Einzeldetektoren. Abbildung 4.16 zeigt einen Querschnitt durch ATLAS.

Sowohl hinsichtlich ihrer Konstruktion als auch in Bezug auf die technischen Verfahren sind die beiden riesigen Mehrzweckdetektoren am LHC erstaunlich. Beide wurden für die Suche nach neuen physikalischen Phänomenen entworfen, die in der Flut der gewöhnlichen Kollisionen zwischen Protonen verborgen sein dürften. Tabelle 4.1 fasst die wichtigsten Eigenschaften der Detektoren nochmals zusammen. Jeder Detektor besteht aus

Tab. 4.1 Vergleich der Hauptdetektoren am LHC

Eigenschaft	ATLAS	CMS	ALICE	LHCb
Gewicht (Tonnen)	7000	12 500	10 000	4300
Höhe (Meter)	25	15	16	10
Länge (Meter)	46	21	26	21
Kosten (Millionen US-Dollar)	460	460	125	63
Stärke des Magnetfelds (im Vergleich zum Erdfeld)	40 000	80 000	10 000	40 000
Energie (TeV)	14	14	1150	14
Strahlintensität (im Vergleich zu ALICE)	10 000 000	10 000 000	1	100 000
Anzahl der Kollisionen pro Sekunde	800 000 000	800 000 000	8000	40 000 000

1 TeV ist eine Billion Elektronvolt (10^{12} eV).

nahezu 100 Mio. Elementen. Nur der Erfolg in der Zukunft wird entscheiden, welche der beiden Gruppen eine bessere Wahl getroffen hat. Soweit man aus der Vergangenheit schließen kann, hat jeder der beiden Detektoren seine besonderen Schwerpunkte, in denen er dem anderen überlegen ist, und vermutlich werden beide hervorragende Arbeit leisten.

Trigger

Noch nicht angesprochen haben wir bisher die Rate, mit der die beiden Detektoren Daten sammeln können. Wie schon erwähnt, lassen sich die Protonenstrahlen in jedem der beiden Detektoren pro Sekunde rund 40 Millionen Mal aufeinanderlenken. Außerdem sind die Strahlen so intensiv, dass wir bei jedem Aufeinandertreffen rund 20 Kollisionen erwarten. Das bedeutet, in jeder

Sekunde finden in jedem der beiden Detektoren (ALTAS und CMS) rund 800 Millionen Kollisionen statt. Mein jüngster Sohn meinte dazu: „Daddy, das ist echt viel!"

Es zeigt sich jedoch, dass jedes Experiment nur rund 100 bis 200 Ereignisse pro Sekunde aufzeichnen und verarbeiten kann, also weit weniger als die besagten 40 Mio.; grob gesagt kann ein Detektor nur eins von 100 000 Ereignissen verfolgen.

Noch etwas ist zu berücksichtigen, wenn man die extrem seltenen Ereignisse erwischen will, die für einen Teilchenphysiker wirklich interessant sind. Die meisten Kollisionen am LHC werden vergleichsweise harmlos verlaufen: Zwei Protonen begegnen einander flüchtig, wie sich zwei Fremde auf einer belebten Straße in New York im Vorbeigehen leicht an den Schultern streifen. Wie in manchen romantischen Komödien, wo zwei Personen in Eile direkt aufeinanderprallen, können aber auch am LHC zwei Protonen gelegentlich sehr heftig kollidieren. Dann kann etwas Interessantes passieren.

Das Problem ist nur, dass die harmlosen Kollisionen am LHC rund 100 Billionen Mal wahrscheinlicher sind. Denkt man noch daran, dass die Detektoren nur jedes 100 000. Ereignis aufzeichnen können, müssen die Kollisionen, die verfolgt werden sollen, sehr sorgfältig ausgewählt werden. Die Vorgänge, durch die ein bestimmtes Ereignis zur Aufzeichnung ausgesucht wird, bezeichnet man als Trigger. Sie haben für den Erfolg des Experiments eine ganz wesentliche Bedeutung: Wählt man die falschen Kollisionen aus, hat man für die Analyse ungeeignete Daten. Dann kann man gleich einpacken und nach Hause gehen.

Das Thema „Trigger" in der Teilchenphysik ist sehr komplex und ständig im Wandel begriffen, so dass wir an dieser Stelle unmöglich alle Einzelheiten beschreiben können. Schon bei der Planung der Experimente haben sich die beiden Gruppen für unterschiedliche Schwerpunkte entschieden, und mit Sicherheit werden sich auch die Trigger, die im Einsatz sind, wenn Sie diesen Text lesen, in ihren Einzelheiten von der ursprünglichen

Planung unterscheiden. Die wesentlichen Elemente dürften aber wohl gleich geblieben sein.

Allgemein besitzen Trigger mehrere Entscheidungsebenen, gewöhnlich zwei bis vier. Die Daten des Experiments fließen in elektronische Elemente (speziell konstruierte oder fertig gekaufte) der ersten Stufe, die so programmiert sind, dass sie „entscheiden" können, welche Daten „interessant" sein könnten. Die für weitere Auswertungen in Frage kommende Untermenge an Daten wird weitergeleitet. Jede der Ebenen fällt ausgefeiltere Entscheidungen.

Betrachten wir als Beispiel ein System mit zwei Ebenen. Die erste Ebene könnte prüfen, ob die Detektoren im Myonsystem den Durchgang eines Teilchens registriert haben. Ist man an physikalischen Prozessen interessiert, bei denen ein Myon entsteht, kann man von vornherein alle Kollisionen von der Aufzeichnung ausschließen, bei denen die Myondetektoren nicht angesprungen sind. Der Trigger auf Ebene 1 fällt diese Entscheidung und leitet die Daten, die den Kriterien entsprechen, weiter an Ebene 2.

Selbst wenn das Myonsystem den Durchgang eines geladenen Teilchens registriert hat, heißt das noch nicht notwendigerweise, dass dieses Ereignis auch tatsächlich interessant ist. Schließlich können wir nur einen kleinen Teil aller Ereignisse wirklich aufzeichnen. Der Trigger auf Ebene 2 schaut sich nun etwas genauer die Untermenge der Ereignisse an, die Ebene 1 passiert haben. Da es von ihnen schon wesentlich weniger gibt, kann der Trigger auf dieser Ebene etwas mehr Zeit investieren und die Richtung des Myons, seine Energie sowie andere charakteristische Eigenschaften bestimmen. Dann wird auf Ebene 2 entschieden, ob das beobachtete Myon vorher festgelegte Kriterien erfüllt, und es wird ein Signal an die Elektronik weitergeleitet, dieses Ereignis entweder zu übergehen oder die Daten an die Computer oder andere Geräte zur Aufzeichnung weiterzuleiten.

Das tatsächlich vorhandene Triggersystem ist weitaus komplizierter und überprüft verschiedenste Aspekte. In seinen Grundzügen entspricht es jedoch unserem Beispiel. Grob gesagt erreichen 40 Mio. Kollisionen pro Sekunde Ebene 1, wo ungefähr 10 000 Ereignisse pro Sekunde als potenziell interessant ausgewählt werden. Auf der Ebene 2 werden aus diesem 10 000 Ereignisse wiederum rund 100 bis 200 für die Aufzeichnung aussortiert. Später schauen sich die Wissenschaftler diese Kollisionen im Detail an in der Hoffnung, irgendetwas Interessantes zu sehen.

Diese Überlegungen machen deutlich, weshalb das Triggersystem ein so wichtiger Bestandteil im Aufbau eines Experiments ist. Eine falsche Entscheidung bezüglich der Energie oder der Teilchenarten, für die man den Beschleuniger konzipiert hat, oder eine schlechte Technologie bei einem Detektor kann ein Experiment leicht zu einem Misserfolg werden lassen. Das Gleiche gilt auch für ein ungeeignetes Triggersystem. Die Anzahl der richtigen Entscheidungen, die einzig und allein gefällt werden müssen, um die Daten aufzeichnen zu können, ist schon schwindelerregend hoch.

Geräte für besondere Aufgaben

ATLAS und CMS sind Mehrzweckdetektoren, für die der LHC in erster Linie gebaut wurde. Es gibt am LHC jedoch noch andere Detektoren, von denen wir zwei nur oberflächlich erwähnen und auf zwei weitere etwas ausführlicher eingehen.

Die beiden Hauptdetektoren untersuchen die seltenen Ereignisse, bei denen sich neue physikalische Phänomene andeuten könnten. Unter allen auftretenden Kollisionen bilden diese, wie gesagt, bei weitem die Minderheit: Auf 100 Billionen Kollisionen erwarten die Physiker nur ein einziges wirklich interessantes Ereignis. Manche Wissenschaftler sind aber gerade an den häufigeren Ereignissen interessiert, denn immerhin wurden auch sie noch nie bei derart hohen Energien untersucht.

Sehr häufig wird man beobachten, dass Protonen wie Billardkugeln gegeneinanderstoßen: Zwei Protonen laufen in den Stoßprozess hinein, zwei Protonen treten wieder heraus. Da diese Kollisionen vergleichsweise schwach sind, streuen die Protonen nur unter kleinen Winkeln und gelangen gar nicht erst in ATLAS oder CMS.

Die beiden zusätzlichen Geräte wurden einfach an ALTAS bzw. CMS angehängt. Es handelt sich um kleine Ionisationsdetektoren in unmittelbarer Nähe der beiden großen Anlagen. Sie zeichnen den Durchgang von Protonen auf, die nur leicht aus dem Strahlrohr herausgelenkt wurden. TOTEM gehört zu CMS, wohingegen das entsprechende Gerät bei ATLAS noch keinen pfiffigen Namen hat. Außerdem gehört zu ATLAS noch LHCf (LHC forward). LHCf ist ungefähr 165 m von ATLAS entfernt und dient dazu, neutrale Teilchen zu beobachten, die sehr nahe am Strahl erzeugt werden. Damit will man bestimmte allgemeine Effekte bei Protonenkollisionen und insbesondere Effekte im Zusammenhang mit der kosmischen Strahlung (s. Kapitel 2) besser verstehen. All diese Detektoren sind sehr klein (ihr Volumen umfasst nur wenige Kubikmeter). Sie befinden sich außerhalb der großen Detektoren (in einer Entfernung von einigen Metern bis einigen hundert Metern) in Strahlrichtung.

Nun bleiben uns noch zwei weitere größere Detektoren. Wie schon erwähnt, handelt es sich bei ATLAS und CMS um Mehrzweckdetektoren, die sehr vieles können, doch dafür musste man auch einige Kompromisse eingehen. Wenn man alles können soll, erreicht man nur in den seltensten Fällen dieselbe Perfektion, als wenn man sich einer Sache ausschließlich widmen kann.

LHCb

ATLAS und CMS sitzen mitten im Geschehen, wo 20 oder mehr Proton-Proton Kollisionen gleichzeitig stattfinden. Sie arbeiten sich durch die Stoßprodukte und suchen nach seltenen physikalischen Phänomenen; das wiederholt sich rund 40 Mio. Mal pro

Sekunde. Auf diese Flut von Daten lässt man sich ein, weil neue physikalische Phänomene extrem selten vorkommen, vermutlich nur einmal unter 100 Billionen langweiligen Kollisionen. Um also überhaupt mit etwas Interessantem rechnen zu können, muss man so viele Protonenpaare aufeinanderschießen, wie irgend möglich. Der Rest ist Glück. Wenn man die neuen Phänomene, die man auf diese Weise beobachtet hat, auch noch verstehen möchte, muss der Detektor wie eine Kugel (oder, wie im Falle von ATLAS und CMS, wie ein Zylinder) um den Kollisionspunkt herumgebaut sein, sodass man möglichst wenig Information über den Prozess verliert.

Kann man seine Experimente jedoch auf ganz bestimmte Phänomene konzentrieren, wählt man auch ein spezielles Vorgehen. Nirgendwo am LHC wird dieser Punkt deutlicher als beim LHCb-Experiment. Es dient hauptsächlich der Untersuchung von Teilchen mit Bottom-Quarks, sogenannter B-Hadronen („Hadronen" bedeutet, dass die Teilchen Quarks enthalten, und „B" besagt, dass darunter mindestens ein Bottom-Quark ist). Wahrscheinlich haben Sie noch nie von B-Hadronen gehört. Sie sind nur sehr kurzlebig – gewöhnlich existieren sie nur für eine billionstel Sekunde.

Trotzdem können sie uns sehr viel Interessantes über das Universum erzählen. Besonders die Klasse der B-Hadronen, die aus einem Quark und einem Antiquark bestehen (von denen eines ein Bottom-Quark ist), können Licht auf die Frage werfen, weshalb unser Universum nahezu ausschließlich aus Materie (und nicht auch aus Antimaterie) besteht. Natürlich hoffen die Wissenschaftler, dass sie durch eine sehr genaue Ausmessung der Erzeugungs- und Zerfallsprozesse von B-Hadronen auch vollkommen Neues entdecken können.

Prozesse, bei denen B-Hadronen entstehen, ereignen sich vergleichsweise häufig (ungefähr 1 % aller Kollisionen). Daher müssen wir nicht so viele Protonen aufeinanderschießen, um diese Klasse von Kollisionen zu untersuchen. Bei den normalen

ATLAS- und CMS-Experimenten finden rund 20 Proton-Proton-Stöße gleichzeitig statt. Für eine solche Rate benötigt man sehr intensive Strahlen mit möglichst vielen Protonen in jedem Strahl.

Die Produktion von B-Hadronen untersucht man ebenfalls an Protonenstrahlen, die aber weniger dicht sein müssen als bei ATLAS oder CMS. Im Mittel trifft bei jeder Kollision nur ein Protonenpaar aufeinander. Es gibt zwar immer noch 40 Mio. Strahlkollisionen pro Sekunde, doch eine Protonkollision lässt sich leichter verarbeiten als 20. Außerdem verfolgt man bei LHCb eine andere Strategie als bei ATLAS und CMS, wo man möglichst den gesamten Stoßprozess aufzeichnen will, weil man neue physikalische Phänomene am besten versteht, wenn man möglichst sämtliche Stoßprodukte analysiert.

Das LHCb-Experiment ist in erster Linie den B-Hadronen gewidmet. Die Physiker interessieren also solche Prozesse, bei denen ein oder zwei B-Hadronen entstehen. Daher muss das LHCb-Experiment im Anschluss an eine Kollision nicht unbedingt sämtliche Stoßprodukte nachweisen. Wenn man die B-Hadronen erwischt und mit der notwendigen Genauigkeit ausmessen kann, ist man zufrieden.

Aus Gründen, die über den Umfang dieses Buchs hinausführen würden, haben B-Hadronen die besondere Eigenschaft, „nahe“ am Strahl (innerhalb eines Kegels mit einem Öffnungswinkel von 40° um die Strahlrichtung) zu bleiben. Aus diesem Grund hat das LHCb-Experiment einen vollkommen anderen geometrischen Aufbau als ATLAS oder CMS. Statt eines Zylinders, der den Kollisionspunkt umschließt, besitzt LHCb eher die Form eines Kegels, der sich vom Kollisionspunkt zu einer Seite hin um den Strahl erstreckt. Die B-Hadronen fliegen in den LHCb-Detektor hinein und werden analysiert. Viele der Teilchen, die am Kollisionspunkt erzeugt werden, fliegen am Detektor vorbei, aber das ist kein Problem, solange die B-Hadronen aufgezeichnet werden. In Abbildung 4.17 erkennt man den Unterschied zwi-

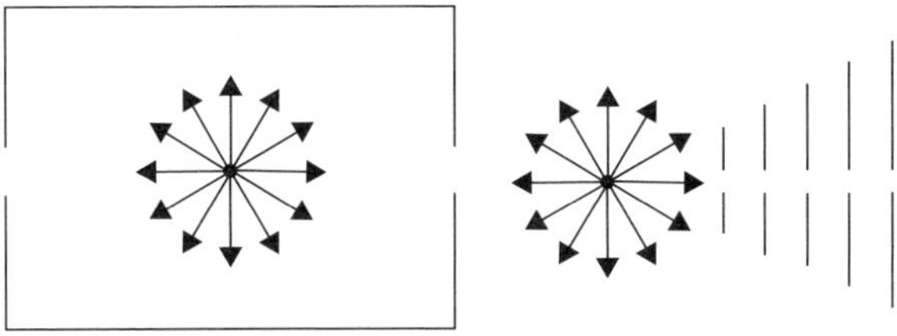

Abb. 4.17 Ein zylindrischer Detektor umgibt den Kollisionspunkt und versucht, sämtliche Stoßprodukte einzufangen, wohingegen bei einem konischen bzw. kegelförmigen Detektoraufbau nur bestimmte Stoßprodukte eingefangen werden. Beide Formen haben ihre Vorteile, je nachdem, was man messen möchte. Die Unterbrechungen im Kasten (links) oder Kegel (rechts) deuten an, wo sich kein Detektormaterial befindet, damit der Strahl hindurchtreten kann.

schen dem Aufbau von ATLAS und CMS auf der einen Seite und dem von LHCb auf der anderen. Der LHCb-Detektor ist in Abbildung 4.18 skizziert. Beachten Sie die Ähnlichkeit mit den Abbildungen 4.14 und 4.16: LHCb sieht wie ein Ausschnitt der beiden größeren Detektoren aus.

Dem Kollisionspunkt am nächsten ist der *vertex locator* oder kurz VELO. Er hat die Aufgabe, den Vertex zum Zerfall des B-Hadrons genau zu beobachten und auszumessen. VELO enthält Siliziumstreifen mit einer Breite zwischen 0,04 und 0,1 mm, insgesamt 172 000 Stück (vergleichen Sie mit den 60 bzw. 80 Millionen Detektorelementen an ATLAS und CMS). Der VELO-Detektor setzt sich aus 21 kreisförmigen, in der Mitte gelochten Siliziumschichten zusammen. Dies erinnert entfernt an einen 1 m langen Stapel CDs. Abbildung 4.19 zeigt die wesentlichen Elemente von VELO.

In die Planung des VELO-Systems sind viele technische Raffinessen eingeflossen, von denen eine für uns besonders interessant ist. Silizium ist außerordentlich strahlungsempfindlich,

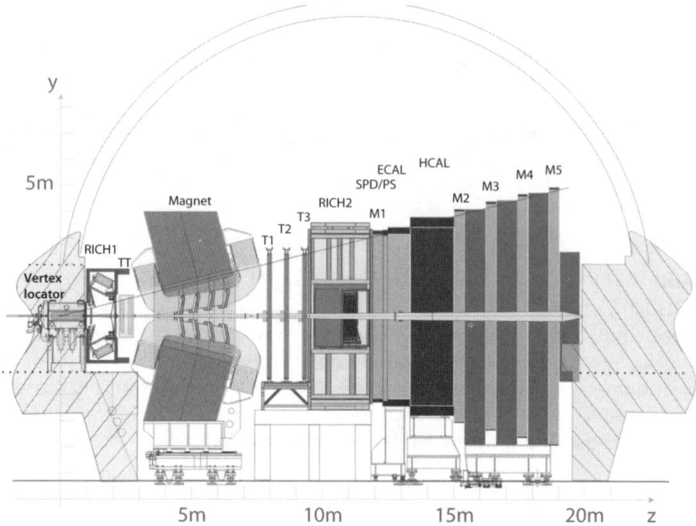

Abb. 4.18 Schnitt durch den LHCb-Detektor mit seinen wichtigsten Komponenten. T1-T3 bezeichnen Spurkammern, M1-M5 sind Myondetektoren und SPD/PS ist ein Teil des Kalorimetersystems zur Messung der Energie. (CERN und LHCb Collaboration)

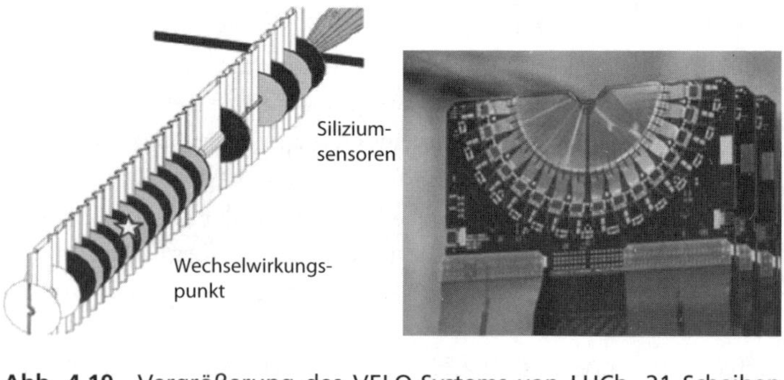

Abb. 4.19 Vergrößerung des VELO-Systems von LHCb. 21 Scheiben aus Silizium umgeben den Wechselwirkungspunkt (Vertex). (CERN und LHCb Collaboration).

man muss also sehr vorsichtig sein. Wenn alles gut läuft, trifft der Strahl genau durch die Mitte der Löcher in den VELO-Scheiben. Doch wenn der Strahl in den LHC eingespeist wird, ist er breiter und es besteht die Gefahr größerer Abweichungen. Aus diesem Grunde wurde VELO in eine linke und eine rechte Hälfte unterteilt. In Zeiten, wo der Strahl instabil ist und die Gefahr besteht, dass das Silizium beschädigt werden könnte, werden diese beiden Hälften auseinandergezogen. Im Normalbetrieb ist VELO knappe 8 mm vom Strahl entfernt positioniert.

Der nächste Detektor, auf den die Stoßprodukte treffen, dient der genauen Identifikation der Teilchen. B-Hadronen können in sehr viele Teilchen zerfallen, und eines der Ziele von LHCb besteht darin, die Wahrscheinlichkeiten für die möglichen Zerfälle sehr genau auszumessen. Dazu dient der *Ring Imaging CHerenkov Detector*, kurz RICH-1 (die 1 steht da, weil es am LHCb noch ein zweites RICH-System gibt, RICH-2). Der Name bezieht sich auf die Kegelform des Tscherenkow-Lichts um die Teilchenbahn. Je nach der Geschwindigkeit des Teilchens hat der Kegel einen kleineren oder größeren Öffnungswinkel. Dieser Lichtkegel trifft in einem ringförmigen Muster auf Detektoren, die das Licht in elektrischen Strom umwandeln. Misst man die Energie des Teilchens und die Größe dieses Kreises, kann man in den meisten Fällen genau sagen, um welches Teilchen es sich gehandelt hat. Insgesamt hat RICH-1 200 000 Photondetektorelemente, mit denen man die kreisförmigen Strahlungsmuster genau rekonstruieren kann.

Im Anschluss an RICH-1 folgt der Trigger Tracker (TT), bestehend aus 180 000 Siliziumstreifen in vier Lagen. Die Lagen haben eine Höhe von ungefähr 1,2 m und eine Breite von 1,5 m.

Hinter dem TT befindet sich ein starker Magnet, der die geladenen Teilchen ablenken soll, bevor sie in das eigentliche Trackingsystem eintreten. Dieses System umfasst zwölf Ebenen, die in drei Gruppen, sogenannten Spurkammern, zusammengefasst sind. Jede dieser Spurkammern ist 4,6 m hoch und 5,8 m breit.

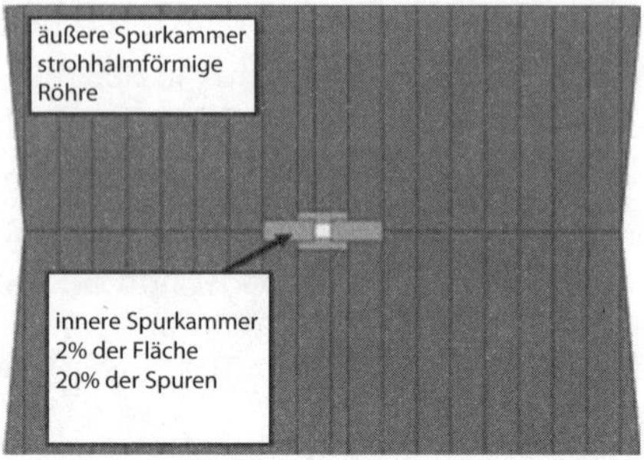

Abb. 4.20 Die LHCb-Spurkammern mit ihren beiden Komponenten: einem schmalen Siliziumdetektor im Zentrum und einer größeren Spurkammer aus strohhalmförmigen Kunststoffrohren. Obwohl die innere Spurkammer nur rund 2 % der Detektorfläche überdeckt, erfasst sie bereits 20 % der Spuren in einer typischen Teilchenkollision. (CERN und LHCb Collaboration)

Abbildung 4.20 zeigt das Spurkammersystem, das jeweils aus inneren und äußeren Spurkammern besteht. Die inneren Spurkammern überdecken nur 2 % der Gesamtfläche in Strahlnähe. Das scheint wenig zu sein, aber die Teilchen sind hier sehr konzentriert, sodass man in diesem kleinen Bereich rund 20 % der Teilchen aus einer Kollision erfasst. Die inneren Spurkammern bestehen aus 129 000 Siliziumstreifen mit einer Breite von 0,2 mm und einer Länge von 10–20 cm. Die äußeren Spurkammern bestehen aus langen, gasgefüllten Rohren; das Gas wird ionisiert, wenn geladene Teilchen hindurchtreten. Die äußeren Spurkammern mit insgesamt 54 000 Rohren überdecken mit 98 % den größten Teil der Fläche.

Nach dem Spurkammersystem folgt RICH-2. Es dient einem ähnlichen Zweck wie RICH-1, nämlich der Ermittlung der Identität der hindurchtretenden Teilchen. RICH-2 enthält 295 000 Detektorelemente.

Wie bei den anderen großen Detektoren folgen auch am LHCb hinter den Spurkammern die Kalorimeter und das Myondetektorsystem. In den meisten Detektoren findet man diese Reihenfolge, doch am LHCb hat man sich nicht ganz so streng daran gehalten: Die erste Schicht zum Myonsystem liegt bereits vor den Kalorimetern.

Die Kalorimeter am LHCb sind eher konventionell, unterteilt in einen elektromagnetischen und einen hadronischen Teil, beides vom Typ her Sampling-Kalorimeter. Das elektromagnetische Kalorimeter besteht aus Blei zur Schauererzeugung und Kunststoff zur Messung der Ionisation, das hadronische Kalorimeter enthält Schichten aus Eisen und Kunststoff. Zusammengenommen umfassen die Kalorimeter vergleichsweise bescheidene 20 000 Detektorelemente.

Der äußere Detektor des LHCb ist das Myonsystem, das aus insgesamt fünf Ebenen besteht. Es umgibt die Kalorimeter, wobei eine Ebene vor den Kalorimetern liegt und die restlichen vier Ebenen dahinter. Das Myonsystem besteht hauptsächlich aus großen Drahtebenen, die einer riesigen Harfe gleichen. Die Drähte sind von einem speziellen Gasgemisch umgeben, das bei einem Durchtritt von geladenen Teilchen ionisiert wird. Ein kleiner Anteil der ersten Schicht des Myondetektors kann mit einer Spezialtechnik genauere Ortsmessungen der Myonen vornehmen. Jede Ebene des Myonsystems enthält 25 000 verschiedene Messeinheiten, mit denen sich die Myonenbahnen lokalisieren lassen.

Im Vergleich zu ATLAS oder CMS besitzt das LHCb-Experiment rund 100-mal weniger Bauteile. So könnte man leicht auf die Idee kommen, dass es sich hierbei um ein untergeordnetes Experiment handelt. Weit gefehlt! Für rund 15 % der Kosten im Vergleich zu einem der beiden großen Detektoren kann LHCb mehr als die doppelte Anzahl der B-Hadronen in einer Kollision erfassen als einer seiner großen Brüder, denn er wurde eben speziell für die Untersuchung der B-Hadronen konstruiert. Wenn man nicht unter dem Druck steht, alles messen zu müssen (sodass für jeden etwas dabei ist), kann man sich auf das konzentrieren, wofür man gebaut wurde, und in dieser kleinen Nische wesentlich bessere Arbeit leisten als die für allgemeine Zwecke ausgerichteten Nachbarn.

ALICE

Der letzte der großen Detektoren am LHC, auf die wir ausführlicher eingehen, ist ALICE (*A Large Ion Collider Experiment*). Während die anderen drei Detektoren die Stoßprodukte von Protonenpaaren untersuchen sollen, hat ALICE die Aufgabe, die Kollisionen von schweren Bleikernen zu studieren. Ein Bleikern besteht aus 208 Protonen und Neutronen, daher sind diese Kollisionen wesentlich komplexer. Die Energie der Bleistrahlen ist riesig. Während die Protonen am LHC bei gewöhnlichen Proton-Proton-Kollisionen einmal mit einer Energie von 14 TeV zusammenstoßen werden, beträgt die Gesamtenergie bei den Bleikollisionen über 1150 TeV.

Wenn man sich überlegt, dass die Gesamtenergie bei Blei-Blei-Kollisionen rund 208-mal größer ist als bei Proton-Proton-Kollisionen, fragt man sich natürlich, wofür man ATLAS und CMS überhaupt benötigt. Die Gründe sind jedoch schnell erklärt. Zunächst einmal verteilt sich die Energie bei Blei-Kollisionen auf sehr viele Protonen und Neutronen; daher ist sie nicht so konzentriert wie bei Proton-Proton-Kollisionen. Vergleichen Sie als Analogie die Wärmeenergie in einem ganzen Raum mit der Energie eines brennenden Streichholzes: In einem Raum ist mehr Wärmeenergie, und trotzdem können wir uns an einem Streichholz die Finger verbrennen.

Darüber hinaus ist es sehr schwierig, intensive Bleistrahlen zu erzeugen. Selbst unter optimalen Bedingungen ist die Intensität der Bleistrahlen rund 10 Mio. Mal schwächer als die der Protonenstrahlen. Bleistrahlen sind derart diffus, dass wir in jeder Sekunde nur ungefähr 8000 Kollisionen zwischen zwei Bleikernen erwarten, obwohl sich die Strahlen genauso oft treffen wie die Protonenstrahlen, nämlich 40 Mio. Mal in der Sekunde. Wenn man außerdem nur solche Kollisionen zählt, bei denen sich die Bleikerne frontal treffen und nicht nur leicht ablenken, dann findet man nur noch 400 Kollisionen pro Sekunde – rund 100 000 mal weniger als am LHCb und 2 000 000 mal weniger als am ATLAS oder CMS.

Bei diesen eher dürftigen Raten sollten wir nochmals kurz daran erinnern, weshalb wir überhaupt Bleistrahlen zur Kollision bringen möchten. Der Grund ist, dass sich sehr viele Teilchen in einem Stoß anders verhalten als nur zwei Teilchen. Es ist wie in einem Zoo: Solange sich die einzelnen Tierarten in ihren jeweiligen Gehegen aufhalten, verhalten sie sich arttypisch und eher ruhig. Würde man jedoch plötzlich wie durch Zauberhand sämtliche Absperrungen wegnehmen, verhalten sich Räuber und Beutetiere vollkommen anders als vorher.

Bei einer Kollision zwischen zwei Bleikernen werden 416 Protonen und Neutronen auf ein winziges Volumen zusammengedrückt. Bei der intensiven Hitze, die dabei entsteht, ist es nicht erstaunlich, dass viele tausend, manchmal bis zu 20 000, Teilchen aus einem solchen Zusammenprall herauskommen. Kollisionen zwischen Bleikernen sind ein ziemliches Durcheinander.

Zur Untersuchung dieser komplexen Wechselwirkungen hat die ALICE-Gruppe 15 verschiedene Detektoren entworfen und gebaut, die teilweise sehr unterschiedlich arbeiten. Die Strategie, die man mit ALICE verfolgt, ist nicht ganz so einfach wie bei den zylindrischen ATLAS- und CMS-Detektoren und auch nicht vergleichbar mit dem kegelförmigen LHCb-Detektor. Tatsächlich findet man bei ALICE neben vielen Tricks, die auch bei den anderen drei Detektoren ausgenutzt wurden, einige zusätzliche Raffinessen. Wollte man die ALICE-Architektur wirklich genau beschreiben, müsste man sehr ins Detail gehen. Daher möchte ich mich auf die wesentlichen Elemente des Aufbaus beschränken.

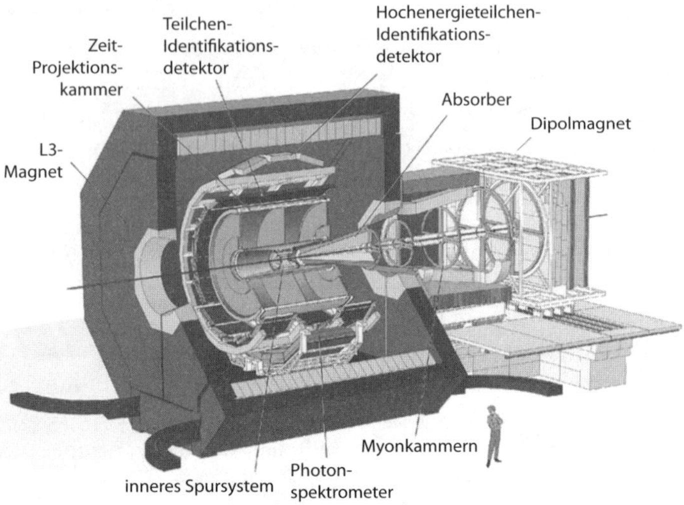

Abb. 4.21 Querschnitt durch ALICE mit den wichtigsten Detektorelementen. Man beachte die Größe der Person im Vordergrund. (CERN und ALICE Collaboration)

Abbildung 4.21 zeigt den Aufbau von ALICE. Die Teildetektoren in der Nähe des Kollisionspunkts bestehen aus einer Reihe von Zylindern, mit denen die Teilchen, die aus dem Kollisionspunkt austreten, nachgewiesen werden sollen. Diese Zylinder basieren auf vier verschiedenen Verfahren. Es gibt einen Silizium-Spurendetektor, einen Ionisations-Detektor (die Zeit-Projektionskammer oder TPC), einen Übergangsstrahlungs-Detektor und einen Flugzeit-Detektor, mit dem die Zeit gemessen werden kann, die ein Teilchen vom Kollisionspunkt bis zum Detektor braucht.

Im Anschluss daran findet man zwei weitere Detektortechnologien, die allerdings nicht den gesamten Zylinder überdecken: einen *Ring Imaging CHerenkov Detector* (RICH, s. den vorangegangenen Abschnitt) und Bleiwolframat-Kristalle. Umgeben sind diese beiden Detektoren von einem riesigen Solenoid-Magneten. Der Detektor hat ein verkürztes elektromagnetisches Kalorimeter (die Bleiwolframat-Kristalle), allerdings kein hadronisches Kalorimeter.

Auf der einen Seite von ALICE befindet sich ein kegelförmiger Detektor, mit dem Myonen gemessen werden sollen. ALICE besitzt noch weitere Detektoren, die ich im Interesse der Überschaubarkeit hier nicht erwähne. Nach dieser kurzen Liste der eingesetzten Verfahren wollen wir einen Blick auf die einzelnen Detektoren werfen. Dabei beginnen wir mit der ersten Lage, dem ITS (*Inner Tracking System*), einem Siliziumdetektor. Der ITS befindet sich in einem Zylinder mit einer Länge von rund 1 m und einem Durchmesser von 0,9 m. Das System besteht aus insgesamt sechs Siliziumschichten, wobei je zwei Schichten einen Abstand von 3–9 cm haben. Die Schichten sind nicht alle gleich lang, sondern in Strahlnähe etwas kürzer. Die inneren beiden Schichten enthalten Silizium-Pixel-Detektoren, die äußeren Siliziumstreifen. Insgesamt enthält der ALICE-Siliziumdetektor rund 12,5 Mio. Einzelelemente.

Die nächste Lage von ALICE arbeitet mit Ionisationstechniken. Der Detektor ist hauptsächlich mit Gas gefüllt, das von hindurchtretenden geladenen Teilchen ionisiert wird. Starke elektrische Felder lenken die dabei herausgeschlagenen Elektronen auf die Elektronik. Durch eine genaue Aufzeichnung, welche Teile der Elektronik getroffen werden und wann die Elektronen ankommen, lässt sich der Weg des ursprünglichen Teilchens zurückverfolgen.

Diese Ionisationskammer ist die schon erwähnte TPC (*Time Projection Chamber*), ein langer Hohlzylinder mit einem Innenradius von 0,75 m, einem Außenradius von 2,7 m und einer Länge von 4,9 m. Er enthält 560 000 elektronische Kanäle.

Als Nächstes kommt ein Übergangsstrahlungsdetektor oder TRD (*Transition Radiation Detector*). Er schmiegt sich an die TPC an und ist selbst ein Hohlzylinder mit einem Innenradius von etwas über 2,7 m, einem Außenradius von nahezu 3,7 m und einer Länge von 6,7 m. Der Detektor besteht aus rund 1,2 Millionen Teilen. TRD soll hauptsächlich zwischen den sehr schnellen Elektronen und den viel, viel langsameren und häufigeren Hadronen, die man bei solchen Bleikollisionen sieht, unterscheiden.

Anschließend folgt ein Flugzeitdetektor oder TOF (*Time Of Flight*). Wie der Name schon andeutet, misst dieser Detektor die Flugzeit, die ein Teilchen vom Kollisionspunkt bis zum Detektor benötigt. Grundsätzlich möchte man aus der Geschwindigkeit des Teilchens auf seine Identität schließen. Wenn zwei Teilchen dieselbe Energie haben, aber das eine von ihnen sehr viel leichter ist als das andere, dann bewegt sich das leichtere Teilchen schneller und erreicht den Detektor eher. Die Unterschiede in den Ankunftszeiten sind außerordentlich klein. Für zwei gewöhnliche Hadronen beträgt der Unterschied weniger als 3,5 milliardstel Sekunden.

Der TOF enthält hauptsächlich Gas und funktioniert wie die meisten Ionisationsdetektoren. Der Unterschied liegt in der Elektronik – High-Tech-Stoppuhren messen die Flugzeiten durch den Detektor. Der TOF ist sehr dünn und hat die Form einer Schale mit einer Dicke von 0,3 m und einer Länge von 8 m, die den TRD umkleidet. Der TOF besitzt rund 160 000 Einzelteile.

Die nächsten beiden Detektoren erscheinen zunächst etwas seltsam. Sie überdecken nur einen Teil des Zylinders und sind verhältnismäßig kurz. Ich muss immer an einen Elefanten denken mit einer kleinen Decke auf dem Rücken, die weder den gesamten Rücken noch gar den Bauch überdeckt.

Dass man diese Detektoren nicht um den ganzen Zylinder herumgebaut hat, hat mehrere Gründe. Erstens hofft man, aus dem, was in dem kleinen, von den Detektoren überdeckten Bereich gemessen wird, auf den Rest schließen zu können. Zweitens spielten die Kosten eine Rolle. Drittens musste der gesamte Detektor in einen Magneten passen (die nächste und äußerste

Schicht von ALICE), und es gab einfach nicht genug Platz für zwei volle Zylinder.

Bei dem ersten dieser beiden Detektoren handelt es sich um einen Hochenergie-Teilchenindentifikations-Detektor oder HMPID (*High Momentum Particle Identification Detector*). HMPID arbeitet mit der RICH-Technologie wie die oben beschriebenen Detektoren am LHCb. Wie der Name sagt, soll HMPID Teilchen mit sehr hohen Energien identifizieren. Damit ergänzt er den TOF, das eher für die Teilchen mit niedrigen Energien gedacht ist. HMPID enthält insgesamt 161 000 Detektoren.

Der zweite ist das Photonspektrometer oder PHOS; der Name sagt, dass hier Photonen gemessen werden sollen. Das Spektrometer besteht aus 18 000 Bleiwolframatkristallen, die an ihrer quadratischen Deckelfläche eine Seitenlänge von 2,5 cm haben und 18 cm lang sind. Dieser Detektor hat eine entfernte Ähnlichkeit mit dem ECAL an CMS.

ALICE verfügt weder über ein hadronisches Kalorimeter noch über einen Myondetektor am Barrel. Stattdessen besteht die äußerste Schicht aus einem großen Solenoid-Magneten, der schon früher gute Dienste geleistet hat. Wie mehrfach erwähnt, befand sich im LHC-Tunnel früher das LEP, zu dem vier Experimente gehörten: Aleph, Delphi, L3 und Opal. Der Magnet von L3 erzeugt nun das Magnetfeld für ALICE.

Der L3-Magnet hat einen Radius von 4,9 m und eine Länge von 11,6 m. Sein Feld ist vergleichsweise harmlos, nur rund 10 000-mal stärker als das der Erde, also 8-mal schwächer als das Feld vom CMS. Doch diese geringere Feldstärke ist genau richtig für die Teilchen, die man bei ALICE untersuchen möchte.

Das letzte große Gerät bei ALICE ist die Myonkammer. Sie befindet sich allerdings, wie gesagt, nicht am Barrel, sondern an einer Seite, in groben Zügen vergleichbar mit der Geometrie des LHCb. Das Myonsystem besteht hauptsächlich aus fünf Kisten, und jede Kiste enthält zwei „Harfen", umgeben von einem Gas. Mithilfe der umgebenden Elektronik misst man damit nach dem bereits erklärten Prinzip die Energie der Myonen. Der Magnet hat ein Achtel der Stärke des CMS-Magneten, und das Myonsystem setzt sich aus insgesamt 1,1 Mio. Detektoren zusammen.

ALICE besitzt noch weitere Teilsysteme, die alle für seine Aufgabe irgendeine eine wichtige Rolle spielen. Diese Teile sind jedoch in erster Linie von technischem Interesse, daher möchte ich hier auf ihre genaue Beschreibung verzichten. Es gibt noch mindestens neun zusätzliche kleine Detektoren.

Wir haben nun etwas über die vier großen Detektoren am LHC erfahren. Im Frühjahr 2010 haben diese vier Detektoren damit begonnen, relevante Daten zu sammeln, und sie werden für mindestens die nächsten zwei Jahrzehnte zur vordersten Front der physikalischen Forschung gehören. Man kann unmöglich vorhersagen, welcher der vier Detektoren die entscheidenden Beobachtungen machen wird, die etwas vollkommen Neues zu Tage fördern.

Bleiben Sie dran!

5
Wie es anfing
Aller Anfang ist schwer

Draußen strömt die eiskalte Luft an den Aluminiumwänden vorbei. Hier drinnen nimmt man von den heulenden Motoren nur ein monotones Brummen wahr. Irgendwann hört man auch dieses Geräusch nicht mehr, und lediglich ein leichtes Vibrieren bleibt. Weiße Federwolken erstrecken sich weit unter mir und verdecken die düsteren Wassermassen des Atlantik. Gelegentlich klimpern die Getränkewagen vorbei und bringen höchst erwünschtes Koffein unter die Leute, während sich schläfrige Personen fragen, wie spät ihr Körper jetzt wohl denkt, dass es sei. Die Bildschirme an der Decke zeigen an, dass wir uns bald über Irland befinden und dass es nicht mehr allzu lange dauert, bis wir uns wieder festem Boden nähern. Irgendwo am leicht gekrümmten Horizont winkt der Flughafen von Genf.

Bei meinen häufigen öffentlichen Vorträgen werde ich immer wieder um die vielen internationalen Reisen beneidet. Das Publikum sieht mich an exotischen Orten, in einem Weinlokal in Rom oder einem Café in der verführerischen Innenstadt von Paris. Ich gebe zu, es gab eine Zeit, da war ich von diesen Reisen begeistert, die zum Alltag eines Teilchenphysikers gehören.

Doch jeder, der viel geschäftlich unterwegs ist, kann bestätigen, dass der Zauber schnell verfliegt. Nach der zwanzigsten Reise in wenigen Monaten ist die Aussicht auf weitere zehn Stunden in einem Flieger kaum noch reizvoll, stattdessen denkt man an verpasste Geburtstagsfeiern, Fußballspiele und Ballettaufführungen.

Die Gold-Karten von einem halben Dutzend Fluggesellschaften können den Schmerz ein wenig lindern, aber nicht tilgen.

Doch wenn die vielen langen Reisen zur Last werden, warum lassen wir Wissenschaftler sie nicht bleiben? Weshalb tun wir uns diese häufige Abwesenheit von zu Hause oder der Familie an? Was könnte das alles wert sein?

Auf diese Frage gibt es nur eine Antwort: Es ist der ewige Reiz der Entdeckung. Sobald man den Zoll durchquert hat und auf ein Taxi zusteuert, ist man in Gedanken schon im Labor. Am CERN gibt es den gewaltigsten Teilchenbeschleuniger der Welt. Hier wird man in unbekanntes Terrain vorstoßen, hier wird der Kosmos widerwillig seine Geheimnisse preisgeben. Für einen Hochenergiephysiker gibt es kaum einen interessanteren Ort auf der Welt.

Falls Sie noch nie am CERN oder in seiner Umgebung waren, möchte ich Sie zumindest in Gedanken mit der Gegend etwas vertraut machen. Genf liegt am westlichen Ende des Genfer Sees, wo die Rhone abfließt, um sich durch die französische Landschaft zu winden. Die Stadt ist gemütlich zwischen die Alpen im Süden und das Juragebirge im Norden eingebettet. In den Wintermonaten gibt es ganz in der Nähe fantastische Skigebiete, und in der wärmeren Jahreszeit locken dieselben Berge mit wunderbaren Wanderwegen. Ein romantischer Spaziergang entlang des Sees führt Sie an einem atemberaubenden Schauspiel vorbei: dem Jet d'Eau, einer Fontäne im See, die das Wasser rund 140 m in die Luft schleudert. Und schließlich darf man natürlich die Schokolade nicht vergessen.

Falls Sie einmal in der Gegend sind, sollten Sie unbedingt das CERN besuchen. Wenn Sie sich anmelden, lässt sich auch eine Besichtigung arrangieren. Wissenschaftsenthusiasten dürfen sogar die LHC-Experimente besuchen und können sich so einen eigenen Eindruck verschaffen. Übrigens hat das CERN nichts mit der Beschreibung gemein, die Dan Brown in seinem Roman *Illuminati* gegeben hat. Es gibt keine efeubedeckten Backsteingebäu-

Abb. 5.1 Das eigentliche Gelände des CERN liegt genau auf der Grenze zwischen der Schweiz und Frankreich. Der Beschleuniger erstreckt sich jedoch wesentlich weiter als diese Aufnahme. (CERN)

de und auch keine Windkanäle, in denen die Physiker schweben. CERN ist eine aktive Forschungsstätte und sieht genau so aus. Abbildung 5.1 zeigt eine Luftaufnahme des Komplexes. Überall sieht man Gebäude, die mit der wissenschaftlichen Mission von CERN zu tun haben … und was für eine gewaltige Mission das ist, wissen Sie ja jetzt.

Mittlerweile ist es Frühling 2010, und der LHC hat seinen Betrieb aufgenommen. Alle Experimente werden mit einem Strahl versorgt, dessen Energie dreieinhalb Mal so hoch ist wie die des allmählich in die Jahre gekommenen, aber immer noch funktionierenden Tevatron am Fermilab. Der LHC hat derzeit eine Kollisionsenergie von 7 TeV, die Hälfte von dem, was ursprünglich geplant war. Diese niedrigere Energie war zunächst alles andere als beabsichtigt, und es gibt eine Geschichte, wie es dazu gekommen ist.

Überschwängliche Begeisterung

Drehen wir also die Zeit etwas zurück und erinnern uns an den September 2008. Sarah Palin wurde gerade zur Kandidatin für die Vizepräsidentschaft in den Vereinigten Staaten ernannt und betrat die Bühne der Politik. Der Hurrikan Gustav war über New Orleans hinweggefegt, ohne jedoch die Spuren zu hinterlassen, die Katrina einst hinterließ. Die Teilchenphysiker warteten mit Spannung auf die Inbetriebnahme des LHC.

Zu dieser Zeit war Lyndon Evans Projektleiter für den Large Hadron Collider. Seit 14 Jahren war der walisische Wissenschaftler an der Entwicklung und dem Bau des LHC beteiligt, und nun stand er kurz davor, seine Karriere als Leiter dieses acht Milliarden Dollar teuren technologischen Wunders zu krönen. Evans sah die bevorstehende Inbetriebnahme des LHC mit Sorge. Dabei ging es ihm nicht um Schwarze Löcher oder andere verrückte Untergangsszenarien, an denen, wie er und die anderen Wissenschaftler am CERN sehr wohl wussten, nichts dran ist. Nein, er fragte sich, ob der LHC überhaupt funktionieren würde.

Allerdings stimmt das auch wieder nicht ganz. Evans war der Kopf eines erfahrenen Teams aus hervorragenden Wissenschaftlern, Ingenieuren und Technikern. Er hatte keinerlei Zweifel, dass der LHC irgendwann richtig funktionieren würde. Er war schon an anderen Beschleunigerprojekten beteiligt gewesen und wusste, worum es ging. Doch diesmal, am LHC, lag die Sache anders. Die Inbetriebnahme war öffentlich, wurde weltweit vom Fernsehen übertragen und fand also vor buchstäblich Milliarden von Zuschauern statt. Ohne eine Generalprobe sollte das Team der Beschleunigerspezialisten einen wenige Millimeter dicken Protonenstrahl durch einen 27 km langen Tunnel mit einem Durchmesser von wenigen Zentimetern jagen. Der Druck war enorm …

Doch die Leitung des CERN war zuversichtlich. Die Presse war eingeladen, und Journalisten aus aller Welt waren gekommen. Am Morgen des 10. September 2008 waren Hunderte von

Kanälen auf Sendung, als die Beschleunigerspezialisten ihre Arbeit begannen.

Während es am CERN von Reportern wimmelte, herrschte auch andernorts Aufregung. Die Sendungen wurden live in die Universitäten und Forschungsinstitute übertragen. In meinem eigenen Institut am Fermilab hatte man zu diesem Anlass eine Pyjamaparty organisiert. Da die Ortszeit in Illinois sieben Stunden hinter jener der Schweiz herhinkt, begann der erste Versuch, den Strahl durch den LHC zu lenken, gegen 2 Uhr morgens nach Chicagoer Zeit, also kurz nach Mitternacht. Um die Feierlichkeiten noch reizvoller zu machen, durfte jeder im Pyjama erscheinen. Pier Oddone, der Direktor des Fermilab, überwachte das Fest und lief in einem übergroßen Schlafanzug herum. Ein sehr bekannter Wissenschaftler besuchte die Feier in einem Morgenmantel, der durchaus auf eine Fete von Hugh Hefner zu dessen Blütezeit gepasst hätte. Über 400 Personen, hundert davon in Nachtgewändern, nahmen an dem Fest teil. Sogar Schulkinder kamen als Zaungäste im Schlepptau von Vertretern der Kapitalgeber und natürlich der nationalen Presse.

Am CERN warteten mittlerweile die Wissenschaftler und Reporter. Zunächst sollte ein einzelner Strahl um den Ring geschickt werden. Zuvor hatten die Techniker den Strahl immer nur durch Teile des Rings gelenkt. Doch jetzt war Showtime.

Kurz nach 9 Uhr morgens (Genfer Ortszeit) hatte der Strahl den Eingang zum LHC erreicht. Um den Ring verteilt gibt es acht Positionen, an denen sich keine Magnete befinden und wo die Strahlrohre gerade sind. Dort können theoretisch Detektoren aufgebaut werden. Der Strahl wurde nacheinander zu diesen acht Positionen gelenkt und die Einstellung der Magnete überprüft. Kurz zuvor hatte es etwas Aufregung gegeben, weil das Kühlsystem einiger Magnete nicht vollkommen stabil zu sein schien, doch nachdem sich die Techniker um das Problem gekümmert hatten, schien es beseitigt. Nach weniger als einer Stunde befand sich der Strahl im gesamten 27 km langen Ring. Applaus brandete

Abb. 5.2 Als der erste Strahl durch den LHC-Ring geschickt wurde, war der LHC-Kontrollraum krachend voll. Auf diesem Bild sehen Sie den Direktor des CERN, Robert Aymar (Mitte links), und Lyn Evans (Mitte), den Dirigenten des Unternehmens. (CERN)

auf. Robert Aymar, der Generaldirektor des CERN, hielt eine kurze Ansprache, und von den Direktoren der anderen Labors flatterten Gratulationen herein. Das Team von Evans hatte es geschafft. Abbildung 5.2 vermittelt einen Eindruck von der Stimmung an diesem Tag im Kontrollraum.

Doch die Arbeit war noch nicht getan. Erst ein Strahl war auf den Weg gebracht. Der LHC aber verfügt über zwei Strahlen in verschiedenen Rohren. Während die Welt schon feierte, begann das Kontrollteam den zweiten Strahl in entgegengesetzter Richtung einzuspeisen – erfolgreich.

Aber auch das war noch nicht das Ende. Bisher hatte das LHC-Team lediglich zwei Strahlen mit einer winzigen Anzahl von Protonen losgeschickt, und auch nur mit der Injektionsenergie. Der LHC sollte mit zwei Strahlen mit jeweils 7 TeV arbeiten, die mit der vergleichsweise bescheidenen Energie von 0,45 TeV eingespeist wurden. Der Zweck des LHC ist es, die Protonen auf ihre endgültige Energie zu beschleunigen. Außerdem, damit auch das „C“ in dem Namen des LHC Rechtfertigung findet, sollen die Strahlen zur Kollision gebracht werden. Dazu sind zwei in entgegengesetzte Richtungen umlaufende Strahlen notwendig, die nach Möglichkeit die maximale Energie haben sollen. Diese technischen Meilensteine mussten erst noch erreicht werden.

Es war allerdings nicht geplant, dies alles bereits an diesem 10. September zu schaffen. Bis bei einem derart komplexen Instrument die Strahlen wirklich einsatzbereit sind, können Wochen vergehen. Die Medien waren nur Zeugen des ersten wichtigen Schritts geworden. Aber die öffentliche Anteilnahme blieb außergewöhnlich. Für einen kurzen Augenblick erhielt die Teilchenphysik eine Beachtung, die sonst nur den besonderen Erfolgen der NASA zuteil wird. Natürlich hatte die erste Mondlandung noch mehr Aufmerksamkeit erregt, doch für die Teilchenphysik war es ein neuer Rekord. Auf den Titelseiten von Zeitschriften wie Newsweek wurden Teilchendetektoren abgebildet, ausführliche Berichte über das CERN erschienen in führenden Zeitungen und waren das Thema mehrerer Fernsehsendungen. Das Ereignis erhielt sogar eine der höchsten Auszeichnungen unserer modernen Kultur: ein spezielles Google-Logo (Abb. 5.3).

Die Welt war nun der Meinung, der LHC habe seinen Betrieb aufgenommen. Immerhin hatte es eine Pressekonferenz gegeben, und man hatte in einer Live-Sendung im Fernsehen Champagner getrunken. Die Physiker hatten zwar deutlich gemacht, dass man noch nicht fertig war, doch in der Aufregung gehen solche Bemerkungen leicht unter. Nachdem die Medien ihre Technik wieder abgezogen hatten, begann für die Beschleunigerphysiker die eigentliche Arbeit.

Zunächst mussten die Strahlen „eingefangen“ werden, was bedeutet, dass die beschleunigende RF-Spannung (s. Kapitel 2) zeitlich vollkommen exakt auf den ankommenden Strahl abgestimmt werden muss. Abweichungen von wenigen milliardstel Sekunden

Abb. 5.3 Das öffentliche Interesse an einem Ereignis kann man an vielen Dingen ablesen. Am Tag des ersten vollständigen Strahls am LHC erschien dieses Logo in allen Ländern auf der Google-Seite. (Google Logo © Google Inc., mit freundlicher Genehmigung von Google.)

reichen aus, und die Maschine kann die Protonen nicht mehr auf ihre geplante Energie bringen. Diese zeitliche Abstimmung kann Tage dauern, doch in diesem Fall benötigten die Physiker nur wenige Stunden. Noch während der letzte Satellitensender den Parkplatz verließ, war auch diese wichtige Hürde genommen. In Abbildung 5.4 sieht man, woran die Physiker erkennen, dass sie Erfolg haben.

Der nächste große Schritt bestand darin, die Magnete hochzufahren. Wenn die Strahlenergie im Beschleuniger zunimmt, müssen auch die Magnetfelder stärker werden, und dazu muss der elektrische Strom in den Magneten um den Ring zunehmen. Dieser Schritt war recht gefährlich.

Der Zwischenfall

Um den Ring des LHC verteilt gibt es, wie schon gesagt, acht nummerierte Punkte, an denen zumindest im Prinzip Kollisionen stattfinden können. Zwischen diesen Punkten befinden sich acht lange

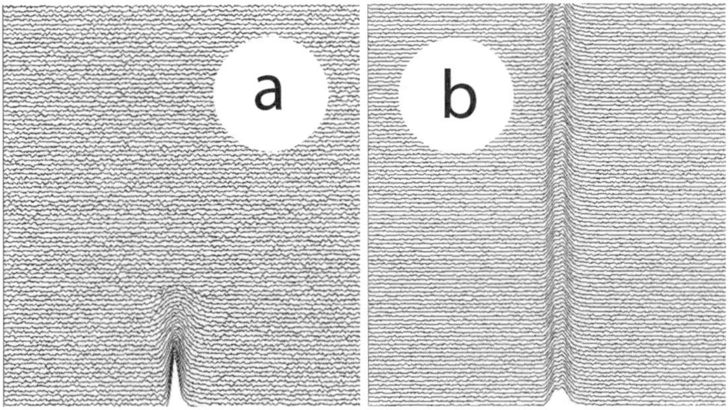

Abb. 5.4 Diese sogenannten „Mountain Range Plots" zeigen, wie gut der Strahl eingestellt ist. Die horizontale Achse entspricht der Zeit für eine Strahlumrundung, und jede horizontale Linie in diesem Bild zeigt eine Strahlrunde an. Die Höhe der Linie entspricht der Strahlintensität an dieser Stelle. (a) Der erste Strahl, wobei das beschleunigende RF-Feld noch abgeschaltet ist. Nach einigen Umrundungen ist der Strahl verschwunden. (b) Das RF-Feld ist nun eingeschaltet und richtig eingestellt. Man erkennt, dass der Strahl bei jeder Umrundung an derselben Stelle bleibt und auch die Strahlmenge konstant ist. Genau so sollte es aussehen, und dies wurde schon nach wenigen Stunden Betriebszeit erreicht. (CERN)

Sektoren mit Magneten, die jeweils durch ihre Grenzpunkte bezeichnet werden. Beispielsweise gibt es Sektor 1-2, Sektor 2-3 usw. Abbildung 5.5 zeigt eine Skizze des Beschleunigers. Vor dem Tag des großen Erfolges, dem 10. September, hatte man sämtliche Sektoren mit Ausnahme von einem getestet und geprüft, dass sie dem elektrischen Strom für einen Strahl mit 5,5 TeV standhalten. Sektor 3-4 war nur bis zu 4,2 TeV getestet worden. Doch nun mussten die Sektoren für 7 TeV getestet werden. Und dann kam es durch Zufall zu einem Problem. Kurz nach Mitternacht am 12. September fiel ein elektrischer Transformator in der Nähe von Punkt 8 aus. Dieser Transformator war Teil des elektrischen Kühlsystems

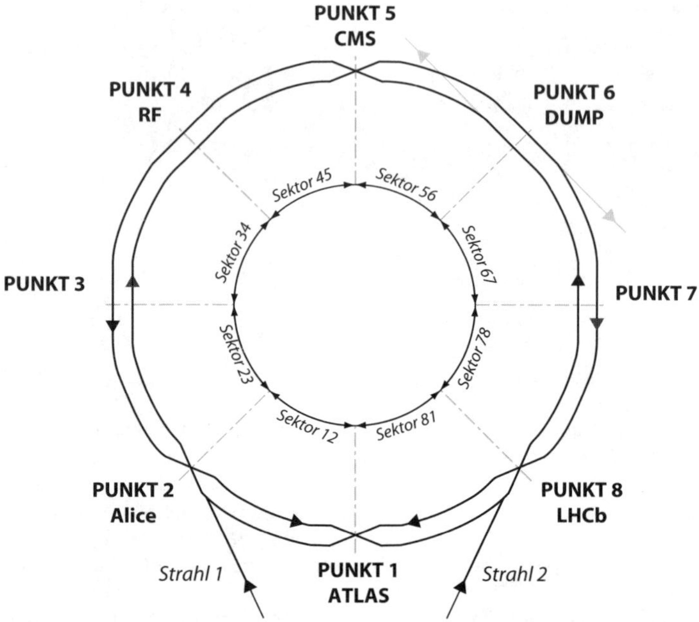

Abb. 5.5 Der LHC besteht aus acht großen Abschnitten. Im Herbst 2008 kam es zu einem Unfall in Sektor 3-4. (CERN)

für die Magnete in den Sektoren 7-8 und 8-1. Hier geht es nicht um einen kleinen Trafo, sondern um ein Gerät von 30 t Gewicht. Die Elektrotechniker verbrachte das Wochenende mit dem Austausch. Die Temperatur der Magnete war deutlich gestiegen, und es war klar, dass es einige Zeit dauern würde, bis sie wieder auf das Betriebsniveau von –271,25 °C gesunken sein würde. Das Beschleunigerteam entschied, die Zeit während dieser Kühlphase zu einigen weiteren Tests in den nicht betroffenen Sektoren zu nutzen. Man beschloss, die Magnete im Sektor 3-4 auf 9300 A Stromstärke hochzufahren. Das liegt immer noch deutlich unterhalb des endgültigen Betriebsstroms von 11 850 A; für spätere Sicherheitstests waren sogar 12 400 A geplant.

Zunächst verlief alles glatt, während der elektrische Strom langsam zunahm. Schließlich waren 8700 A erreicht, und dann ging alles ganz schnell. Die Alarmlampen leuchteten auf, in dem 100 m unter der Erde liegenden LHC-Tunnel wurde Feueralarm ausgelöst. Die Stromzufuhr für den gesamten Sektor wurde automatisch abgeschaltet. Im Kontrollraum über der Erde kam es zu einem großen Durcheinander, Schrecken und Verwirrung machte sich breit. Es glich der Szene in dem Film Apollo 13 kurz nach der Explosion im Wasserstofftank. Es gab nur wenige denkbare Ursachen dafür, dass das Kontrollsystem derart verrückt spielen konnte, und keine davon verhieß Gutes.

Am Tag des Zwischenfalls befand ich mich in Illinois. Ich hörte sofort davon, als die Beschleunigerspezialisten etwas zu berichten hatten. Die CMS-Gruppe in den Vereinigten Staaten trifft sich jeden Freitag um 11 Uhr. Als während dieses Treffens die Nachrichten hereinkamen, waren wir alle bestürzt. Tatsächlich erfuhren wir so schnell von dem Problem, dass das tatsächliche Ausmaß des Schadens noch nicht einmal bekannt war. Es war klar, dass der Schaden groß war. Aber wie groß?

In den folgenden Tagen und Wochen wurde deutlich, was passiert war. Die Leitung des CERN richtete eine Untersuchungskommission ein, in der alle Experten, die am Bau des Beschleunigers beteiligt gewesen waren, vertreten waren: Tieftemperaturtechniker, Mechaniker, Elektrotechniker, alles. Es war entscheidend, die genaue Ursache herauszufinden, zu wissen, was genau geschehen war. Handelte es sich um einen allgemeinen Konstruktionsfehler oder eher um ein zufälliges (wenn auch fatales) Problem, oder worum sonst? Die Arbeitsgruppe erstellte viele Zwischenberichte. Erst im März 2009 wurde das endgültige Resümee veröffentlicht.

Heute wissen wir, was an diesem schicksalhaften Tag passiert ist. Jeder einzelne Magnet war vorher unter vollen Betriebsbedingungen getestet worden. Außerdem war jeder Magnet mit einem ausgefeilten System zum Schutz gegen elektrische Störungen oder Temperaturprobleme ausgestattet. Falls es tatsächlich mit dem elektrischen System oder der Kühlung ein Problem geben sollte, würden diese Schutzmechanismen innerhalb von Bruchteilen einer Sekunde reagieren.

Es gab jedoch einen Schwachpunkt. Die Magnete mussten in einen einzigen großen Stromkreis eingebunden werden. Dazu hatte man die supraleitenden Kabel von einem Magneten mit dem nächsten Magneten verlötet. Diese supraleitenden Kabel waren zur Sicherheit in große Kupferblöcke eingebettet. Abgesehen von der physikalischen Stabilität sollte damit erreicht werden, dass diese kräftigen Kupferschienen die Stromleitung übernehmen konnten, falls das supraleitende Kabel aus irgendeinem Grund so warm würde, dass die Supraleitung zusammenbricht. Doch aus einem technischen Versehen hatte man versäumt, diese Sicherheitsleitungen auch auf die verlöteten Verbindungsstellen auszuweiten. Genau hier lag die Wurzel des Problems.

Es war mühsam zu verstehen, was schiefgelaufen war. Die Schäden an den Magneten waren teilweise gewaltig, und große Teile des Leitungssystems waren einfach verdampft. Schließlich gelang es den Technikern, das Geschehen zu rekonstruieren. Im Wesentlichen war die Lötstelle zwischen zwei Magneten entweder sehr schlecht ausgeführt oder überhaupt nicht vorhanden gewesen. Als der elektrische Strom zunahm, führte der Widerstand an der Nahtstelle zu einer Erwärmung. Innerhalb eines Bruchteils einer Sekunde wurde die Temperatur so hoch, dass zunächst die Lötstelle schmolz und dann die dicke Kupferleitung selbst. Der elektrische Strom wusste nicht wohin, und es entstand ein Lichtbogen. Ein Lichtbogen ist wie der winzige elektrische Funke, den man manchmal beobachten kann, wenn man einen Stecker zieht. Der Funke am Leitungssystem vom LHC aber hatte die Kraft von rund 10 000 A hinter sich. Damit nahm das Unheil seinen Lauf. Wäre das bereits alles gewesen, hätte man den Schaden relativ rasch beheben können. Doch es sollte noch schlimmer kommen.

Wie schon erwähnt, sind die LHC-Magnete supraleitend. Deshalb werden sie mit flüssigem Helium gekühlt, das sich innerhalb der Magnete in einer Art riesiger Thermosflasche befindet. In diesen Behälter brannte der Lichtbogen ein Loch, und nun wurde es richtig schlimm. Wenn eine Flüssigkeit zu einem Gas wird, dehnt sie sich auf das 700-fache Volumen aus. Innerhalb weniger Minuten wurden zwei Tonnen flüssiges Helium freigesetzt, das bei seiner Ausdehnung die Luft aus dem Tunnel drückte. Der Sauerstoff wurde auf einer Strecke von rund 1600 m in beiden Richtungen verdrängt. Die Anfangsgeschwindigkeit dieses Heliumsturms hätte mit rund 400 m/min einem olympiareifen Sprinter alle Ehre gemacht. Man hätte vor dieser Heliumwand nicht davonlaufen können; wenn sie einen überholt hätte, wäre dahinter keine Luft mehr zum Atmen gewesen. Es dauerte fünfeinhalb Stunden, bis sich die Luft im Tunnel wieder normalisiert hatte.

Der Druck des ausströmenden Heliums krachte mit voller Wucht gegen die Magnete. Obwohl einige von ihnen ein Gewicht von über 35 t haben, wurden sie um einige zig Zentimeter verschoben. Dadurch wurde ihre Verankerung aus dem Boden gerissen und der Beton zertrümmert. Außerdem wurden die elektrischen Leitungen, die Kühlleitungen und andere Verbindungen zu den gegenüberliegenden Magneten zerstört. Dadurch entstanden weitere Lichtbögen, und es wurde noch mehr Helium freigesetzt. In Abbildung 5.6 sieht man einen Teil der Zerstörung. Das Helium drang in die Strahlrohre und blies Ruß und Isolationsmaterial hinein. Insgesamt wurden 16 t flüssiges Helium freigesetzt. Man darf auch nicht vergessen, dass das Helium eine Temperatur von –271 °C hatte. Auf Filmen, die einige Stunden nach dem Unglück aufgenommen wurden, erkennt man dicke Frostschichten selbst auf Magneten, die von dem ursprünglichen Lichtbogen weit entfernt waren. Es war wirklich ein spektakulärer Unfall. Zum Glück erlauben es die strengen Sicherheitsbestimmungen am CERN niemanden, während des

Abb. 5.6 Der Schaden am LHC war beachtlich. Auf dem oberen Bild erkennt man eine verdampfte Kupferleitung. Diese Zerstörung ist punktförmig, aber es gab mehrere Stellen wie diese. Das untere Bild zeigt die Verbindungen zwischen zwei Magneten, die jeweils Dutzende von Tonnen wiegen. Das freigesetzte Helium drückte die Magnete zig Zentimeter auseinander, wodurch sämtliche empfindlichen Verbindungsstücke verbogen wurden. (CERN)

Betriebs in der Nähe des Beschleunigers zu sein, sodass zu keiner Zeit Personen gefährdet waren.

Je mehr wir über die Ursache des Unfalls erfuhren, umso deutlicher wurde, wie sorgfältig wir mit diesen Geräten umgehen müssen. Genaue Untersuchungen ergaben, dass sämtliche Lötstellen an den Magneten um den LHC-Ring nochmals überarbeitet werden müssen, bevor man den vollen Betrieb aufnehmen kann. Das ist eine aufwendige Arbeit, die vermutlich weit mehr als ein Jahr in Anspruch nimmt. Damit stand man vor der Frage, ob die Verbindungsstellen zwischen den Magneten stark genug sind, um zumindest bei einem niedrigeren elektrischen Strom arbeiten zu können. Die Diskussion dieser Frage hat ihre eigene dramatische Geschichte.

Die Reaktion

Die ersten offiziellen Gespräche begannen bei einem Workshop in Chamonix Anfang 2009. Einmal im Jahre zieht sich die Leitung des CERN an den Fuß des Mont Blanc zurück, um wichtige Angelegenheiten zu besprechen. In einer Zeit, die vom LHC geprägt ist, drehen sich die Gespräche natürlich hauptsächlich um dieses Thema, insbesondere um die Konsequenzen aus dem tragischen Unfall im September 2008. Anwesend waren Vertreter der verschiedenen Experimente sowie von Kapitalgebern verschiedener Länder.

Philippe Lebrun, der Leiter der Untersuchungsgruppe des Unfalls, legte seinen abschließenden Bericht vor. Einige Experten hatten weitere und teilweise ausführlichere Teilberichte vorbereitet. Es gab viel zu verdauen, besonders für den neuen CERN-Direktor Rolf-Dieter Heuer, der das Amt einen Monat zuvor von Robert Aymar übernommen hatte. Während sich die früheren Direktoren auf den Bau des LHC konzentriert hatten, fiel es Heuer zu, die Anlage durch die Gewässer der Zukunft zu lenken. Es wurden viele Möglichkeiten diskutiert, unter anderem auch, ob man den LHC bei einer niedrigeren Energie betreiben sollte. Zu diesem Zeitpunkt wurde in Chamonix keine Entscheidung gefällt, aber es wurde ein klarer Weg vorgegeben, wie man die Alternativen abschätzen sollte. Für eine fundierte Entscheidung brauchte der Direktor mehr Information.

Mittlerweile setzten die technischen Teams am CERN ihre Reparaturarbeiten fort. Der Schaden erstreckte sich über 750 m. Insgesamt 53 Magnete, jeder mit einem Gewicht von mehreren Dutzend Tonnen, wurden zur Reinigung und Reparatur entfernt. Acht weitere wurden an Ort und Stelle gesäubert. Doch auch die nicht beschädigten Magnete weit weg von Sektor 3-4 mussten untersucht werden. Als Vorsichtsmaßnahme wurden sämtliche Lötstellen überprüft. Niemand wollte einen zweiten Unfall riskieren. Außerdem wurden viele Verbesserungen vorgenommen, um zukünftigen Problemen vorzubeugen. Die Sicherheitsventile an den Magneten wurden verbessert, und es wurden weitere Instrumente zur Anzeige und Reaktion auf Havarien hinzugefügt.

Die Presse berichtete häufig über die Mühen am LHC, und manchmal entbehrten diese Berichte nicht einer gewissen Komik. Für einen vergleichsweise harmlosen Zwischenfall in einem Kraftwerk, der zu einem Stromausfall führte, wurde ein Vogel verantwortlich gemacht, der angeblich ein Stück Brot in den Transformator hatte fallen lassen. Die Indizien für diesen gefiederten „Saboteur" waren durchaus nicht hieb- und stichfest, aber die Geschichte ließ sich gut verkaufen und schaffte es in die Blogosphäre. Dann gab es einen Artikel von zwei theoretischen Physikern, die behaupteten, das Universum würde sich einer Entdeckung des Higgs-Bosons widersetzen; sollte es tatsächlich einmal in der Zukunft entdeckt werden, würde das zu Verschiebungen in der Raumzeit führen. Diese Verschiebungen hätten eine Art Zeitreise zur Folge, bei der der LHC zerstört würde, weshalb das Higgs-Boson dann schließlich doch nicht entdeckt werden könnte. Der Artikel war zwar etwas anspruchsvoller, aber die Medien verkürzten ihn publikumswirksam. Die Presse hatte ihren Spaß an derlei, und ich musste mehr als einmal in meinen Vorträgen Fragen dazu beantworten. Das hat mich nicht sehr gestört; zumindest erkannte man daran das allgemeine Interesse der Öffentlichkeit.

Die Reparaturarbeiten am LHC waren am 23. November 2009 endlich beendet, und die Protonenstrahlen kreisten wieder durch den Ring, zunächst mit der Injektionsenergie von 0,45 TeV und wenigen Protonen. Die ersten Kollisionen fanden am Nachmittag im ATLAS-Detektor statt, kurz darauf folgten die anderen Experimente. Eine Woche später, am Abend des 29. November, wurde ein einzelner Strahl auf 1,05 TeV beschleunigt, was oberhalb des Rekords vom Tevatron lag. Drei Stunden später, kurz nach Mitternacht, wurden beide Strahlen auf 1,18 TeV beschleunigt.

Ich erzähle meinen Kollegen aus der Beschleunigerphysik immer, dass es nichts bringt, die Teilchen zu beschleunigen, ohne die Ergebnisse aufzuzeichnen. An diesen letzten Novembertagen kam es schon zu ersten Kollisionen, doch erst am 6. Dezember wurden gezielt Protonenstrahlen mit 0,45 TeV Energie zur Kollision gebracht, und jedes Experiment sammelte Daten von rund einer Million Ereignissen. Am 12. Dezember wurden die Strahlen auf 1,18 TeV hochgefahren. Strahlintensität und Energie waren klein, trotzdem waren die aufgezeichneten Daten von unschätzbarem Wert, um Erfahrung im Umgang mit den Geräten zu sammeln. Außerdem konnten die Messungen und Daten in Fachzeitschriften publiziert werden. Zuerst veröffentlichte ALICE, es folgte CMS und schließlich ATLAS. Das vermutlich Beeindruckendste an diesen Veröffentlichungen war der ungewöhnlich kurze Zeitraum von nur wenigen Wochen. Gewöhnlich dauert es Monate, bis die Daten analysiert und in eine publizierbare Form gebracht worden sind. Der physikalische Inhalt dieser Artikel war eher bescheiden, aber es war ein gutes Omen für die zukünftigen Unternehmungen.

Ruhe vor dem Sturm

Am 16. Dezember 2009 wurde der LHC für die Weihnachtsferien abgeschaltet. Auch wenn die Außenwelt kaum Notiz davon nahm, war die kurze Laufzeit bereits ein durchschlagender Erfolg. Weihnachten hatte bereits stattgefunden, und der Weihnachtsmann war besonders großzügig gewesen.

Die Monate Januar und Februar wurden von den Technikern und Betriebsverantwortlichen genutzt, um einige kleine Probleme zu beheben, die sich während der Laufzeit im Dezember gezeigt hatten. Es waren Kleinigkeiten, für die Wissenschaftler kein Grund zur Unruhe. Sie wussten, was auf dem Plan stand. Es war an der Zeit, ernsthaft mit der Aufzeichnung der Daten zu beginnen.

Beim jährlichen Treffen in Chamonix 2010 wurde schließlich eine Entscheidung hinsichtlich der Strahlenergie getroffen. Die Untersuchungen der verschiedenen Lötstellen hatten ergeben, dass sie vermutlich alle ersetzt werden müssen, wollte man die Energie wirklich auf die vollen 7 TeV pro Strahl hochfahren. Doch die halbe Energie – 3,5 TeV, vielleicht auch etwas mehr – sollte sicher sein. In Chamonix entschloss man sich für den konservativen Weg, einer Strahlenergie von maximal 3,5 TeV, zumindest solange nicht gründliche Reparaturarbeiten vorgenommen worden waren. Auch bei dieser Energie gab es gute Aussichten auf neue physikalische Entdeckungen, sofern genügend Daten gesammelt werden konnten. Außerdem konnten die Experimentiergruppen auf diese Weise ihre Ausrüstung, die Software und auch einige soziale und organisatorische Angelegenheiten aufpolieren. In der experimentellen Teilchenphysik hatte es noch nie zuvor Arbeitsgruppen mit 3000 Mitgliedern gegeben, und da ließ es sich nicht vermeiden, dass nicht immer alles glatt lief. Die Entscheidung, den LHC für 18–24 Monate bei einer Strahlenergie von 3,5 TeV pro Strahl zu betreiben, hat viele Vorteile. Gegen Ende 2011 soll der Beschleuniger dann abgeschaltet und die notwendigen Reparaturen für die volle Energie von 14 TeV vorgenommen werden. Diese Arbeiten dauern vermutlich rund ein Jahr oder auch etwas länger.

Nachdem man sich auf eine Betriebsenergie geeinigt hatte, konnte der LHC am 27. Februar 2010 wieder eingeschaltet werden. Man begann mit 0,45 TeV und die Strahlen waren schnell stabil. Die eigentliche Frage war jedoch, ob man verlässlich 3,5 TeV erreichen konnte. Es gab einige Bedenken, und schließlich entschloss man sich als reine Vorsichtsmaßnahme, den Beschleunigungsprozess auf 75 min statt der geplanten 15 min auszudehnen. Kurz vor Sonnenaufgang hatte man am 19. März zwei entgegengesetzt umlaufene Strahlen auf eine Energie von 3,5 TeV beschleunigt.

Ich befand mich an diesem Tag am CERN, und trotz der frühen Stunde war ich wach, um dieses Ereignis mitzuerleben. Eineinviertel Stunden lang schlürfte ich einen Espresso nach dem anderen und verfolgte, wie die Strahlenergie langsam anstieg. Die Gespräche zwischen den Kollegen drehten sich ausschließlich darum, ob der Strahl die Energie tatsächlich bewältigt. Offenbar war das Vertrauen in die Beschleunigerspezialisten groß, denn niemand wagte es, dagegen zu wetten. Als das Ziel erreicht war, brachen alle in Jubelrufe aus. Ich musste mich jedoch erst einmal hinsetzen und staunen. Wir hatten es geschafft! Ein neues Gebiet der Teilchenphysik stand unmittelbar vor seiner Erkundung. So ganz fertig waren wir allerdings noch nicht, denn die Strahlen mussten noch zur Kollision gebracht worden. Bis dahin würde es noch einige Tage dauern.

Natürlich wollten die Verantwortlichen am CERN ihren Erfolg mit der Welt teilen, unter anderem sicherlich auch, um sich in den Augen der Öffentlichkeit teilweise zu rehabilitieren. Sie informierten die internationale Presse, dass die Zeit gekommen sei, den Beschleuniger wieder den Physikern zu übergeben, die sich schon wie kleine Kinder auf die neuen Daten freuten. Die Journalisten wurden eingeladen, Zeuge der ersten Kollisionen

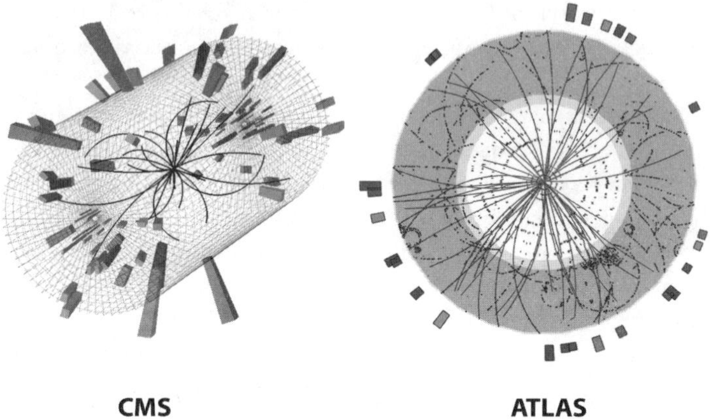

Abb. 5.7 Am 30. März 2010 fanden am LHC die ersten Kollisionen bei der zuvor noch nie erreichten Energie von 3,5 TeV pro Strahl statt. Die Ereignisse in diesen Bildern stammen aus den ersten Kollisionen, die von den beiden LHC-Experimenten aufgezeichnet wurden. Bis heute werden es Milliarden von Kollisionen sein, doch hier sieht man die ersten. (CERN)

zwischen Protonen bei einer Energie von 7 TeV zu sein. Wie am 10. September 2008 versammelten sich auch diesmal die Medien in Genf; niemand wollte diesen Augenblick verpassen. Und dann, am 30. März, kurz nach Mittag (und nach zwei nervtötenden Fehlstarts) passierte es endlich: Die Strahlen wurden bei der Betriebsenergie gekreuzt und die ersten Kollisionen beobachtet. Zwei davon sieht man in Abbildung 5.7. Nach Jahrzehnten der Vorbereitung mit Tausenden von beteiligten Personen hatte das LHC endlich seinen Betrieb aufgenommen. Es flossen die Daten, und täglich winken neue Entdeckungen.

Mit der erfolgreichen Kollision von zwei Protonenstrahlen bei einer Strahlenergie von je 3,5 TeV war die Aufbauphase des LHC abgeschlossen. Vergessen waren die Jahrzehnte, die man bis zu diesem Punkt gebraucht hatte; das Ende des Anfangs war gekommen. Die letzten Nägel, die in das Schiff des Columbus geschlagen wurden, signalisierten den Abschluss des Baus. Nun war es die bevorstehende Reise, der man mit erwartungsvoller Begeisterung entgegensah. Ähnlich wie die Entdecker vergangener Jahrhunderte machten sich nun die Physiker auf den Weg in unbekannte Gebiete, voller Ungeduld, Dinge zu sehen, die noch nie zuvor jemand gesehen hat, und vielleicht Dinge zu entdecken, die seltsamer sind als alles, was man sich bisher vorstellen kann. Die unbekannten Küsten locken.

In Erwartung

Während ich diese Zeilen schreibe, sind erste wenige Monate nach den aufregenden Ereignissen vergangen. Sie werden diesen Text später lesen. Vielleicht haben Sie schon von Erfolgen gehört, von denen ich in diesem Augenblick nur träumen kann. Vielleicht gab es schon eine Entdeckung, die unsere Vorstellung von der Welt auf den Kopf gestellt hat. Ich kann es kaum erwarten.

6
Wohin der Weg führt
Ein Blick aufs Ganze, das Universum und die Zukunft

Vorhersagen sind schwierig, besonders, wenn sie die Zukunft betreffen.
Yogi Berra

Unsere Reise ins Innere des Atoms und die Welt des Winzigen führt uns schließlich hinaus in den Weltraum und zurück in der Zeit bis zur Geburt des Universums. Bisher haben wir uns auf den LHC konzentriert und die wissenschaftlichen Fragen, die wir mit seiner Hilfe hoffentlich beantworten werden. Es gibt jedoch auch brennende Fragen, zu deren Klärung wir vom LHC einen Beitrag erwarten, ohne dass wir auf eine abschließende Antwort hoffen können – und sie gehören in eine andere Geschichte, die von den Verflechtungen der Forschung, besonders den engen Verbindungen zwischen Teilchenphysik und Kosmologie, lebt.

Der LHC verfügt über die gewaltigste Energie aller Beschleuniger, die es derzeit auf der Welt gibt; das heißt aber nicht, dass er der einzige Beschleuniger ist. Was an anderen Labors gefunden wird, beeinflusst die Arbeit am LHC und umgekehrt. Davon abgesehen hatten die Diskussionen über den Bau eines Nachfolgers bereits begonnen, bevor der LHC überhaupt in Betrieb genommen war. In Anbetracht der Zeiträume, die man für die Planung, den Entwurf und schließlich die Realisierung einer solchen Anlage benötigt, müssen wir natürlich an die Zukunft denken. Sehr wahrscheinlich hängt es von den wissenschaftlichen Ergebnissen ab, die der LHC bringt, wie der nächste große Beschleuniger aussehen wird.

In diesem Kapitel werfen wir einen Blick auf das große Ganze, den Kontext, in dem diese Entwicklung vonstatten gehen wird. Wir beginnen mit der noch ziemlich neuen Erkenntnis der Physiker, dass unser Universum mehr Geheimnisse birgt, als man noch vor wenigen Jahren glaubte. Über Quarks und Leptonen wissen wir eine ganze Menge (s. Kapitel 1), und mit diesem Wissen können wir das sichtbare Universum erklären. „Sichtbar" ist hier jedoch das entscheidende Wort: Es hat sich nämlich herausgestellt, dass der größte Teil des Universums unsichtbar ist. Etwa 95 % der Materie und Energie im All sind von einer Form, die mit der uns vertrauten, gewöhnlichen Materie nichts gemein zu haben scheint.

Die dunkle Seite

Wir wissen recht viel über die Gravitation, zumindest soweit sie die Bewegung von Himmelskörpern betrifft. Am 19. Januar 2006 machte sich die Sonde *New Horizons* auf ihren Weg zum Pluto – eine Reise ohne Rückkehr. Vorgesehen ist, dass sich die Sonde der Oberfläche des Zwergplaneten bis auf 16 000 km nähern soll, um von dort aus erste detailreiche Bilder von seiner Oberfläche anzufertigen. Einschließlich eines Swing-by-Manövers am Jupiter, mit dem die Sonde Schwung holt, wird *New Horizons* ungefähr 5,3 Mrd. Kilometer zurücklegen, um im Juli 2015 einen Zielkreis von gerade einmal 290 km Durchmesser zu treffen. Auch wenn die Sonde etwas Treibstoff an Bord hat, um kleinere Abweichungen von der vorgesehenen Flugroute ausgleichen zu können, ist dieses Verhältnis von Streckenlänge zu Zielgenauigkeit ein beeindruckender Beweis für die Genialität von Sir Isaac Newton, dem Entdecker des Gravitationsgesetzes.

Newton war erst 23 Jahre alt, als er aufs Land zog, weil in London die Pest ausgebrochen war. Die Jahre 1665 und 1666, für England eine schwere Zeit, erwiesen sich als außerordentlich produktiver Abschnitt im Leben des jungen Forschers. Die Erfindung der Infinitesimalrechnung und Beiträge zur Optik sind als herausragende Leistungen zu nennen. Uns interessieren hier besonders Newtons Arbeiten über die Schwerkraft.

Newton zeigte, dass die Schwerkraft zwischen zwei Himmelskörpern von vier einfachen Größen abhängt, und zwar von den Massen der beiden Körper, dem Abstand zwischen ihnen und einer Konstante. Diese Konstante ist ein Maß für die Stärke der Gravitationskraft im Universum und lässt sich, je nach den gewählten Einheiten, in verschiedenen Zahlenwerten aufschreiben. Dieses Ergebnis war phänomenal, denn mit Newtons Theorie der Schwerkraft kann man, unter Zuhilfenahme seiner Infinitesimalrechnung, die Bewegungen sämtlicher Planeten und Satelliten vorhersagen. Die Reichweite dieser Erkenntnisse wird deutlich an der Entdeckung des Planeten Neptun und des Zwergplaneten Pluto: In beiden Fällen wiesen winzige Abweichungen der Beobachtungen von den aus Newtons Theorie vorhergesagten Bahnen den Weg.

Newtons Gravitationstheorie gilt prinzipiell nicht nur für die Himmelskörper des Sonnensystems, sondern auch für die Bewegungen ganzer Galaxien. Als man jedoch die Ergebnisse theoretischer Berechnungen der Rotation von Galaxien mit den gemessenen Daten verglich, zeigte sich eine deutliche Diskrepanz, die uns an dieser Stelle besonders interessiert. Wir wollen daher etwas genauer sowohl auf die Berechnungen als auch auf die Messungen eingehen.

Die Geschwindigkeit, mit der sich ein Stern innerhalb einer Galaxie bewegt, wird von zwei Faktoren beeinflusst. Das sind erstens die Masse, die sich innerhalb der Bahnkurve des Sterns befindet, und zweitens der Abstand des Sterns vom Zentrum der Galaxie. Je mehr Masse vorhanden ist, umso größer ist die Geschwindigkeit des Sterns, und je größer sein Abstand vom Galaxienzentrum ist, umso kleiner ist seine Geschwindigkeit.

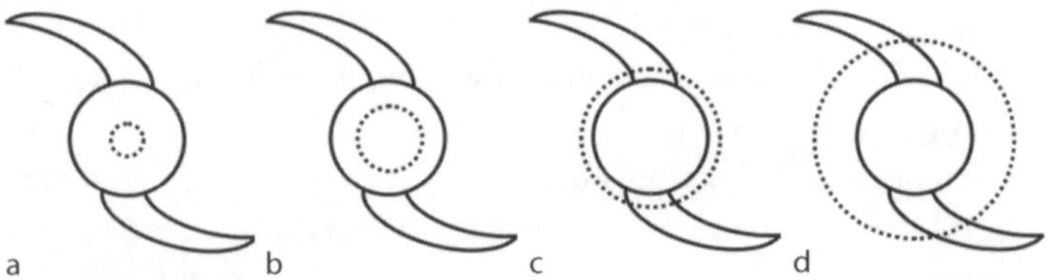

Abb. 6.1 Die gestrichelte Linie zeigt verschiedene Bahnkurven von Sternen. Von (a) bis (d) nimmt der Radius zu. Dabei nimmt zunächst auch die Masse zu, die sich innerhalb der Bahnkurve des Sterns befindet; sobald diese Bahnkurve aber nicht mehr im Zentralbereich der Galaxie verläuft, sondern die Spiralarme erreicht, nimmt der Massenzuwachs rasch ab.

Abbildung 6.1 zeigt den Zusammenhang zwischen den wesentlichen Parametern. Der größte Teil der Masse befindet sich im Zentralbereich der Galaxie; weiter außen wird die Massendichte schnell kleiner. In Abbildung 6.1a sehen Sie eine Bahnkurve mit kleinem Radius (die gestrichelte Linie); der Anteil der Gesamtmasse, der innerhalb dieser Bahnkurve liegt, ist vergleichsweise klein. In Abbildung 6.1b ist der Bahnradius schon etwas größer, und die Masse innerhalb der Bahnkurve hat deutlich zugenommen. Die Bahnkurve in Abbildung 6.1c befindet sich etwas außerhalb des Zentralbereichs. Sie umschließt nun also die gesamte Masse des Zentralbereichs; noch weiter außen befindet sich nur noch der vergleichsweise kleine Massenanteil in den Spiralarmen. In Abbildung 6.1d ist der Radius noch größer, aber es ist nur vergleichsweise wenig Masse innerhalb der Bahnkurve hinzugekommen.

Gemeinsam sollten alle genannten Faktoren bewirken, dass sich die Sterne in der Nähe des galaktischen Zentrums relativ langsam bewegen und mit zunehmendem Abstand vom Zentrum zunächst schneller werden, solange sich ihre Bahnkurve noch innerhalb des Bereichs mit hoher Massendichte befindet. Bei Sternen mit größeren Abständen vom Zentrum sollte die Geschwindigkeit dann rasch abfallen. Dieses Verhalten ist in Ab-

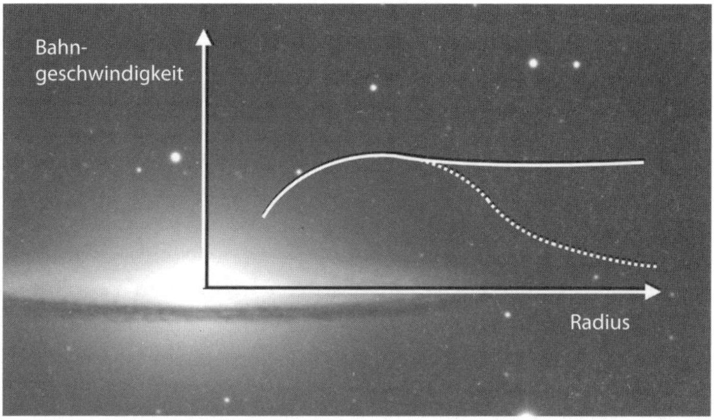

Abb. 6.2 Die Bahngeschwindigkeit der Sterne innerhalb einer Galaxie nimmt zunächst zu, bis der Bahnradius ungefähr gleich der Größe der Galaxie ist. Bei noch größeren Radien würde man annehmen, dass die Geschwindigkeit wieder abnimmt (gestrichelte Linie). Die Messdaten (durchgezogene Linie) stimmen jedoch bei großen Radien nicht mit den Vorhersagen überein. (Todd Boroson/NOAO/AURA/NSF)

bildung 6.2 skizziert. Einzelheiten dazu finden Sie in der Literatur, die ich am Ende dieses Buchs zusammengestellt habe.

Nach dieser klaren Vorhersage konnten die Astronomen die Rotation von Galaxien vermessen, um zu prüfen, ob Newtons Theorie auch in diesem Fall erwartungsgemäß von den Daten bestätigt wird. Groß war die Überraschung, als diese Erwartung nicht erfüllt wurde.

Die erste Untersuchung dieser Art führte Ende der 1920er-Jahre der holländische Astronom Jan Oort durch, nach dem die Oort'sche Wolke benannt ist. Oort entdeckte in der Milchstraße Sterne, die sich außerhalb der Hauptscheibe befinden, sogenannte Halosterne. Sie umkreisen das Zentrum der Galaxie, und zwar, wie Oort zeigte, schneller, als die Theorie erlaubte. Als naheliegende Erklärung kam in Frage, dass die Masse der Milchstraße ungefähr doppelt so groß war als man damals vermutete. Wenn man in der Astronomie eine Größe von der Art der Gesamtmasse der Milchstraße genauer als auf den Faktor zehn messen kann, ist das schon eine Leistung – besonders vor fast 100 Jahren. Ein Fehler in der Massenbestimmung von einem Faktor zwei war nichts Besonderes, und daher war auch niemand besonders beunruhigt.

Gegen Ende der 1950er-Jahre untersuchte Louise Volders mit ganz ähnlichem Ergebnis die Bewegungen der Sterne in der Galaxie M33. Im Jahre 1970 schließlich veröffentlichten Vera Rubin und W. Kent Ford jr. den ersten Artikel einer (für Rubin) langen und erfolgreichen Reihe von Rotationsmessungen an Galaxien. In praktisch allen Fällen stimmten Theorie und Beobachtung für geringe Abstände vom Galaxienzentren gut überein, doch je größer der Abstand wurde, umso größer wurden auch die Abweichungen. Abbildung 6.2 zeigt das typische Verhalten: Nach der Theorie sollten die Bahngeschwindigkeiten der Sterne bei sehr großen Abständen abnehmen, nach den Daten schienen sie sich von einem bestimmten Abstand an kaum noch zu ändern. Diese Ergebnisse waren sehr seltsam.

Mehrere mögliche Erklärungen für dieses Phänomen kommen infrage. Zunächst einmal kann die theoretische Basis, also die Newton'schen Gesetze, falsch oder ungültig sein. So ist die Beschleunigung der Sterne bei ihrer Bewegung um das Galaxienzentrum nur sehr klein; vielleicht gelten die Newton'schen Gesetze nur unter den oft überprüften „gewöhnlichen" Bedingungen, aber nicht bei sehr kleinen Beschleunigungen. Eine Theorie, die auf dieser Idee beruht, arbeitete Mordehai Milgrom 1983 aus. Auch wenn wir diese Erklärung nicht vollkommen zurückweisen können, gilt eine Alternative als weitaus wahrscheinlicher. Sie beruht darauf, dass es in Galaxien mehr Masse gibt, als man bislang angenommen hat.

In der Astronomie bestimmt man die Masse einer Galaxie dadurch, dass man erstens die Gesamthelligkeit der Galaxie misst und zweitens untersucht, welche Art von Sternen in dieser Galaxie vorkommt. Kennt man die Masse der Sterne mit einer bestimmten Helligkeit, kann man berechnen, wie viele Sterne notwendig sind, um die Helligkeit der Galaxie erklären zu können. Damit kann man auf die Gesamtmasse der Galaxie schließen.

Für den Erfolg dieser Methode entscheidend ist, dass man die Materie in der Galaxie sehen kann; Materie, die unsichtbar ist, bleibt unberücksichtigt. Da wir zur Beobachtung einer Galaxie Licht verwenden (wobei wir hier unter „Licht“ auch andere Bereiche des elektromagnetischen Spektrums verstehen, beispielsweise Radiowellen), bezeichnen wir die Materie, die wir nicht sehen können, als *Dunkle Materie*.

Ich möchte dabei betonen, dass die Dunkle Materie noch immer rein spekulativ ist, keine erwiesene Tatsache, wie es oft in populärwissenschaftlichen Artikeln dargestellt wird. Wir kennen lediglich die Masse der beobachtbaren Materie und wissen, dass Galaxien schneller rotieren, als es die Newton'schen Gesetze für diese Masse berechnen. Die Hypothese von einer Dunklen Materie ist jedoch sehr interessant, und es lohnt sich, darüber nachzudenken, um was für eine Art Stoff es sich handeln könnte. Außerdem können wir nach anderen Hinweisen auf die Existenz der Dunklen Materie suchen.

Im Jahre 1933 veröffentlichte Fritz Zwicky in einer eher unbedeutenden Fachzeitschrift seinen ersten Artikel über die Bewegung von Galaxien in ihrer Gesamtheit (also nicht von einzelnen Sternen darin). Galaxien sind keine Einzelgänger; sie finden sich zu Hunderten oder Tausenden in großen Clustern oder Galaxienhaufen zusammen. Man kann sich das wie einen Schwarm galaktischer Bienen vorstellen, die einen imposanten kosmischen Tanz aufführen.

In einem Artikel aus dem Jahre 1937 beschrieb Zwicky die Ergebnisse von Geschwindigkeitsmessungen der Galaxien im Komahaufen und schätzte dabei die Masse der Galaxien in der üblichen Form ab. Die Geschwindigkeiten der Galaxien und die Masse des Haufens sind Parameter, die über die Stabilität solcher

Galaxienhaufen entscheiden: Sehr viel Masse bei geringen Geschwindigkeiten bedeutet, dass der Haufen irgendwann in sich zusammenfällt; große Geschwindigkeiten bei zu wenig Masse führen dazu, dass die Galaxien auseinanderfliegen (sie sind zu schnell, um von der Gravitation zusammengehalten zu werden.) Zwickys Ergebnisse zeigten, dass die Galaxien so schnell waren, dass sie von der gravitativen Anziehung der beobachtbaren Masse nicht hätten zusammengehalten werden dürfen – ein Hinweis aus einer vollkommen anderen Richtung, der die Dunkle-Materie-Hypothese stützt.

Wir wollen überlegen, worum es sich bei dieser Dunklen Materie handeln könnte. „Dunkel" soll, wie gesagt, heißen: „emittiert keine elektromagnetische Strahlung". Es könnte sich also um ganz gewöhnliche Materie handeln, die von sich aus dunkel ist: Schwere kalte Planeten, schwarze Löcher, ausgebrannte Sterne oder riesige Gaswolken sind nur einige Beispiele für das, was man *Dunkle baryonische Materie* nennt. Baryonen sind eine bestimmte Form von Hadronen; für unsere Zwecke genügt es, Protonen und Neutronen zu berücksichtigen, die einzigen stabilen Baryonen. „Baryonische Materie" ist also letzten Endes die uns vertraute Materie.

MACHOs

Ein Beispiel für baryonische Materie sind diffuse Gaswolken, die allerdings nicht wirklich dunkel sind; wir können sie mit Radioteleskopen und ähnlichen Instrumenten beobachten. Damit verbleiben nur die sogenannten MACHOs (*MAssive Compact Halo Objects*). Wie der Name andeutet, handelt es sich hierbei um sehr schwere (massive), sehr kleine (kompakte) Objekte, wie schwarze Löcher oder ausgebrannte Sterne. Außerdem befinden sie sich im Halo der Milchstraße, denn die Differenzen zwischen den Messdaten und den theoretischen Berechnungen, wie sie Rubin,

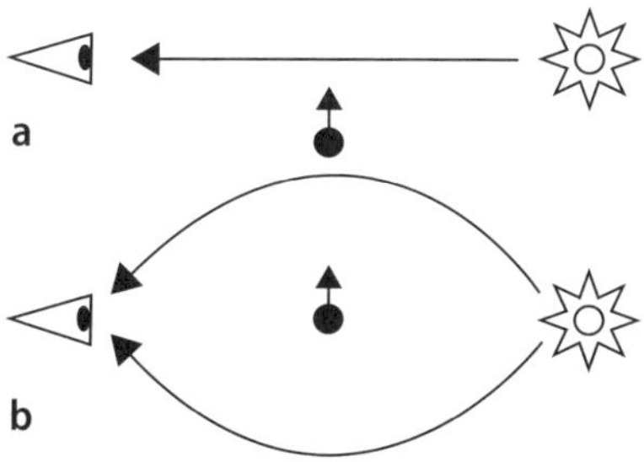

Abb. 6.3 (a) Das Licht eines Sterns fällt direkt in unser Auge. (b) Wenn sich jedoch zwischen den Stern und das Auge eine große Masse schiebt, wird das Licht über mehr als nur einem Weg in unser Auge gelenkt, wodurch der Stern heller erscheint. (Die waagerechte und die senkrechte Entfernung haben unterschiedliche Maßstäbe!)

Zwicky und andere berichteten, lassen sich am besten erklären, wenn die zusätzliche Masse über den gesamten galaktischen Halo verteilt ist.

Dunkle Materie zu finden ist schwierig, denn sie lässt sich definitionsgemäß nicht mit gewöhnlichen Mitteln beobachten und macht nur durch die Schwerkraft auf sich aufmerksam. Daher kamen die Astronomen auf eine raffinierte Idee. Im Jahre 1919 gelang es Arthur Eddington erfolgreich, die allgemeine Relativitätstheorie von Albert Einstein zu testen. Seither wissen wir, dass Gravitation Licht ablenken kann. Anders gesagt: Materie wirkt wie eine optische Linse. Wenn Licht an einer schweren Masse vorbeifliegt, wird sein Weg schwach in Richtung dieser Masse gekrümmt. Wie Sie in Abbildung 6.3 erkennen, sehen wir von einem Stern gewöhnlich nur das Licht, das auf direktem Wege in unser Auge gelangt. Wenn sich jedoch zwischen den Stern und unser Auge eine Masse schiebt, beobachten wir eine scheinbare Helligkeitszunahme, weil die Gravitation das Licht auf verschiedenen Wegen ins Auge lenkt. Bei der Suche nach MACHOs beobachtet man deshalb, ob sehr weit entfernte Sterne gelegentlich heller werden. Ist das der Fall, könnte das auf etwas sehr

Schweres hindeuten, das sich zwischen der Erde und dem Stern vorbeibewegt hat.

Die Helligkeit von Sternen kann allerdings auch schwanken, weil die Fusionsprozesse unregelmäßig ablaufen. Diese Schwankungen betreffen die einzelnen Farben (Spektralbereiche) der Strahlung jedoch in unterschiedlichem Maße. Will man nachweisen, dass Helligkeitsschwankungen auf Gravitationslinsen zurückgehen, muss man deshalb zeigen, dass sich die Helligkeit über alle Farben hinweg gleichmäßig verändert.

Solche Gravitationslinsenereignisse sind sehr selten (schließlich handelt es sich um kompakte, also räumlich wenig ausgedehnte Objekte), und daher muss man sehr viele Sterne gleichzeitig im Auge behalten. Die Astronomen richteten also ihre Teleskope auf die nahegelegenen Magellan'schen Wolken sowie auf unsere eigene Milchstraße. Mit modernen Teleskopen lassen sich buchstäblich Millionen von weit entfernten Sternen beobachten. Der wissenschaftlichen Objektivität zuliebe wurden solche Beobachtungen auch nicht nur von einer einzelnen Gruppe vorgenommen, sondern von mehreren. Zwischen den Gruppen bestand eine wissenschaftliche Konkurrenz in kollegialer Atmosphäre. Man überprüfte gegenseitig die Ergebnisse. Außerdem hatte man sich für unterschiedliche Messverfahren entschieden, wodurch die Aussicht auf Erfolg wesentlich größer wurde.

Und das Ergebnis? Mehrere Gravitationslinsenereignisse wurden beobachtet. Die Daten für ein Beispiel sind in Abbildung 6.4 wiedergegeben. Nun berechnete man die Masse, die zur Erzeugung eines solchen Gravitationslinseneffekts notwendig ist, zählte die Anzahl der Ereignisse und rechnete auf die gesamte Galaxie hoch. Auf diese Weise gelangten die Astronomen zu einer eindeutigen Schlussfolgerung: Die Milchstraße enthält einfach nicht genügend Massen dieser Form, um das Problem der dunklen Materie zu lösen. Also musste man sich etwas anderes einfallen lassen.

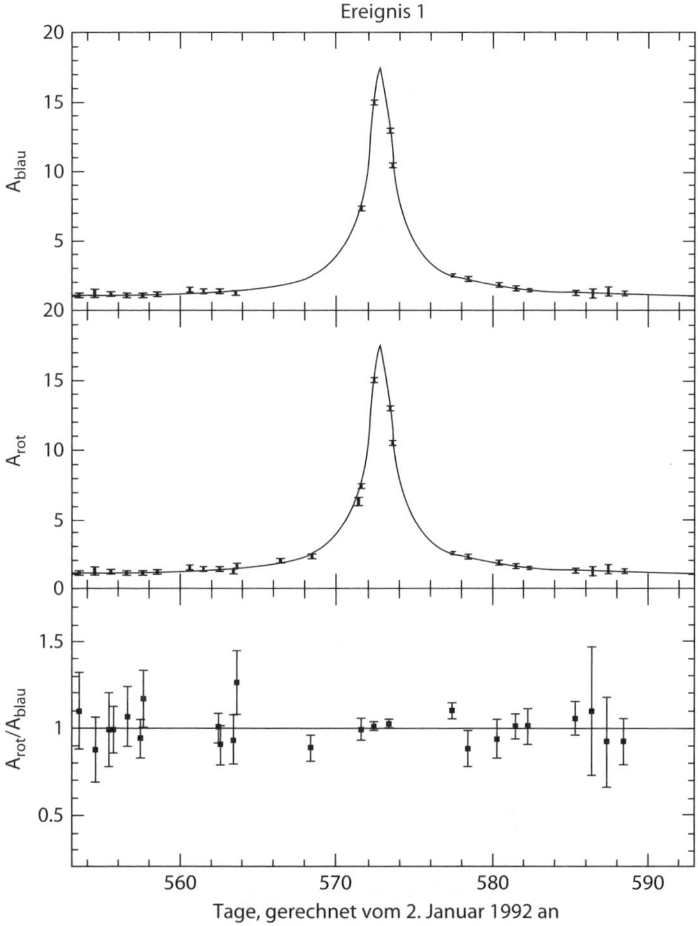

Abb. 6.4 Beobachtung eines Gravitationslinseneffekts im Jahre 1994. Über einen Zeitraum von zehn Tagen war das Licht dieses Sterns deutlich heller. Die obere Kurve gehört zu blauem Licht, die mittlere zu rotem. Im unteren Diagramm ist das Verhältnis der beiden Helligkeitsprofile aufgetragen. Man erkennt, dass sich beide Farben gleichermaßen verändern. Das ist die typische Signatur eines MACHOs. (MACHO Project)

Nicht MACHO, sondern WIMP

Wenn MACHOs das Geheimnis der dunklen Materie nicht erklären können, vielleicht können es dann die WIMPs. Hinter dem Akronym WIMP (wörtlich übersetzt „Schwächling“ oder „Versager“) verbergen sich schwach wechselwirkende massive Teilchen (*Weakly Interacting Massive Particles*). Während es sich bei den MACHOs um kompakte Gebilde kalter Materie handelt, ist es auch denkbar, dass die Dunkle Materie wie eine Art Gas über den ganzen Kosmos verteilt ist. Als Kandidat für solche Materie kommt nur ein bisher unentdecktes Teilchen infrage.

Natürlich erregen die Worte „unentdeckt“ und „Teilchen“ reflexartig die Aufmerksamkeit der Teilchenphysiker. Die Vorstellung, dass ein Teilchenbeschleuniger die Antwort auf das Problem der Dunklen Materie liefern könnte, ist wirklich sehr verlockend. Falls die Dunkle Materie also aus einem neuen subatomaren Teilchen bestehen sollte, wie müsste dieses aussehen?

Zunächst einmal muss es sich in jedem Fall um ein massebehaftetes Teilchen handeln, denn schließlich suchen wir nach einer Erklärung für nicht beobachtbare Masse. Da die Dunkle Materie für unsere heutigen astronomischen Instrumente unsichtbar ist, muss das Teilchen elektrisch neutral sein und darf die starke Kraft nicht spüren. Wir suchen also nach einem stabilen, schweren Teilchen, auf das die Gravitationskraft und vielleicht auch die schwache Kraft wirken. Erinnern wir uns an die Diskussion der Supersymmetrie in Kapitel 2: Das leichteste supersymmetrische Teilchen (oder LSP) passt genau auf das Profil unseres Kandidaten für Dunkle Materie.

Natürlich bleiben da noch Fragen: Gibt es Dunkle Materie von dieser Form, und wie können wir das beweisen? Wenn es sie gibt, wie können wir sie erzeugen und mit ihr experimentieren, um sie besser zu verstehen? Die Antwort auf die erste Frage finden wir nur durch Beobachtungen in der kosmischen Wildnis. Wir müssen in unserer galaktischen Umgebung eine neue Art von

Substanz nachweisen und beobachten; dazu reicht es nicht aus, im Labor ein neues Teilchen zu erzeugen, denn wir müssen nachweisen, dass die Dunkle Materie tatsächlich daraus besteht. Um ein neues Teilchen aber genauer zu untersuchen, sind die Beobachtungen „da draußen“ unzureichend. Wir müssen es hier auf der Erde, in den Labors der Physiker, nach Belieben erzeugen können. Genau hier erhofft man sich einen Beitrag vom LHC.

Wenn am LHC ein idealer Kandidat für Dunkle Materie gefunden werden sollte, wäre damit, wie gesagt, noch nicht bewiesen, dass diese Form von Materie in großen Mengen in Galaxien vorhanden ist. Um dies zu zeigen, werden kleine Detektoren gebaut, die im Wesentlichen aus einigen Kilogramm Materie bestehen. Die einfache Idee besteht darin, zu warten, bis ein Teilchen der Dunklen Materie durch den Detektor fliegt und dort mit einem Atom zusammenstößt. Damit den Experimentatoren kein solches Signal verlorengeht, werden diese Instrumente sehr sorgfältig gegen äußere Einflüsse geschützt und häufig tief unter der Erdoberfläche aufgestellt. Außerdem werden sie auf Temperaturen nur knapp über dem absoluten Nullpunkt (unter –273 °C) gekühlt. Andernfalls befänden sich die Atome in ständiger Bewegung, die nahezu jedes von einem Dunkle-Materie-Teilchen zu erwartende Signal überdecken würden. Erst bei diesen außergewöhnlich tiefen Temperaturen und der besonderen Abschirmung der Detektoren gibt es überhaupt eine Chance, Dunkle Materie beobachten zu können.

Obwohl solche Experimente grundsätzlich von großer Bedeutung sind (und auch tatsächlich bereits laufen, wobei zurzeit durch viele Verfeinerungen eine noch größere Empfindlichkeit angestrebt wird), lässt sich auf diese Weise bestenfalls die Masse und die Häufigkeit der Teilchen ermitteln. Natürlich wäre das alleine schon ein beachtlicher wissenschaftlicher Erfolg, und dem Glücklichen winkt sicherlich ein Nobelpreis. Um aber Materie dieser Art auch erzeugen zu können, braucht man einen Beschleuniger.

Bei diesem Wettlauf zwischen passiven Beobachtungen und Beschleunigerexperimenten ist vollkommen offen, wer als Erster irgendwelche eindeutigen Hinweise auf die Dunkle Materie finden wird. Der LHC wird für die nächsten beiden Jahrzehnte das einzige Gerät sein, an dem potenzielle Kandidaten erzeugt werden können. Wie bei jeder Forschung gibt es keine Garantien, aber man wird am LHC in jedem Fall nach Teilchen Ausschau halten, die ins Bild passen.

Welche Arten von Teilchen, die in Frage kämen, könnte der LHC sehen? Diese Teilchen müssten, wie oben gesagt, eine Masse haben, elektrisch neutral sein, stabil sein und dürfen nicht auf die starke Kraft reagieren. Ein solches Teilchen wäre unsichtbar; da es stabil ist (also nicht zerfällt), würden wir auch keine Zerfallsprodukte beobachten. Das experimentelle Signal für ein solches Teilchen wäre einfach Energie, die in einer Teilchenkollision zu verschwinden scheint. Mit anderen Worten, wir „sehen" einen potenziellen Kandidaten für die Dunkle Materie, indem wir ihn nicht sehen.

Im Standardmodell gibt es ein Teilchen, das sich so ähnlich verhält: das Neutrino, das wir auch am LHC beobachten werden. Für den LHC sieht das Teilchen der Dunklen Materie also wie ein Neutrino aus. Es gibt nur eine Möglichkeit, zwischen diesen unbekannten Teilchen und weiteren Neutrinos zu unterscheiden: Wir wissen, wie viele Neutrinos wir am LHC sehen sollten, und wenn wir Dunkle Materie erzeugen, dann zählen wir zwangsläufig mehr Teilchen, die wie ein Neutrino aussehen, als erwartet. Diesen Überschuss würden wir nur in Kollisionen sehen, bei denen zur Erzeugung der Teilchen der Dunklen Materie auch ausreichend Energie zur Verfügung steht.

Wenn wir die Erkenntnisse aller Experimente, die sich mit Dunkler Materie befassen, zusammentragen, zeigt sich, dass es im Universum wesentlich mehr Dunkle Materie geben muss als gewöhnliche Materie. Die Menge an Dunkler Materie im Universum ist ungefähr 50-mal größer als die Menge an leuchtender

Materie (Sterne, Galaxien, etc.). Selbst wenn wir noch die interstellaren Wasserstoff-Dunkelwolken berücksichtigen, die den größten Teil der baryonischen Materie ausmachen und ungefähr zehnmal so viel Masse umfassen wie die glühende Materie, überwiegt die Dunkle Materie deutlich. Das Rätsel um die Dunkle Materie ist deshalb eine wichtige Angelegenheit. Es ist einfach unbefriedigend, wenn man von rund 83 % der Materie in unserem Universum gar nicht weiß, worum es sich handelt.

Das Universum birgt jedoch noch ein weitaus größeres Geheimnis: Es scheint von einem allgegenwärtigen Energiefeld durchdrungen zu sein, das ungefähr doppelt soviel Energie enthält, wie in der gewöhnlichen und der dunklen Materie zusammengenommen enthalten ist. Die Rede ist von der Dunklen Energie.

Nicht nur Materie kann dunkel sein

Im Jahre 1998 machten zwei Forschergruppen aus Astronomen und Physikern eine seltsame Entdeckung: Sehr weit entfernte Supernovae leuchten schwächer, als sie sollten. Diese im ersten Augenblick scheinbar unbedeutende Beobachtung löste ein wissenschaftliches Erdbeben aus und könnte über das Schicksal unseres Universums entscheiden. Bevor wir die Bedeutung dieser Entdeckung richtig würdigen können, müssen wir etwas über Helligkeiten von Supernovae und ihren Abstand von der Erde wissen. Diese sehr technische, recht komplizierte Angelegenheit hat letztendlich ein ganzes Forschungsgebiet auf den Kopf gestellt.

Zu den schwierigsten Aufgaben in der Astronomie gehört die Bestimmung der Entfernung eines Himmelskörpers. Wenn ein Affe die Entfernung zu einem angepeilten Ast abschätzen möchte, nutzt er das räumliche Sehen – die Tiefenwahrnehmung, die er seinen beiden etwas auseinanderliegenden Augen verdankt. Bei den riesigen astronomischen Distanzen funktioniert dieses Prinzip nicht mehr. Selbst wenn wir die „Augen“ an zwei gegenüberliegenden Positionen der Erde auf ihrer Bahn um die Sonne anbringen könnten, lässt sich die Methode nur für vergleichsweise nahe Gegenstände, bis zu einem Abstand von bestenfalls 1000 Lichtjahren, anwenden. Für ferne Galaxien bringt das nichts.

Wir brauchen ein anderes Verfahren. Zur Erläuterung des Prinzips stellen wir uns zwei Personen vor, die dieselbe Kerze anschauen. Eine von ihnen sei der Kerze wesentlich näher als die andere; diese erste Person nimmt die Kerze heller wahr.

Dies ist die grundlegende Idee (Abb. 6.5): Das Licht einer Kerze oder irgendeiner anderen Lichtquelle wird in alle Richtungen gleichmäßig abgestrahlt. In einem bestimmten Abstand verteilt sich das Licht über den gesamten Kreis (in drei Dimensionen über die gesamte Kugeloberfläche), und nur ein sehr kleiner Teil dieses Lichts trifft in das Auge (oder einen Detektor). Je größer der Abstand zwischen Lichtquelle und Auge ist (je größer also

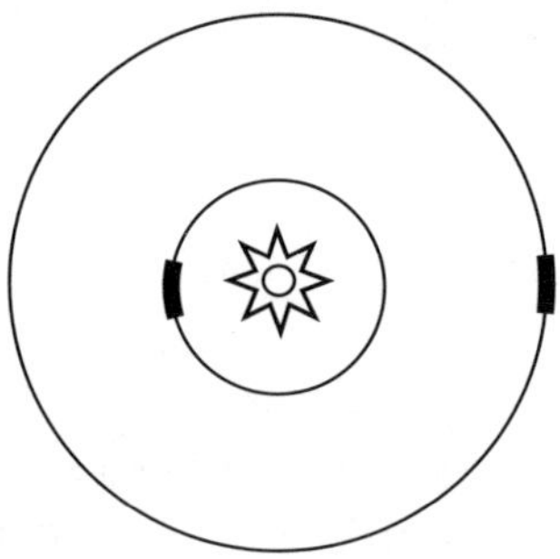

Abb. 6.5 Ein Detektor gegebener Größe (angedeutet durch die dicke Linie) überdeckt bei einem großen Abstand von der Lichtquelle einen kleineren Teil des Gesamtkreises, als wenn er sich in der Nähe der Lichtquelle befindet. Dadurch wird in großem Abstand wenig Licht aufgefangen.

der Kreis), umso kleiner ist der Anteil des Kerzenlichts, der auf das Auge fällt.

Mit diesem Verfahren kann man den Abstand eines Objekts aus seiner scheinbaren Helligkeit bestimmen: Ist die absolute Helligkeit einer Lichtquelle bekannt, kann man berechnen, wie hell sie aus einer bestimmten Entfernung erscheint. Weiß man umgekehrt, wie viel Licht eine Kerze abgibt und misst ihre scheinbare Helligkeit, kann man den Abstand zwischen Auge und Kerze (oder zwischen einem Teleskop und einem Stern) ziemlich genau ermitteln.

Die Messung der scheinbaren Helligkeit eines Sterns ist eine Kleinigkeit. Das eigentliche Problem besteht darin zu wissen, wie viel Licht der Gegenstand – in diesem Fall der Stern – insgesamt abgibt. Schließlich leuchten verschiedene Sterne unterschiedlich hell.

In der Geschichte der Astronomie trifft man auf eine Reihe von Himmelskörpern, die genau diesem Zweck gedient haben. Wenn man jedoch quer durch den Kosmos blicken möchte, benötigt man schon eine wirklich helle Kerze: eine Supernova, einen sterbenden Stern.

Wenn ein Stern in einer spektakulären thermonuklearen Explosion in sich zusammenfällt, entwickelt sich eine Supernova, die eine ganze Galaxie überstrahlen kann. Es gibt mehrere Mechanismen der Explosion eines Sterns. Wir interessieren uns hier für einen ganz bestimmten Prozess, die Supernova vom Typ Ia.

Supernovae vom Typ Ia treten bei Doppelsternsystemen auf. Einer der beiden Sterne muss ein Weißer Zwerg sein, dessen Gravitationsfeld so stark ist, dass er seinem himmlischen Nachbarn Materie entzieht und sich einverleibt. Auf diese Weise nimmt die Masse des Weißen Zwergs zu. Er wird heißer, bis seine Masse und Temperatur eine kritische Schwelle überschreiten. Dann explodiert er. Dieser Vorgang verläuft immer sehr ähnlich, und daher kennt man die Helligkeit einer Supernova vom Typ Ia sehr genau; der Fehler liegt bei ungefähr 10 %, was für astronomische Verhältnisse so gut wie exakt ist.

Supernovae vom Typ Ia ereignen sich selten, ungefähr einmal pro Jahrhundert in einer Galaxie. Es gibt jedoch sehr viele Galaxien, und sie alle enthalten geeignete Vorläufersterne. Da wir vergleichsweise genau wissen, wie hell eine Ia-Supernova tatsächlich ist, und da wir die bei uns ankommende Helligkeit sehr genau messen können, können wir auch den Abstand einer solchen Supernova mit erstaunlicher Genauigkeit bestimmen. Das ist schon beeindruckend: Wir können den Abstand zu einem Objekt quer durch das halbe sichtbare Universum mit einem Fehler von nur rund 10 % messen.

Ein derart genaues Verfahren zur Bestimmung großer Abstände ist von unschätzbarem Wert, aber wir haben Glück: Es gibt sogar noch ein zweites Verfahren, und wir können beide Verfahren anwenden und ihre Ergebnisse vergleichen.

Dieses zweite Verfahren fußt auf der Ausdehnung des Universums in seiner Gesamtheit. Edwin Hubble fand im Jahre 1929 eine Beziehung zwischen dem Abstand einer weit entfernten Galaxie von der Erde und der Geschwindigkeit, mit der sich diese Galaxie von der Erde entfernt. Je weiter die Galaxie von uns entfernt ist, umso rascher nimmt ihr Abstand von uns zu. Das bedeutet, dass sich das Universum ausdehnt.

An einem einfachen Beispiel können wir dies verdeutlichen. Stellen Sie sich vor, sie befänden sich in Abbildung 6.5 an Punkt 0. Andere Punkte haben von Ihnen einen Abstand von 1, 2 bzw. 3 Einheiten. Nun dehnen wir das Ganze innerhalb von einer Sekunde auf das Doppelte aus. Die Punkte bewegen sich von den Stellen 1, 2 und 3 zu den Stellen 2, 4 und 6. Wie weit haben sie sich dabei von Ihnen entfernt? Der von 1 nach 2 gerückte Punkt hat sich um eine Einheit verschoben; von 2 nach 4 beträgt die Verschiebung zwei Einheiten, von 3 nach 6 sind es drei Einheiten. Da die Ausdehnung des Systems genau eine Sekunde in Anspruch genommen hat, haben sich die drei Punkte mit einer

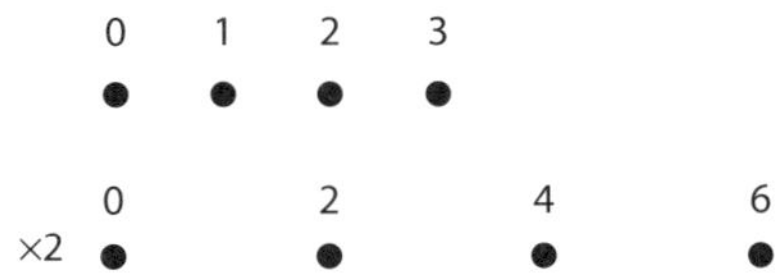

Abb. 6.6 Misst man die Abstände ausgehend von einem festen Bezugspunkt (Punkt 0) zu anderen Punkten und verdoppelt nun sämtliche Abstände, dann nimmt der Abstand des am weitesten entfernten Punktes auch am meisten zu. Daher scheint er sich mit der größten Geschwindigkeit von Punkt 0 zu entfernen.

Geschwindigkeit von 1, 2 bzw. 3 Einheiten pro Sekunde von Ihnen wegbewegt. Von Punkt 0 aus betrachtet bewegen sich Punkte also umso schneller, je weit sie entfernt sind.

Für das Universum gilt das ähnlich. Wenn Sie ermitteln können, wie schnell sich eine Galaxie von der Erde entfernt, können Sie deshalb berechnen, wie weit weg von uns sie sich schon befindet. Dieser experimentelle Befund stützt die Urknallhypothese und ist der Grund dafür, dass diese heute von den Forschern nahezu ausnahmslos akzeptiert wird.

Um die Geschwindigkeit zu messen, mit der sich eine Galaxie von uns entfernt, nutzt man einen Effekt, der Ihnen im Prinzip aus dem Alltag vertraut ist. Denken Sie an ein Autorennen: Wenn ein Wagen an Ihnen vorbeifährt, stellen Sie fest, dass sich die Tonhöhe des Motorgeräuschs in dem Moment ändert, in dem das Auto Ihren Standort passiert: Sie hören ungefähr „iiiiii-juuuuuuu" (der „iiii"-Teil ist höher als der „uuuu"-Teil; dazwischen hören Sie für einen kurzen Augenblick das tatsächliche Motorgeräusch, den „j"-Teil). Eine hohe Frequenz bedeutet eine geringe Wellenlänge, eine niedrige Frequenz eine hohe Wellenlänge. Abbildung 6.7 verdeutlicht das Prinzip.

In der Astronomie haben wir mit Licht zu tun. Licht besteht aus Wellen, und Sterne bestehen hauptsächlich aus Wasserstoff, der Licht in charakteristischen Wellenlängen aussendet. Bewegt sich ein Stern relativ zu unserem Auge nicht, sieht man

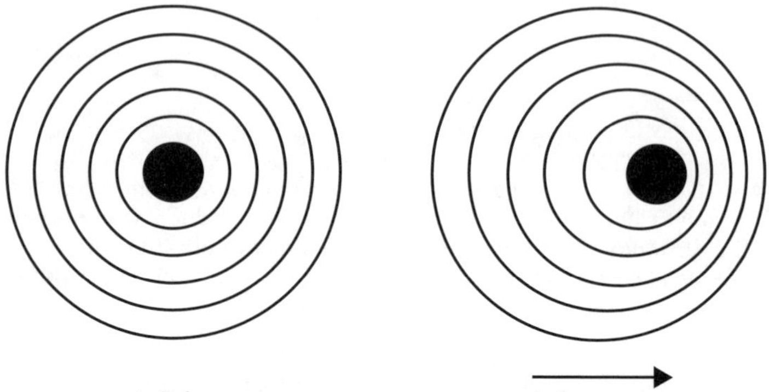

Abb. 6.7 Ein Gegenstand (dunkler Kreis) sendet Wellen aus. Ist dieser Gegenstand in Ruhe, erscheinen die Wellen in alle Richtungen gleichförmig. Wenn sich der Gegenstand jedoch nach rechts bewegt, werden die Wellen in Bewegungsrichtung kürzer und in entgegengesetzter Richtung länger.

die „wahre" Farbe des Wasserstoffs. Bewegt sich der Stern jedoch auf uns zu, werden die Wellenlängen zusammengedrückt. Kürzere Wellenlängen erscheinen bläulicher, daher nennt man das Ganze eine „Blauverschiebung". Das Licht erscheint uns blauer, als wir es sehen würden, wenn der Stern relativ zu uns in Ruhe wäre. Umgekehrt werden die Wellenlängen auseinandergezogen, wenn sich der Stern von uns entfernt. Längere Wellenlängen erscheinen röter, folglich spricht man von „Rotverschiebung". Durch die Messung der Rotverschiebung des Lichts kann man also die Geschwindigkeit bestimmen, mit der die Quelle sich von uns entfernt. Wie wir bereits gesehen haben, kann man diese Geschwindigkeit in einen Abstand umrechnen, sofern die Ausdehnung des Universums mit einer bekannten Rate erfolgt.

Von allen weit entfernten Supernovae vom Typ Ia, die man beobachten konnte, wurde auch über die Rotverschiebung der Abstand gemessen. Unabhängig voneinander veröffentlichten zwei

Gruppen („High-z Supernova Search Project" und „Supernova Cosmology Project") ihre Ergebnisse in den Jahren 1998–1999. Als man die Abstände, die mit den beiden unterschiedlichen Verfahren gemessen wurden, miteinander verglich, ergab sich eine Diskrepanz: Die Helligkeitsmethode ergab größere Entfernungen als die Rotverschiebungsmethode. Diese simple Feststellung führte dazu, dass grundlegende kosmologische Konzepte überdacht werden mussten.

Viele Erklärungen wurden vorgeschlagen, genauer gesagt sehr viele. Doch nicht alle wurden von der Fachwelt mit demselben Enthusiasmus aufgenommen. Ich möchte daher an dieser Stelle nur einige der Ideen erwähnen, die als wissenschaftlich ernstzunehmend gelten:

- Vor langer Zeit war die Helligkeit einer (jeder) Supernova vom Typ Ia schwächer als heute.
- Licht ist instabil und kann auf dem langen Weg zerfallen; oder es gibt zwischen uns und den Supernovae mehr Materie oder Staub und das Licht der Supernovae verliert auf seinem Weg irgendwie Energie.
- Das Universum ist sehr viel größer als der kleine Teil, den wir sehen können. Das gesamte Universum schwingt immer noch von den Nachwehen des Urknalls. Diese Schwingungen beeinflussen den Raum wie ein Gummiband, bei dem sich einige Teile ausdehnen und andere zusammenziehen. Wir befinden uns zufällig in einem Bereich, der sich ausdehnt.

Auch wenn diese und andere Möglichkeiten immer noch diskutiert werden, gilt eine Erklärung unter den Kosmologen als besonders attraktiv: Das Universum dehnt sich nicht gleichförmig aus, sondern beschleunigt. Die Ursache für die Beschleunigung bezeichnet man als „Dunkle Energie".

Dass die Rate der Ausdehnung zunehmen soll, klingt zunächst reichlich absurd. Nach dem Urknall dehnte sich der Raum zwar, wie wir annehmen, rasch aus, und die Ausdehnung an sich wurde von Edwin Hubble beobachtet. Da aber die Gravitation anziehend wirkt, sollte die Ausdehnung des Universums mit der Zeit abbremsen und nicht beschleunigen.

Im Jahre 1915 formulierte Albert Einstein seine Allgemeine Relativitätstheorie, die im Jahre 1919 durch Arthur Eddington erstmals experimentell bestätigt wurde. Sie beschreibt Gravitation als eine Krümmung des Raums. Einstein erkannte jedoch rasch folgendes Problem: Da die Gravitation eine anziehende Kraft ist, folgte aus seinen Gleichungen, dass das Universum irgendwann in sich zusammenfallen müsste. Zu jener Zeit hielt man das Universum noch für ewig und unveränderlich, und so fügte Einstein seinen Gleichungen einen Term hinzu, dessen Wirkung einer effektiv abstoßenden „Gravitationskraft" entsprach, sodass die Anziehungskraft gerade aufgehoben wurde. Damit ergab sich ein statisches, unveränderliches Universum, womit Einstein zunächst sehr zufrieden war.

Nachdem Edwin Hubble experimentell gezeigt hatte, dass sich das Universum ausdehnt, wurde das Modell des statischen Universums fallen gelassen. Einstein setze den Abstoßungsterm in seinen Gleichungen (die *kosmologische Konstante*) null; später soll er sie angeblich als seine „größte Eselei" bezeichnet haben.

Als man im Jahre 1998 feststellte, dass sich die Ausdehnung des Universums zu beschleunigen scheint, wurde die kosmologische Konstante wieder hervorgeholt. Wie sie funktionieren könnte, haben sich viele Leute überlegt; es gibt sogar eine Idee namens „Quintessenz" (was esoterisch klingt, aber durchaus seriöse Wissenschaft ist). In jedem Fall kann man die kosmologische Konstante als ein Energiefeld konstanter Dichte interpretieren, welches das gesamte Universum erfüllt.

Das dieses Energiefeld eine konstante Dichte haben soll, klingt zunächst widersprüchlich: Mit der Ausdehnung des Universums nimmt dessen Volumen zu, daher muss auch die Energie der kosmologischen Konstante zunehmen. Aber trotzdem ist er korrekt, und uns interessiert jetzt, was aus dieser Überlegung folgt. Nehmen wir an, es gäbe zwei Arten von Gravitation. (Streng genommen gibt es nur eine, und sie unterliegt Einsteins Gleichungen der allgemeinen Relativität; wir unterscheiden hier zwei verschiedene Beiträge.) Die eine Art der Gravitation ist die uns vertraute Form: Sie wird durch (gewöhnliche oder Dunkle) Materie hervorgerufen, wirkt anziehend und bremst daher die Ausdehnung des Universums ab. Je größer die Abstände zwischen den Massen werden, umso schwächer wirkt dieser Teil der Gravitation; damit wird die Kraft, mit der die Ausdehnung des Universums abgebremst wird, mit zunehmender Ausdehnung immer schwächer.

Die zweite Art der Gravitation beruht auf der Dunklen Energie und wird durch die kosmologische Konstante zum Ausdruck gebracht. Die kosmologische Konstante entspricht einer konstanten Energiedichte, demzufolge – und dieser Punkt ist besonders wichtig – einer konstanten abstoßenden Kraft, die mit der zunehmenden Ausdehnung des Universums nicht schwächer wird. Wenn also die Dunkle Energie konstant nach außen drückt und die Gravitation mit der Ausdehnung des Universums abnehmend nach innen zieht, dann gleichen sich beide Kräfte irgendwann aus, und anschließend überwiegt der Druck nach außen. Dann beschleunigt sich die Ausdehnung des Universums. Genau darauf scheint der Vergleich zwischen den Daten der Helligkeitsmethode und der Rotverschiebungsmethode hinzudeuten, und aus diesem Grund ist die Dunkle-Energie-Hypothese derzeit so populär. Man nimmt gegenwärtig an, dass die Dunkle Energie rund 70 % der Masse/Energie des Universums ausmacht, die Dunkle Materie rund 25 % und die gewöhnliche Materie magere 5 %. Wenn man bedenkt, dass ungefähr 95 % der gesamten Masse/Energie des Universums „dunkel“ sind, kann man sich vorstellen, dass die Physiker die damit verbundenen Geheimnisse möglichst bald lüften wollen.

In unserer bisherigen Diskussion über die Dunkle Energie haben wir ausschließlich über kosmologische und astronomische

Untersuchungen gesprochen. In diesem Buch geht es jedoch um den LHC. An welcher Stelle kommt also das neue Spielzeug der Teilchenphysiker zum Einsatz?

Die Dunkle Energie ist, so nimmt man an, ein Energiefeld, welches das gesamte Universum durchdringt. Niemand hat eine wirklich klare Vorstellung von seinen Eigenschaften. Lediglich die Energiemenge, die notwendig wäre, um die astronomischen Beobachtungen zu erklären, lässt sich berechnen. Eines der vorrangigen Ziele der LHC-Experimente ist die Beobachtung und Charakterisierung des Higgs-Bosons. Wie schon besprochen, ist das Higgs-Boson das Teilchen, das zum Higgs-Energiefeld gehört – dem Feld, das allen Teilchen ihre Masse verleiht.

Haben Sie bemerkt, dass ich gerade den Begriff „Higgs-Energiefeld" benutzt habe? Jedenfalls weckte er sofort die Aufmerksamkeit der Physiker, die sich über die Dunkle Energie Gedanken machen. Könnte das Higgs-Feld die Quelle der dunklen Energie sein? Im Prinzip schon, aber die Sache hat einen Haken. Die Energiemenge, die das Higgs-Feld haben müsste, um allen Teilchen ihre Masse geben zu können, ist (so zeigen Berechnungen) sehr viel größer als die Dunkle Energie, die man im Universum vermutet. Da wir von der Existenz des Higgs-Feldes, oder zumindest etwas Ähnlichem, überzeugt sind, liegt hier offensichtlich ein Problem. Vielleicht können wir das Geheimnis lüften, wenn der LHC (wie wir hoffen) den Mechanismus der elektroschwachen Symmetriebrechung klären kann. Um die Sache noch interessanter zu machen: Es gibt Modelle mit supersymmetrischen Teilchen, bei denen sich die Effekte des Higgs-Feldes gegenseitig aufheben. Das ist zwar ein Fortschritt, aber eine Schwierigkeit bleibt: Nach der gegenwärtigen Theorie scheint die Energie des Higgs-Feldes viel, viel zu hoch zu sein (um einen Faktor, der aus einer 1 mit 50 bis 100 Nullen besteht, je nach den technischen Details der Berechnungen). Sollte die Supersymmetrie diese riesige Energie gerade aufheben können, wäre das fantastisch, aber die Dunkle

Energie ist eben nicht null, sondern nur sehr klein im Vergleich mit der Energie des Higgs-Feldes. Offenbar kann die Supersymmetrie das Problem nicht vollständig lösen.

Zusammenfassend kann man sagen, dass die Untersuchungen der Supersymmetrie und des Higgs-Bosons am LHC möglicherweise wertvolle Beiträge zu Antworten auf die kosmologischen Fragen geben können. Seit langem ist bekannt, dass die Welt der Elementarteilchen eng mit der Entwicklung des Universums zusammenhängt. Vielleicht erzählt uns der LHC das nächste Kapitel dieser faszinierenden unendlichen Geschichte.

Andere Beschleuniger

Im ersten Teil dieses sechsten Kapitels sind wir auf die erstaunlichen Beziehungen zwischen der subatomaren Welt einerseits und der Struktur des Universums andererseits eingegangen. Der LHC ist aber, wie gesagt, nur ein Teilchenbeschleuniger unter mehreren potenziellen Konkurrenten. Deshalb möchte ich nun auch über andere Beschleuniger sprechen, sowohl bereits existierende als auch zukünftige. Sie alle werden die Welt der Teilchenphysik in den nächsten zehn oder mehr Jahren beeinflussen.

Der seit Frühjahr 2010 im Betrieb befindliche LHC hat derzeit nur einen direkten Rivalen, das Tevatron am Fermi National Accelerator Laboratory (kurz Fermilab) rund 64 km westlich von Chicago. Da das Tevatron schon seit 1983 in Betrieb ist, stellen Sie sich jetzt vielleicht eine klapprige Kiste vor, die jeden Augenblick auseinanderfallen kann. Weit gefehlt! Das Tevatron ist wie ein in die Jahre gekommener Sportler, der durch seine Erfahrungen und sein herausragendes Talent immer noch in der Lage ist, seinen jüngeren Kollegen etwas vorzumachen.

Die Energie der Teilchen am Tevatron ist nicht ganz so hoch wie die am LHC. Während am LHC zwei Protonenstrahlen frontal mit einer Gesamtenergie von gegenwärtig (Sommer 2010) 7 TeV und in Zukunft einmal 14 TeV aufeinandergeschossen werden, kollidieren am Tevatron Protonen und Antiprotonen mit einer Stoßenergie von nur 2 TeV, nicht mehr als 14 % der am LHC angestrebten Energie. Zudem ist die Stoßrate am Tevatron rund 50- bis 100-mal niedriger als die, die wir am LHC zu erreichen hoffen. Aufgrund dieser Vorteile wird der LHC irgendwann das Tevatron übertreffen, doch noch läuft er nicht mit voller Leistung. Bei einem solch riesigen und komplizierten technischen Apparat kommt es unweigerlich zu Geburtskomplikationen. Vielleicht wird es auch schwierig, die Strahlintensität so hoch zu halten, wie man es gerne möchte. Außerdem sind die Detektoren am LHC vollkommen neu. Bis man mit einem System dieser Art wirklich umgehen kann, vergehen Jahre. Am Tevatron dagegen laufen zwei große Experimente stabil, CDF (*Collider Detector at Fermilab*) und DØ (das ist die Bezeichnung der Detektorposition). CDF ging 1983 in Betrieb und DØ im Jahre 1991. Zwischen 1992 und 1996 sammelten beide Experimente große Mengen an Daten. Unter anderem entdeckten sie gleichzeitig das Top-Quark. Ich konnte damals die Spannung und Aufregung miterleben. Zwischen 1996 und 2001 wurden der Beschleuniger und die beiden Detektoren in wesentlichen Teilen erweitert. Nach der Wiederaufnahme des Betriebes läuft die Anlage nahezu ununterbrochen. Die Abbildungen 6.8 und 6.9 zeigen die verschiedenen Komponenten des Fermilab-Beschleunigers und die beiden großen Detektoren.

Mit anderen Worten: Sowohl Beschleuniger als auch Detektoren wurden vor gerade einmal neun Jahren gründlich überholt. Seitdem hatten die Physiker rund neun Jahre Zeit, alle Besonderheiten ihrer Geräte im Detail zu verstehen. Realistischerweise werden die Physiker am LHC nicht vor 2011, vermutlich noch später, ähnlich weit gekommen sein.

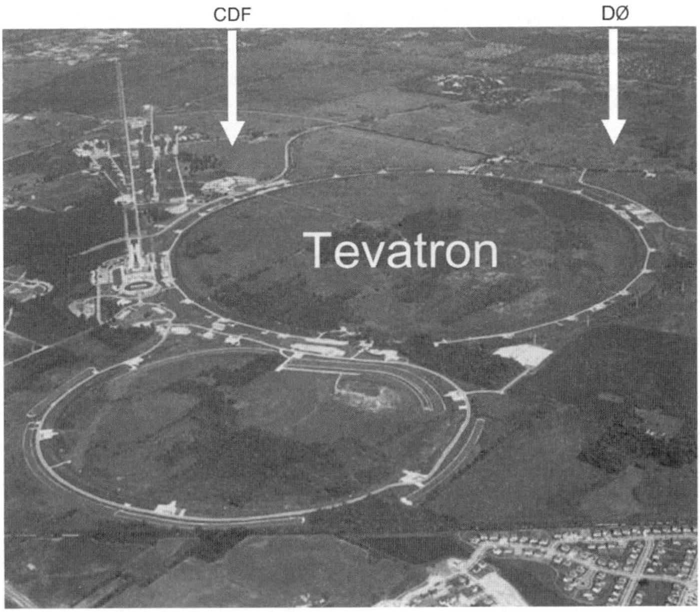

Abb. 6.8 Luftbild des Beschleunigerkomplexes am Fermilab, 64,4 km westlich von Chicago. Die Positionen der Detektoren CDF und DØ sind durch Pfeile gekennzeichnet. (Fermilab)

Wie Sie sehen, haben die Physiker am Tevatron vorläufig den Vorteil auf ihrer Seite. Als Mitarbeiter der Gruppe am Fermilab hoffe ich natürlich, dass wir diesen Vorteil auch nutzen können.

Im Frühjahr 2009 erhielt das Tevatron die Genehmigung, noch im Finanzplanjahr 2010, das im Oktober 2010 endet, in Betrieb zu bleiben. Während ich diese Zeilen schreibe, versucht das Management, diese Genehmigung um ein weiteres Jahr zu verlängern, was uns in den Herbst 2011 bringen würde. Wenn die Physiker am LHC nicht außergewöhnliches Glück haben, wird es mindestens bis zu diesem Zeitpunkt dauern, bis sie ihre Aus-

Abb. 6.9 Die Detektoren am Tevatron des Fermilab: DØ (links) und CDF (rechts). (Fermilab)

rüstung so gut im Griff haben, um vergleichbare Präzisionsmessungen ausführen zu können.

Nicht zu vergessen: Die Masse des Higgs-Bosons – sofern es überhaupt existiert – ist noch unbekannt. Die Experimente am LEP (dem Vorgängerring im LHC-Tunnel) konnten immerhin zeigen, dass die Masse des Higgs-Bosons größer als 114,4 GeV sein muss (das ist die 120-fache Masse eines Protons). Außerdem konnte mittlerweile am Tevatron ein kleiner Energiebereich in der Gegend von 160 GeV ausgeschlossen werden. Verschiedene Experimente und Beschleuniger können unterschiedliche Massenbereiche abdecken. Zufälligerweise kann das Tevatron einen Bereich untersuchen, der gerade oberhalb der experimentellen Grenze vom LEP liegt. Zweifellos kann auch der LHC in diesem Bereich nachschauen, doch seine Stärken liegen eher bei noch höheren Energien. Tatsächlich erforderte der Bereich bei 160 GeV schon einige Anstrengungen, doch diese besonders niedrig hängende Frucht wurde bereits gepflückt.

Sollte also die Higgs-Masse nur wenig über der Grenze liegen, die bereits durch die LEP-Experimente gesetzt wurde, hätten wir am Tevatron immer noch die Chance, das Higgs-Boson zuerst zu finden. Berücksichtigt man einen gewissen Nationalstolz sowie eine freundschaftlich-kollegiale Konkurrenz, kann man davon ausgehen, dass das Fermilab dem LHC nichts schenken wird. Wir werden so lange nach dem Higgs-Boson suchen, bis es entweder gefunden wurde oder bis offensichtlich wird, dass das Tevatron keine Chance mehr hat. Egal, was passiert, entweder sind die Experimente von Erfolg gekrönt, oder das Tevatron hat zumindest einen ruhmvollen Abgang. Es gibt schlimmere Szenarien, mit denen ein Beschleuniger seine Karriere beenden kann.

Was ist aus dem Ding in Texas geworden?

Oft halte ich öffentliche Vorträge, und dann beschreibe ich gewöhnlich die wissenschaftlichen Programme des Tevatron und die Träume für den LHC. Früher oder später kommt mit Sicherheit die Frage nach der Zukunft des Fermilab. Sollte der LHC in naher Zukunft richtig in Gang gekommen sein, wird das Tevatron kaum noch mithalten können. Ich werde auf die Zukunft des Fermilab später noch eingehen. Doch gelegentlich fragt mich auch jemand: „Was ist denn aus dem Ding geworden, das sie in Texas bauen wollten?".

Dieses „Ding in Texas" war der SSC (*Superconducting Super Collider*), gedacht als amerikanische Variante des LHC. Das Projekt wurde 1983 vorgeschlagen. Geplant war ein riesiger Beschleuniger mit einem Umfang von 87 km, also rund dreimal größer als der LHC. Im Frühjahr 1993 wurde der SSC endgültig gestrichen. Es ist etwas deprimierend, darüber nachzudenken, was man da alles hätte machen können. Zumindest ist die Geschichte des SSC ein wichtiges Lehrstück für alle zukünftigen Beschleunigerprojekte. Deshalb lasse ich sie hier kurz Revue passieren, ohne jedoch auf Einzelheiten einzugehen.

Der SSC sollte Amerikas „Antwort" auf den LHC werden, obwohl er früher vorgeschlagen wurde und auch früher in Betrieb gegangen wäre. Während am LHC zwei Protonenstrahlen mit einer Gesamtenergie von 14 TeV aufeinanderprallen, wären am SSC ein Protonen- und ein Antiprotonenstrahl aufeinandergeschossen worden, ähnlich wie beim Tevatron am Fermilab. Doch im Vergleich zu den (vergleichbar bescheidenen) Stoßenergien von 2 TeV am Tevatron hätte der SSC die erstaunliche Kollisionsenergie von 40 TeV erreicht, also mehr als das Zweieinhalbfache des LHC. In Texas ist halt alles etwas größer!

Natürlich hatte die Energie des SSC nicht wirklich mit seinem Standort in Texas zu tun (was einige meiner Kollegen aus der Gegend von Dallas nicht so recht begreifen wollen). Außerdem, wenn schon die Wahrheit auf den Tisch soll: Die Strahlen am SSC hätten nur rund ein Zehntel der Intensität der Strahlen am LHC gehabt. Das lag hauptsächlich daran, dass man erst mühsam Antiprotonen hätte herstellen müssen, während der LHC leicht eine beliebig große Menge an Protonen erzeugen kann.

Als zum ersten Mal vom SSC die Rede war, gab es noch keinen offiziellen Standort (außer, dass er irgendwo in den Vereinigten Staaten sein sollte). Viele Orte bewarben sich. Ich arbeitete damals an der Rice University in Houston (Texas), und für mich war es eigentlich vollkommen selbstverständlich, dass das Fermilab der natürliche Standort für den SSC gewesen wäre. Es gab dort bereits einen Tunnel für einen der kleineren Beschleuniger, die als Vorbeschleuniger für den großen 87-km-Ring gedient hätten. Während ich also ganz klar Illinois für den besten Platz hielt, fiel die Wahl natürlich auf einen Vorort von Dallas, Texas. (Auch bei Pferderennen setze ich grundsätzlich auf den Verlierer.)

Waxahachie in Texas war eine sprichwörtliche „grüne Wiese", ähnlich wie Weston in Illinois, bevor dort das Fermilab gebaut wurde. (Einige meiner ehemaligen SSC-Kollegen behaupten, man solle eher von braunen Feldern sprechen.) Dass man sich für Texas entschied, hatte mehrere Gründe – unter anderem, dass der Staat Texas zugesagt hatte, sehr viel Geld in die Infrastruktur zu stecken und Teile des neuen Beschleunigerkomplexes mitzubauen. Es könnte auch eine Rolle gespielt haben, dass in Amerika gerade wieder ein neuer Präsident gewählt werden sollte, wobei die beiden Texaner George H. W. Bush und Lloyd Bentsen (der von den Demokraten als Vizepräsident nominiert worden war) zu den feindlichen Lagern gehörten.

Im Jahre 1991 war die Grundsteinlegung für den SSC. Für das zukünftige Flaggschiff des Hochenergiephysikprogramms der Vereinigten Staaten gab es zu Beginn genügend finanzielle Unterstützung. Die Gesamtkosten für den Komplex wurden ursprünglich auf rund 3 Mrd. Dollar geschätzt. Hier begannen auch schon die Probleme. Diese Kostenschätzung war von Anfang an sehr optimistisch. Durch gewisse Verzögerungen und Veränderungen am Design stiegen der geschätzte Aufwand bald auf 8–10 Mrd. Dollar. So wurde der SSC zu einem hervorragenden Angriffspunkt für Politiker, die ihren Wählern zuhause beweisen wollten, dass sie zu sparen verstehen. Hinzu kam noch der Fall des Eisernen Vorhangs im Jahre 1989: Nachdem die Sowjetunion keine unmittelbare Bedrohung mehr darstellte, verlor der SSC die Unterstützung jener Politiker, die vor allem das geopolitische Katz-und-Maus-Spiel im Auge gehabt hatten. Im Jahre 1993 stimmte der Kongress dafür, das SSC-Programm zu beenden.

Was können wir aus diesem Debakel lernen? Da gibt es einiges. Einer der wichtigsten Punkte ist vielleicht, dass Zukunftsprojekte dieser Größenordnung international finanziert werden müssen. Solche Beträge können nicht mehr von einem einzelnen Staat übernommen werden. Zweitens muss am Anfang eines solchen Projekts eine sorgfältige Bewertung der technischen Probleme stehen, auf der eine verhältnismäßig zuverlässige Kostenschätzung aufbauen kann. Maßlose Kostenüberschreitungen sind niemals willkommen. Drittens sollten die Wissenschaftler die Notwendigkeit, einen neuen Beschleuniger zu bauen, sowohl der Öffentlichkeit als auch den Politikern, die schließlich die Finanzierung bewilligen müssen, deutlich machen. Da hätte man beim SSC-Projekt aktiver werden müssen. All diese Lehren wurden berücksichtigt, als sich die Physiker daran machten, Pläne für einen neuen Beschleuniger zu schmieden, der dem LHC hoffentlich einmal folgen wird.

Der LHC: Die Zukunft

In Anbetracht der Tatsache, dass der LHC erst vor wenigen Monaten eingeschaltet wurde, klingt es sicherlich seltsam, schon über Erweiterungen zu sprechen. Es liegt jedoch in der Natur der modernen Teilchenbeschleuniger, dass sie eine sehr lange Vorlaufzeit benötigen.

Die Bedingungen in der unmittelbaren Umgebung des LHC-Strahls werden höllisch sein. Hochenergetische Protonenstrahlen kreisen durch den Ring. Bis zum Jahre 2014 werden einige der Magnete am LHC so viel Strahlung absorbiert haben, dass sie nicht mehr richtig arbeiten können. Auch die Detektoren werden sehr viel Strahlung abbekommen haben und einer Generalüberholung bedürfen. Bis dahin sind es nur noch ein paar Jahre.

Bis 2015/2016 wird der LHC ungefähr 100-mal so viele Daten gesammelt haben wie das Tevatron seit 1983 (wobei mehr als 95 % der Daten vom Fermilab aus der Zeit nach 2003 stammen). Nach diesen Datenmengen und mit abgenutzter Ausrüstung wäre es nicht der richtige Weg, einfach weiterzumachen. Ganz offensichtlich ist eine Wartungs- und Ausbauphase in rund vier bis acht Jahren unausweichlich.

Welche Erweiterungen sind derzeit im Gespräch? Bevor wir uns auf Spekulationen einlassen, sollten wir uns nochmals bewusst machen, dass jede fundamental neue Entdeckung am LHC einen Einfluss auf die Planung möglicher Erweiterungen haben wird. Solange es noch keine Anhaltspunkte dieser Art gibt, können wir nur einige naheliegende Ideen aufzählen.

Wie jeder andere Beschleuniger auch, wird der LHC durch drei Kenngrößen charakterisiert: Art, Energie und Intensität des Strahls. Mit großer Wahrscheinlichkeit wird sich auch in Zukunft an dem Proton-Proton-Schema des Strahls nichts ändern, doch die beiden anderen Parameter stehen zur Diskussion. Beispielsweise sind die 14 TeV Strahlenergie (zwei 7-TeV-Strahlen, die sich frontal treffen) nicht das Maximum, das die Ausrüstung am LHC aushält. Für einen reibungslosen und stabilen Ablauf geht man zunächst auf Nummer Sicher und reizt die Anlage nicht aus. Sobald sich jedoch die Beschleunigerspezialisten am CERN mit dem LHC etwas vertraut gemacht haben, könnten sie auf die Idee kommen, ihre Geräte stärker zu belasten. (Manch einer denkt vielleicht an kleine Jungen mit Spielzeug, doch unter den Beschleunigerwissenschaftlern befinden sich auch viele Frauen.) Mit der momentanen Ausrüstung und den bereits installierten Magneten kann man daran denken, die Kollisionsenergie auf rund 15 TeV anzuheben. Ein größerer Energiesprung, beispielsweise eine Verdopplung auf 28 TeV, ist nur mit anderen Magneten möglich. Das wäre jedoch ein ganz neues Forschungs- und Entwicklungsprogramm.

Die dritte Kenngröße eines Teilchenstrahls, die Intensität, ist einfacher zu verbessern. Die Beschleunigerspezialisten am CERN diskutieren heute schon, wie man die Strahlintensität mit den vorhandenen Mitteln um einen Faktor 10 steigern kann. Dazu müssen mehr Protonen in den Beschleuniger eingespeist und die Strahlen besser fokussiert werden.

Die Einzelheiten der Erweiterungen werden noch diskutiert, aber eine Verbesserung der Strahlintensität um einen Faktor 10 scheint sehr wahrscheinlich. Aus Kapitel 4 wissen Sie, dass bei der heute angestrebten Strahlintensität jede interessante Kollision (d. h. jede Kollision mit hohem Energieübertrag) von rund 20 Kollisionen mit einer niedrigeren Energie begleitet wird. Sollte die Strahlintensität tatsächlich in der beabsichtigten Weise verbessert werden, sehen die Detektoren 100 bis 200 Kollisionen gleichzeitig.

Ende 2011/Anfang 2012 muss der LHC für mehrere Monate abgeschaltet werden, damit die Magnete und insbesondere die Lötstellen überarbeitet werden können, sodass die Anlage in Zukunft auf den ursprünglich geplanten 14 TeV Kollisionsenergie laufen kann. Die Pläne für die weitere Zukunft sind derzeit noch offen. Sicherlich werden innerhalb der nächsten Jahre große Teile der Ausrüstung der großen Detektoren (ALICE, ATLAS, CMS und LHCb) abgenutzt sein, und da diese Teile nie dafür gedacht waren, eventuellen Nachrüstungen der LHC-Strahlen standzuhalten, müssen auch die Detektoren nachgerüstet werden. Ohne klare Vorstellungen von den weiteren Plänen für die Erweiterung des Beschleunigers ist es jedoch unmöglich, etwas über die Detektoren zu sagen. Sowohl die Beschleunigerspezialisten als auch die Verantwortlichen für die Detektoren sind am Diskussions- und Entscheidungsprozess beteiligt. Der LHC zählt zu den wichtigsten wissenschaftlichen Instrumenten, und eine Aufrüstung sollte seinen Nutzen für ein weiteres Jahrzehnt garantieren. Vermutlich werden die Wissenschaftler bis weit nach 2020 am LHC ihren Forschungen nachgehen können.

Der „International Linear Collider"

Wenn das LHC die nahe Zukunft ist, wie steht es mit der ferneren Zukunft? In der Vergangenheit waren oft mehrere Beschleuniger mit unterschiedlichen Technologien gleichzeitig in Betrieb. In den letzten Jahren wurde diese Vielfalt durch das Proton-Antiproton-Tevatron am Fermilab sowie die Elektron-Positron-Speicherringe am CERN und am SLAC

(*Standford Linear Accelerator Center*) sichergestellt. Gegenwärtig ist kein neuer Elektron-Positron-Beschleuniger im absoluten Hochenergiebereich geplant. Die noch verbliebenen derartigen Anlagen laufen auf niedrigeren Energien und haben sich auf Präzisionsmessungen der Bottom-Quarks spezialisiert. Natürlich können auch sie neue physikalische Phänomene entdecken, allerdings in erster Linie durch immer genauere Messungen.

Als Amerikaner fragt man sich natürlich, wie es um die Zukunft der Teilchenphysik in den Vereinigten Staaten bestellt ist. Sollte das Tevatron im Jahre 2011 oder 2012 abgeschaltet werden, haben die Vereinigten Staaten zum ersten Mal seit langer Zeit keinen eigenen Beschleuniger mehr an der Front der Hochenergiephysik. Das heißt natürlich nicht, dass in Amerika keine Forschung auf diesem Gebiet mehr geleistet werden kann; immerhin sind viele Amerikaner am LHC beteiligt. Von den 5000 Wissenschaftlern und Technikern an den LHC-Experimenten werden rund 1000 von US-Einrichtungen finanziert, womit die Vereinigten Staaten eine der größten nationalen Gruppen am LHC stellen. Trotzdem wäre ein Beschleuniger auf dem Boden der Vereinigten Staaten besser. Andererseits haben wir auch aus dem SSC-Debakel gelernt. Ein neuer Beschleuniger darf kein Alleingang der Vereinigten Staaten sein, sondern muss ein internationales Projekt werden.

In den vergangenen 10–15 Jahren wurde unter den Teilchenphysikern auf internationaler Ebene heiß darüber diskutiert, was für ein Beschleuniger ein natürlicher nächster Schritt wäre. Es gab viele Vorschläge, unter anderem der VLHC (*Very Large Hadron Collider*), der dem LHC ähnlich wäre. Der VLHC wäre eine Art gedopter LHC mit einer Kollisionsenergie von 200 TeV, also 15-mal energiereicher als der LHC, aber mit einer vergleichbaren Strahlintensität.

Es gab auch Überlegungen, einen Beschleuniger zur Kollision von zwei Myonenstrahlen zu bauen. Myonen sind eine schwere Form von Elektronen, und die höhere Masse hat den Vorteil, dass die Myonen im Vergleich zu den Elektronen bei einer Beschleunigung auf einer Kreisbahn nicht so anfällig auf Energieverluste sind. (Wir werden auf diesen Punkt gleich noch eingehen.) Das große Problem im Zusammenhang mit Myonen ist jedoch, dass sie innerhalb einer millionstel Sekunde wieder zerfallen. Man müsste die Myonen innerhalb kürzester Zeit erzeugen, beschleunigen und zur Kollision bringen. Der Vorschlag ist noch nicht endgültig vom Tisch, aber er wurde vorläufig zurückgestellt. Myonenbeschleuniger hätten die angenehme Eigenschaft, fantastisch intensive Neutrinostrahlen zu erzeugen.

Auf das größte Interesse stößt augenblicklich die Idee, einen neuen Elektron-Positron-Beschleuniger zu bauen, und zwar von einer ganz besonders beeindruckenden Form. Die letzten beiden Elektron-Positron-Hochenergiebeschleuniger waren der LEP am CERN und der SLC am SLAC. Beide dienten hauptsächlich dem Zweck, in großen Mengen Z-Bosonen zu erzeugen. Die Kollisionsenergien wurden daher auf 0,091 TeV eingestellt, also rund 150-mal niedriger als die Energie am LHC.

Der Beschleuniger am SLAC war ein Linearbeschleuniger, bei dem die Elektronen und Positronen einmalig durch einen langen, geraden (linearen) Beschleunigerbereich traten. Demgegenüber befand sich der LEP in dem Ringtunnel, in dem heute der LHC steht. Die Kreisbahn mit einem Umfang von 27 km erforderte, dass die Elektronen und Positronen ständig abgelenkt werden mussten. Und genau hier liegt ein Problem.

Wenn hochenergetische Elektronen auf einer Kreisbahn (also senkrecht zu ihrer Bewegungsrichtung) beschleunigt werden, verlieren sie einen Teil ihrer Energie durch einen Mechanismus, den man als *Synchrotronstrahlung* bezeichnet. Aus diesem Grunde musste dem Strahl am LEP ständig dieselbe Energiemenge zugeführt werden, die er durch die Synchrotronstrahlung verlor. Man gewinnt eine Vorstellung von der Größenordnung dieses Problems, wenn man sich überlegt, welcher Anteil des 27 km langen

Beschleunigers auf die eigentliche Beschleunigung der Teilchen entfiel: Beim LEP hatte der Beschleunigerbereich eine Länge von 600 m; am LHC, dessen Strahlenergie 140-mal größer ist als am LEP, ist dieser Bereich nur 3 m lang.

Wegen dieser Synchrotronstrahlung muss jeder zukünftige große Elektron-Positron-Beschleuniger ein Linearbeschleuniger sein. In der Diskussion ist ein Projekt namens ILC (*International Linear Collider*). Dem Namen des ILC können Sie entnehmen, dass die wichtigsten Lehren der vergangenen Jahre beherzigt wurden: Es wird sich um ein internationales Unternehmen handeln, d. h., kein einzelnes Land wird den Löwenanteil der Kosten übernehmen müssen. Aus den oben erwähnen Gründen wird es ein Linearbeschleuniger sein, und es handelt sich um eine Kollisionsmaschine, denn nur wenn die Strahlen frontal aufeinanderstoßen, steht für die Stöße die höchstmögliche Energie zur Verfügung.

Natürlich dürfen Sie nicht vergessen, dass ich zum jetzigen Zeitpunkt kaum mehr als ein grobes Bild von diesem Projekt zeichnen kann. Es gibt noch keine detaillierten Konstruktionspläne, und die Diskussionen sind in vollem Gange. Einige Ideen erfreuen sich aber allgemeiner Zustimmung, und erste Entscheidungen wurden bereits getroffen.

Der ILC soll aus einem geraden Tunnel mit einer Länge von 27 km bestehen. Ein Elektronen- und ein Positronenstrahl werden frontal aufeinandergeschossen und kollidieren in der Mitte. Gegenwärtig ist eine Kollisionsenergie von 0,5 TeV vorgesehen, 0,25 TeV für jeden Strahl. Schon bei der Planung soll allerdings berücksichtigt werden, dass es möglicherweise einmal zu einer Aufrüstung auf 1 TeV kommen soll.

Vielleicht wundern Sie sich etwas über die Kollisionsenergie. Im Vergleich zu den 14 TeV des LHC erscheinen 0,5 TeV zunächst bescheiden. Selbst gegenüber dem 2-TeV-Tevatron, das in naher Zukunft abgeschaltet wird, scheint diese Energie klein. Ist das kein Rückschritt? Die Antwort lautet „ja und nein“, wobei das „nein“ überwiegt. Wir hatten schon erwähnt, dass es sich bei Elektronen

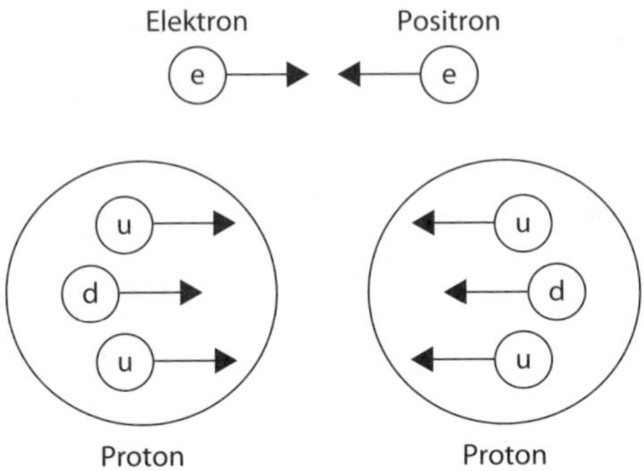

Abb. 6.10 Elektron-Positron-Kollisionen finden zwischen punktförmigen Teilchen statt, und somit geht die gesamte Energie in diesen Stoßprozess. Im Gegensatz dazu bestehen die Protonen aus Quarks (beispielsweise Up- und Down-Quarks, durch u und d gekennzeichnet), und keines dieser Quarks trägt die gesamte Energie des Protons.

um Punktteilchen handelt, wohingegen Protonen kleine „Haufen" aus Quarks und Gluonen sind. Selbst wenn das Proton sehr energiereich ist, entfällt auf ein einzelnes Quark nur ein Bruchteil dieser Energie. Auch am LHC erfolgen die interessantesten Zusammenstöße direkt zwischen Quarks, und daher ist die „interessante" Kollisionsenergie wesentlich geringer als die gesamte Strahlenergie. Abbildung 6.10 verdeutlicht nochmals die Grundidee.

Hinzu kommt, dass man vor einer Kollision nicht genau vorhersagen kann, welcher Anteil der Protonenenergie auf ein bestimmtes Quark entfällt. Damit kann man auch die gewünschte Kollisionsenergie nicht exakt wählen. Bei einem Elektron-Positron-Beschleuniger wie dem geplanten ILC wäre das kein Thema: Da Elektronen und Positronen punktförmig sind, fließt die gesamte Kollisionsenergie in den interessanten Teil des Stoßes. Außerdem findet jede Kollision bei exakt derselben Energie statt. Sobald man einmal festgelegt hat, bei welcher Energie die besten Ergebnisse zu erwarten sind, stellt man den

Strahl auf diese Energie ein und kann mit den Experimenten beginnen.

Damit kommen wir zu einem wichtigen Punkt: Bevor wir irgendwelche endgültigen Entscheidungen hinsichtlich der Konstruktion des ILC treffen können, benötigen wir Ergebnisse vom LHC. Mit großer Wahrscheinlichkeit (hoffentlich!) wird der LHC Neues entdecken. Anschließend kann man die Strahlparameter am ILC so wählen, dass wir diese neue Physik genauer untersuchen können. Diese Vorgehensweise hat sich in der Vergangenheit schon oft bewährt. Ein Beispiel war die Entdeckung der Z-Bosonen am S$\bar{p}$pS (Proton-Antiproton-Speicherring am CERN); anschließend wurde der LEP gebaut (Elektron-Positron-Ring am CERN), und diese Teilchen konnten mit einer vermutlich nie mehr übertroffenen Genauigkeit studiert werden.

Wie bei den meisten modernen Beschleunigern wird es vermutlich auch am ILC zwei Detektoren geben. Bisher sind noch keine Entscheidungen dazu gefallen, doch es gab vier Entwürfe, die vor kurzem auf drei reduziert wurden. Ursprünglich gab es einen Vorschlag aus den USA, einen aus Asien, einen aus Europa und noch einen eher grundsätzlichen Entwurf, der später hinzukam. Nachdem sich jedoch herausstellte, dass die Designs aus Asien und Europa sehr ähnlich waren, entschlossen sich die Gruppen im September 2007 zu einer Verschmelzung ihrer Projekte zu einem gemeinsamen Entwurf, der die besten Elemente beider Seiten kombinierte. Obwohl ich hier in geographischen Kategorien spreche, handelt es sich in allen Fällen um internationale Unternehmungen. Die Zuordnungen deuten lediglich an, woher die Mehrheit der beteiligten Wissenschaftler stammt.

Ein Aspekt der Konzeption des ILC ist immer noch kontrovers: Wie sollen die Detektoren in den Strahl gestellt werden? Naheliegend wäre, beide nebeneinander zu positionieren und dann den Strahl wie in Abbildung 6.11 dargestellt auf die Detektoren aufzuteilen. Diese Konstruktion würde jedoch mit

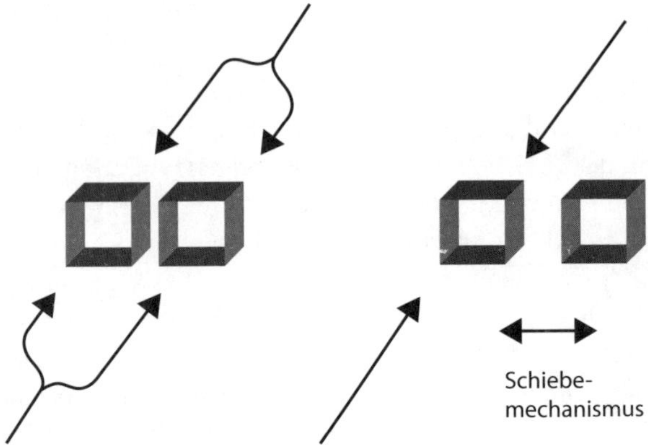

Abb. 6.11 Es gibt verschiedene Möglichkeiten, zwei Detektoren in den ILC-Strahl zu platzieren: (links) Aufspaltung des Strahls, (rechts) einzelner Strahl mit Mechanismus zum Verschieben der Detektoren.

nahezu 1 Mrd. Dollar auf einer Gesamtrechnung von rund 10 Mrd. Dollar für den ILC ins Gewicht fallen. Daher entschloss man sich (zumindest vorläufig) zu einer etwas preisgünstigeren Variante: Die beiden Detektoren werden beweglich auf Schienen montiert. Jeder lässt sich in den Kollisionsbereich schieben und kann dort für eine gewisse Zeit Daten sammeln. Natürlich hat diese Möglichkeit auch ihre Gegner, und daher wird die Zukunft zeigen, welche der Ideen in die endgültigen Pläne einfließt.

In Abbildung 6.12 sieht man den ILC mit den Augen eines Künstlers. Es gibt zwei parallele Tunnel, von denen der eine den eigentlichen Beschleuniger enthält und der andere Stromversorgung, elektronische Steuerung usw. Natürlich kann sich die endgültige Version von diesen frühen Vorstellungen unterscheiden, aber vermutlich kommt dieses Bild der Realität schon recht nahe.

Wo wird der ILC gebaut? Nachdem noch nicht einmal die technischen Planungen abgeschlossen sind, ist diese Frage sicherlich

Abb. 6.12 So könnte der ILC einmal aussehen. Der eigentliche Beschleuniger befindet sich im rechten Tunnel, die Elektronik und die Stromzufuhr im linken. (KEK)

verfrüht. Schließlich steht noch nicht einmal fest, dass die Anlage überhaupt gebaut wird. Bis zur Entscheidung darüber werden noch einige Jahre vergehen. Trotzdem haben mehrere geographische Regionen schon einmal ihr Interesse angemeldet. Natürlich hätte Europa nichts dagegen, die beiden größten Beschleuniger der Welt zu beherbergen, doch hier wird man in den nächsten zehn Jahren mit dem LHC alle Hände voll zu tun haben. Das europäische Interesse könnte allerdings rasch zunehmen, wenn die Entscheidung noch etliche Jahre auf sich warten lässt.

Tab. 6.1 Vergleich verschiedener existierender und zukünftiger Beschleuniger.

Kennwerte	**Tevatron**	**LHC**	**SSC**	**aufgerüsteter LHC**	**ILC**
Strahlen	Proton-Antiproton	Proton-Proton	Proton-Antiproton	Proton-Proton	Elektron-Positron
Energie (TeV)	2	14	40	14	0,5
Intensität im Vergleich zum Tevatron	1	100	10	1000	200

Anmerkung: Das SSC wurde nie gebaut. 1 TeV = eine Billion Elektronvolt.

Japan ist ein reiches und technologisch erfahrenes Land, das noch nie über einen leistungsfähigen Hochenergiebeschleuniger verfügte. Außerdem war Japan führend an den frühen Plänen für den ILC beteiligt. Zweifellos wären einige meiner japanischen Kollegen erfreut, in ihrem Heimatland am ILC arbeiten zu können.

Dann gibt es noch die USA. Sollte das Tevatron 2011 abgeschaltet werden, betreiben die Vereinigten Staaten zum ersten Mal keinen führenden Beschleuniger mehr. Somit liegt es auf der Hand, dass die amerikanischen Wissenschaftler den ILC gerne bei sich sähen (und das nicht nur, weil es in Europa schwierig und in Japan unmöglich ist, einen guten Hamburger in der Kantine zu bekommen). Falls der ILC in den Vereinigten Staaten gebaut wird, werden die SSC-Fehler nicht ein zweites Mal gemacht; und die Wissenschaftler werden dafür stimmen, den ILC an ein bereits existierendes Hochenergielabor zu binden. Es gibt mehrere Möglichkeiten, doch das Fermilab vor den Toren von Chicago steht momentan hoch im Kurs. Tabelle 6.1 vergleicht die verschiedenen existierenden, zukünftigen und gestrichenen Beschleuniger.

Gegenwärtig ist der ILC nur eine Idee, doch immer mehr Teilchenphysiker beginnen sich ernsthaft damit auseinanderzusetzen. Was auch immer nach dem LHC kommen wird, jetzt ist die Zeit, die Pläne dafür zu schmieden.

Nachwort

Der Large Hadron Collider nahm seinen eigentlichen Betrieb im Frühjahr 2010 auf, und er wird für mindestens ein Jahrzehnt, möglicherweise auch länger, die Front der Hochenergiephysik beherrschen. Niemand weiß heute, welche Geheimnisse des Universums der LHC enthüllen wird. Wir haben einige Stichpunkte angesprochen: den Ursprung der Masse, den schillernden Vogel Supersymmetrie und die Möglichkeit, eine ganz neue Form von Materie zu entdecken, in gewisser Hinsicht eine neue Schicht in der kosmischen Zwiebel. Wir haben diskutiert, welchen Beitrag der LHC zur Lösung der kosmischen Rätsel um die Dunkle Materie und die Dunkle Energie leisten kann. Außerdem könnte der LHC die Erklärung für die im Universum fehlende Antimaterie liefern, und mit Sicherheit wird er unser Wissen über die ersten Augenblicke des Universums erweitern.

Für die meisten Menschen wäre das mehr als genug, doch wir Teilchenphysiker träumen gerne. Wir hegen die Hoffnung, dass uns der LHC auch etwas über die Natur von Raum und Zeit sagen wird, insbesondere, weshalb wir in drei Raumdimensionen leben. Vielleicht finden wir am LHC sogar Hinweise auf zusätzliche unerwartete Dimensionen. Wenn wir besonders optimistisch sein wollen, können wir sogar hoffen, dass uns der LHC etwas über die Quantengravitation erzählt. Mit Sicherheit wird er uns jedoch dabei helfen, die Dinge besser zu verstehen, über die wir bereits etwas wissen.

Wir dürfen nie vergessen, dass es sich hier um Forschung handelt. Der LHC und alle, die daran beteiligt sind, gehören zu einem großen Erkundungsprogramm. Niemand kann heute genau sagen, was wir finden werden, oder auch nur, ob wir überhaupt etwas finden werden. Alles deutet darauf hin, dass wir unmittelbar vor einigen aufregenden Entdeckungen stehen. Meine große Hoffnung und die meiner Kollegen ist, dass wir bei diesem Unternehmen auf vollkommen Neues stoßen.

Sollte das der Fall sein, verschicken wir gern Postkarten aus dem Neuland der Quantenwelt.

Weiterführende Literatur

Kein Buch kann alle Aspekte eines bestimmten Themas so detailliert darstellen, dass jeder Leser zufrieden ist. Häufig möchte ein Leser mehr über bestimmte Dinge erfahren, die nur angerissen wurden. Zum Glück gibt es viele gute Bücher zu den interessanten physikalischen Themen, die für eine breite Öffentlichkeit geschrieben wurden und in denen der Leser die ausführlicheren und gründlicheren Erklärungen findet, die er oder sie vielleicht erwartet. In diesem Abschnitt versuche ich, einige lesenswerte Bücher zu den Themen, um die es in diesem Buch ging, zusammenzustellen.

Empfehlungen dieser Art sind gar nicht so einfach, denn verschiedene Bücher haben unterschiedliche Stärken und Schwächen. Daher werde ich jedes Buch einfach kurz kommentieren und außerdem die Kapitel angeben, in denen eine Überlappung zu diesem Buch besteht.

Wenn man allgemein mehr über das Universum und seine Teilchen erfahren möchte, empfehle ich *The Particle Garden* von Gordon Kane (Helix Books, 1996). Es handelt sich um ein kurzes Buch, das unser heutiges Wissen klar und knapp zusammenfasst. Es wurde von einem theoretischen Physiker geschrieben und ist daher etwas oberflächlich bezüglich der experimentellen Details. (Kapitel 1 und 2).

Möchte man etwas mehr über die experimentelle Seite erfahren, so empfehle ich mein eigenes Buch *Understanding the Universe:*

From Quarks to the Cosmos (World Scientific, 2004). Dieses Buch ist wesentlich umfangreicher und beschreibt auch die Geschichte der Teilchenphysik, das heutige Standardmodell, Beschleuniger und Detektoren, gegenwärtige Rätsel, und es stellt den Bezug zwischen der Teilchenphysik und der Kosmologie her. Auch dieses frühere Buch von mir war für eine breite Öffentlichkeit gedacht, allerdings ist es etwas ausführlicher als das vorliegende Buch. (Kapitel 1, 2, 3 und 4)

Für eine leicht verständliche und lebhafte Darstellung der Geschichte der Teilchenphysik, einer Diskussion unseres heutigen kosmologischen Weltbilds sowie einer sehr kurzen und nicht technischen Abhandlung des Higgs-Bosons empfehle ich das Buch *The God Particle: If the University is the Answer, What Is the Question?* (Houghton Mifflin, 2006; deutsch unter dem Titel *Das schöpferische Teilchen*) von Leon Lederman und Dick Teresi. Das Buch ist geprägt von Ledermans bodenständiger Art und Teresis professionellem Schreibstil. (Kapitel 1 und 2)

Das Buch *Supersymmetry* (Perseus Publishing, 2001) von Gordon Kane war offenbar für eine breite Öffentlichkeit gedacht, und seine nicht-mathematische Behandlung der Supersymmetrie führt entlang des schmalen Grats, der einerseits den Laien, andererseits auch den angehende Studenten ansprechen möchte. Wer sich ernsthaft für das Thema interessiert, sollte dieses Buch in jedem Fall lesen. Allerdings sollte man als Leser auch wissen, dass Kane ein leidenschaftlicher Anhänger der Supersymmetrie ist, und dem Buch wurde gelegentlich vorgeworfen, es sei nicht wirklich unparteiisch und würde den Leser unter dem Eindruck belassen, es gäbe die Supersymmetrie tatsächlich in unserer Welt. Bisher handelt es sich um reines Wunschdenken. (Kapitel 2)

Ein weiteres ausgezeichnetes Buch zum Thema Supersymmetrie ist *Nature's Blueprint: Supersymmetry and the Search for a Unified Theory of Matter and Force* von Dan Hooper (Collins, 2008). Die Beschreibungen sind sehr verständlich und doch so, dass selbst die Spezialisten noch neue Einsichten haben können. (Kapitel 2)

Wenn es um die wichtige Rolle der Supersymmetrie in der modernen Teilchenphysik geht, ist das Buch *Symmetry and the Beautiful Universe* von Leon Lederman und Christopher Hill (Prometheus Books, 2004) sehr gut geeignet. Das Konzept der Symmetrie ist für einen oberflächlichen Physikstudenten manchmal etwas einschüchternd, und diesen Autoren gelingt es vorzüglich, das Thema zu entmystifizieren. (Kapitel 2)

Leser, die gerne etwas über die Entstehungsgeschichte und die Personen hinter der Wissenschaft erfahren möchten, werden das Buch *Facts and Mysteries in Elementary Particle Physics* (World Scientific, 2003) von Martinus Veltman schätzen. Neben der üblichen Darstellung der uns bekannten Physik belebt Veltman seinen Text mit kurzen Beschreibungen der vielen Charaktere, die uns geholfen haben, unser Universum zu verstehen. Als Nobelpreisträger kennt Veltman viele diese Personen persönlich, und seine Anekdoten sind teilweise aus erster Hand. Veltman erwähnt Beschleuniger und Detektoren, allerdings eher oberflächlich. Der Schwerpunkt liegt auf der theoretischen Physik, zu der er Wesentliches beigetragen hat. (Kapitel 1 und 2)

In dem vorliegenden Buch lag der Schwerpunkt auf dem Large Hadron Collider, und lediglich das letzte Kapitel ging kurz auf die interessanten Fragen zur dunklen Materie und dunklen Energie ein. Die Entdeckungen der vergangenen Jahre zu dem, was man als dunkle Energie interpretieren kann, haben auch zu einer explosionsartigen Zunahme der Anzahl der Bücher zu diesem Thema geführt. Eine ideale Einführung in die dunkle Seite des Universums für einen Leser, der bisher noch nichts davon gehört hat, ist das Buch von Dan Hooper *Dark Cosmos* (HarperCollins, 2007; deutsch unter dem Titel *Dunkle Materie. Die kosmische Energielücke* beim Spektrum Verlag, Heidelberg, 2009). Das Buch geht nicht besonders ausführlich auf die Einzelheiten ein, und es vermittelt auch nur einen groben Überblick, doch einem Leser, dem das Thema vollkommen neu ist, kann ich es sehr empfehlen. (Kapitel 5)

Eine etwas ausführlichere Behandlung desselben Themas findet man in *The Dark Side of the Universe* von Iain Nicolson (Johns Hopkins, 2007). Es werden sowohl die dunkle Materie als auch die dunkle Energie beschrieben. (Kapitel 5)

Die Geschichte der Entdeckungen der Teilchenphysik im zwanzigsten Jahrhundert war nicht der Schwerpunkt des vorliegenden Buchs, doch für den Leser, der sich speziell für dieses Thema interessiert, empfehle ich das brillant geschriebene Buch *The Second Creation* von Robert Crease und Charles Mann (Rutgers University Press, 1996).

Falls man an der Geschichte des CERN interessiert ist, so gibt es kaum eine bessere Darstellung als *History of CERN*, Bände I, II und III, von A. Hermann et al. (Bände I und II) und J. Krige (Band III). Es wurde 1996 von North Holland als dreibändige Taschenbuchserie herausgebracht. Diese Bücher sind sowohl teuer als auch selten. Am einfachsten kommt man über eine Fernleihe an sie heran.

Dem aufmerksamen Leser dürfte aufgefallen sein, dass sich die meisten Buchempfehlungen auf die ersten beiden Kapitel beziehen, d.h., auf das, was wir wissen, und auf die Vorhersagen der Theorien. In den Kapiteln 3 und 4 ging es um Beschleuniger und Detektoren, sowohl im Allgemeinen als auch um einzelne Besonderheiten am LHC-Komplex. Darstellungen dieser Art findet man seltener. Das liegt zum größten Teil daran, dass der LHC erst vor wenigen Monaten seinen Betrieb aufgenommen hat. Von daher wird sich die Situation in den kommenden Jahren sicherlich ändern. Außerdem wird hier eine häufig anzutreffende Einstellung deutlich, wonach es sich bei diesen Instrumenten lediglich um experimentelle Hilfsmittel handelt, die weniger interessant sind als die Entdeckungen, die durch sie möglich werden. Die Geschichte der Wissenschaften hat uns jedoch gelehrt, dass es immer ein Wechselspiel zwischen den Entdeckungen und den Instrumenten gegeben hat. Man kann nicht wirklich verstehen, weshalb wir von gewissen Dingen überzeugt sind, wenn man nicht verstanden hat, auf welchen Beobachtungen unsere Überzeugung beruht. Und diese Beobachtungen kann man nicht wirklich verstehen, wenn man die Instrumente nicht verstanden hat.

Schließlich ging es in Kapitel 5 um die Zukunft, insbesondere auch um Dinge, zu denen noch keine endgültigen Entscheidungen gefällt wurden. Welche Geräte wir in der Zukunft bauen werden, wird sich erst in den nächsten Jahren zeigen. Ich habe hier den Stand der Dinge im Frühjahr 2010 wiedergegeben, und das ein oder andere wird in der Zukunft sicherlich etwas anders realisiert werden. Die beste Art, sich in diesen Dingen auf dem Laufenden zu halten, sind populärwissenschaftliche Zeitschriften.

Wer an den technischen Einzelheiten interessiert ist, dem empfehle ich den Artikel „General Purpose Detectors for the Large Hadron Collider" von Daniel Froidevaux und Paris Sphicas in der Fachzeitschrift *Annual Reviews of Nuclear & Particle Science*, Band 56, Seiten 375–440, aus dem Jahre 2006. Allerdings handelt es sich hierbei um einen Fachartikel, der für Teilchenphysiker gedacht ist, also sicher keine leichte Lektüre.

Nachdem der LHC seinen Betrieb aufgenommen hat, sind einige neue Bücher auf den Markt gekommen, in denen die Ausrüstung und das physikalische Programm besprochen werden. Eine besonders gute Einführung ist das Buch *Collider* von Paul Halpern. Dieses Buch betont mehr die historischen Aspekte als *Die Weltmaschine* und beschreibt in erster Linie die Entwicklung des Beschleunigers. Die beiden Bücher enthalten sehr unterschiedliches Material und ergänzen sich daher vorzüglich.

Es gibt drei weitere Bücher über den LHC. Alle drei sind auf einem vergleichbar hohen Niveau geschrieben. Es handelt sich erstens um *Perspectives on LHC Physics* von Gordon Kane. Dieses Buch beschreibt die physikalischen Ziele und die Entdeckermöglichkeiten des LHC. Außerdem gibt es ein Standardwerk von Lyndon Evans, dem wissenschaftlichen Leiter des LHC-

Projekts, mit dem Titel *The Large Hadron Collider: A Marvel of Technology*. Das Buch ist sehr technisch, doch es enthält wichtige Informationen für den ernsthaft interessierten Laien. Das dritte derzeit erhältliche Buch stammt von Dan Green und heißt *At the Leading Edge*. Es ist eine Anthologie und behandelt die Hauptsysteme der beiden Detektoren CMS und ATLAS. Auch dieses Buch richtet sich an einen Leser, der eher an technischen Einzelheiten interessiert ist.

Der Abschlussbericht des Untersuchungsausschusses zum LHC-Unfall im September 2008 hat den Titel *Report of the Task Force on the Incident of 29 September 2008 at the LHC*. Es handelt sich um den LHC Project Report 1168, und man findet ihn auf der Webseite: http://cdsweb.cern.ch/record/1168025/LHC-PROJECT-REPORT-1168.pdf.

Zum Abschluss möchte ich noch eine sehr interessante Quelle angeben: *The Black Hole Case: The Injunction Against the End of the World* (Tennessee Law Review, Band 76, No. 4, Seiten 819–908, 2009), geschrieben von Eric Johnson. Dies ist ein sehr sorgfältig geschriebener Artikel, der die rechtlichen Seiten betont, die in einem hypothetischen Rechtseinspruch gegen die Inbetriebnahme des LHC vorgebracht werden könnten. In erster Linie geht es um die Bedenken hinsichtlich der Erzeugung von schwarzen Löchern. Die verschiedenen Argumente und Gegenargumente, die in diesem Zusammenhang vorgebracht wurden, sind sehr lesbar dargestellt. Leider geht der Artikel nicht auf die Wahrscheinlichkeiten dieser Szenarien ein, allerdings beschreibt er die physikalischen Konzepte in einer verständlichen Weise. (Man findet den Artikel unter http://arxiv.org/abs/0912.5480.)

Es ist immer gefährlich, Internetseiten anzugeben, insbesondere weil das World Wide Web ständig in Bewegung ist und sich die Dinge sehr rasch ändern. Es gibt jedoch einige Seiten, die mit großer Wahrscheinlichkeit für einige Zeit bestehen bleiben, und die dem interessierten Leser sicherlich eine Hilfe sein werden. Dazu zählen unter anderem:

- www.weltmaschine.de
- www.weltderphysik.de
- Webseite des CERN: www.cern.ch
- ATLAS-Experiment: http://atlas.ch
- CMS-Experiment: http://cms.cern.ch
- LHCb-Experiment: http://lhcb.web.cern.ch/lhcb
- ALICE-Experiment: http://aliceinfo.cern.ch
- Nachrichten aus der Teilchenphysik und Bilder aus der ganzen Welt: http://www.interactions.org/cms.

Index

A

Ablenkung im Magnetfeld 151–154
ALICE-Detektor 186, 198–203
  Aufbau 200
  Flugzeitdetektor (TDF) 202
  HMPID (*High Momentum Particle Identification Detector*) 203
  ITS (*Inner Tracking System*) 201
  L3-Magnet 203
  Myonkammern 203
  Photonspektrometer (PHOS) 203
  RICH 200
  TPC (*Time Projection Chamber*) 201
  TRD (*Transition Radiation Detector*) 201
Alphonen 78
Antimaterie 26–28, 81–83
ATLAS-Detektor 180–186
  ATLAS-Magnete 184
  Aufbau 181
  Kalorimeter 184
  Maße 182
  Myondetektoren 184, 195
  Siliziumdetektoren 183
  Übergangsstrahlungs-Detektor 183
Atom 3
Atomkern 5f, 67
Auger-Observatorium 99
Ausdehnung des Universums 248f
Aymar, R. 210

B

BaBar 83–86
Bahngeschwindigkeit in einer Galaxie 230–232
Barrel 174
Belle 83–86
Beschleunigungsphase 140
Beugung 75
B-Hadronen 86, 191f
Blake, W. 2
Bleiglas 170
Bleiionen 144f
Bleiionen-Kollisionen 145, 198f
  siehe auch Schwerionenkollisionen
Bleiwolframat 176

B-Mesonen 83–86
Bosonen 55f
Bottom-Quarks 10, 18, 84–86, 191
Broglie, L. de 128

C

CDF (*Collider Detector at Fermilab*) 252
CERN XXV, 135, 206f
  Geschichte 128f
Charm-Quark 10, 18
chemische Elemente 3
CMS-Detektor 172–180, 186
  Aufbau 173
  CMS-Magnet 178f
  Kalorimeter 176f
  Maße 173
  Myondetektoren 180
  Siliziumdetektoren 174f
  tail catcher 178
Collider 129f
Color, siehe Farbladung
Confinement 15, 89

D

Dipolmagnete 119f
Dirac, P. 27
DØ 252
Down-Quark 8f, 18
Dunkle Energie 247, 249f
Dunkle Materie 233f, 238–241, 249
  baryonische 234

E

ECAL (elektromagnetisches Kalorimeter) 176
Eddington, A. 235, 248
Einstein, A. 248
elektrisches Feld 106–108
Elektromagnete 116f
Elektromagnetismus 23f
Elektronen 4–6, 16–18, 149
Elektron-Neutrino 18
Elektronvolt XVI, 43, 108
$E = mc^2$ 15
Energieeinheit XVI, 43
Entfernungsmessung, astronomische 241–243
Evans, L. 208, 210

F

Farbladung 13f, 72
Fermionen 55f
Fokussierungsmagnete 125f
Ford, W. K. jr. 232
Führungsmagnete 125, 140f

G

Generationen 16
  Weshalb drei? 79f
Giggs-Feld 39
Gluonen 19, 25, 67
Gravitation 19, 23–25, 248
Gravitationslinsen 236f
Graviton 19, 26
GUT (*Grand Unified Theory*) 59f

H

Hadronen 149
Haplonen 79
HCAL (hadronisches Kalorimeter) 177

Helium, flüssiges 118
Heliumatom 5
Helonen 79
Heuer, R.-D. 219
Higgs, P. 37, 41
Higgs-Bosonen 43–51, 64, 250
  Eigenschaften 42
  Masse 43f, 49f, 254
  Zerfallsprozesse 43–48
Higgs-Feld 37f, 40f
Higgs-Mechanismus 40, 51, 94
Hohlraumresonator 109
Hubble, E. 244, 248

I

ILC (*International Linear Collider*) 263–268
Ionisation 154f, 163
  Eindringtiefe 156
Ionisationsdetektoren 163f, 166f
ISR (*Intersecting Storage Rings*) 130

J

Jet-Quenching 92f
Jets 46
Joyce, J. 8
Jugband 109

K

Kalorimeter 165, 168
  homogene 170
  Sampling-Kalorimeter 168f
Kamerlingh Onnes, H. 118
K-Meson-Zerfälle 83
Korrekturmagnete 126
kosmische Strahlung XXIX, 97–100
kosmologische Konstante 248f
Kräfte 12, 19, 22–24

L

Large Hadron Collider, siehe LHC
Lebrun, P. 219
LEP (*Large Electron Positron Collider*) 50, 79f, 132–135
Leptonen 70–72
LHC XXVI, 268
  12. Sept. 2008 213–215
  erste Kollisionen 224
  Gefahren XXVII–XXIX
  Google-Logo 212
  Inbetriebnahme 208–211
  Sektoren 213
  technische Einzelheiten 135–144
  Unfallursache 216–218
  Zukunft 258–260
LHCb-Detektor 186, 190–197
  Aufbau 194
  Kalorimeter 197
  Myonsystem 197
  RICH-1 195
  RICH-2 196
  Spurkammern 195f
  Trigger Tracker 195
  VELO 193–195
LHCf (LHC forward) 95, 190
LHC-Magnete 119–121
LHC-Strahl 142–144
Linearbeschleuniger 137
Low Energy Ion Ring (LEIR) 145

LSP (*Lightest Supersymmetric Particle*) 62f, 238
Luminosität 124

M

MACHOs (*MAssive Compact Halo Objects*) 234f, 237
Magnetfelder 114–116, 151–153, 171
magnetische Monopole XXVIII
Maonen 78
Materie-Antimaterie-Asymmetrie 83
Milgrom, M. 232
minimal supersymmetrisches Modell (MSSM) 56
Morgan, A. de 65
Mountain Range Plots 213
MSSM 57, 59, 62–64
Myonen 17f, 149
Myonenbeschleuniger 262
Myon-Neutrino 18

N

Neutrinos 21, 149, 240
Neutronen 4–6, 67
New Horizons, Sonde 228
Newton, I. 228
 Gravitationstheorie 229

O

Oddone, P. 209
Oort, J. 231

P

Pauli, W. 20
Periodensystem 4, 69f
Photino 57
Photonen 19, 25, 149
Pionen 149
Plasma 88
Präonen 78
Primärvertex 164
Proton Synchrotron Booster (PSP) 139
Protonen 4–6, 67
Protonenbeugung 96
Proton-Synchrotron (PS) 129, 138f
PSB (*Proton Synchrotron Booster*) 138

Q

Quadrupolmagnete 125
Quark-Ära 94
Quark-Gluon-Plasma 90–95
Quarkmassen 15f
Quarks 8–18, 67f, 70–72, 76–79
Quarkstruktur 77–79
Quinks 78
Quintessenz 248

R

radioaktive Strahlung 70
Radiofrequenzbeschleuniger 110
Raumschiff Enterprise 80, 107
RF-Resonatoren 109, 140
RHIC (*Relativistic Heavy Ion Collider*) 90
Rishonen 78
Rotverschiebung 246f
Rubin, V. 232
Rutherford, E. 5

S

Schauerdetektoren, siehe Kalorimeter
schwache Kraft 12, 23f
schwarze Löcher am LHC XXVII
Schwerionenkollisionen 87, 90–93
Siliziumdetektoren 168
Silizium-Spurendetektoren 174
Sleptonen 57
Solenoid 171
Spin 54f
SppS (*Super Proton-Antiproton Synchrotron*) 132
SPS (*Super Proton Synchrotron*) 131f, 138f
Squark 57
SSC (*Superconducting Super Collider*) 255–257, 268
starke Kraft 12–15, 23f
Strangelets XXVII
Strange-Quark 8f, 18
Subquark 78
Supernovae vom Typ Ia 243f, 246f
Supersymmetrie 250
  siehe auch SUSY
Supraleitung 118f
SUSY 55, 58, 60f
Swift, J. 65
Symmetrie 38–40, 52f
Symmetriebrechung 39f, 51f, 94
Synchrotron 113–115
Synchrotronstrahlung 262

T

Tau 18
Tau(on) 17
Tau-Neutrino 18
Technicolor 51
Teilchenbeschleuniger 105–107
Teilchenschauer 156–158
Teilchenstrahl 121–123
Tevatron 50, 132, 251–254, 268
Top-Quark 10, 18
Toroid 171
TOTEM 95f, 190
Transversalimpuls 76
Trigger 187–189
Tscherenkow-Strahlung 158–160, 170
Tweedles 78f

U

Übergangsstrahlung 161f
Up-Quark 8f, 18
Urknalltheorie 94

V

Vakuum im Strahlrohr 142
VELO-System, siehe LHCb-Detektor, VELO
Vertex 150
VLHC (*Very Large Hadron Collider*) 261
Volders, L. 232

W

Wasser 88
Wasserstoffatom 5
W-Bosonen 25, 44–46

Wellenlänge 74f
Wellennatur der Materie 74
WIMP (*Weakly Interacting Massive Particles*) 238
Wino 57

Z
Z-Bosonen 25, 44–46, 79
Zwicky, F. 233